钉钉低代码开发

零基础入门

诸葛斌 胡延丰 叶周全 应欢欢 于欣鑫 董黎刚 编著

清華大學出版社

北京

内容简介

本书通过丰富而又详尽的案例解析为零基础新手提供钉钉宜搭低代码开发入门教程。本书获得“教育部—阿里云产学合作协同育人项目”支持，由阿里巴巴资深技术专家、钉钉宜搭创始人叶周全等核心员工全力打造，是阿里巴巴低代码开发师初级、中级认证的指定参考书。

全书共8章，分为两部分。第一部分为第1～3章，介绍钉钉宜搭低代码开发平台，如何通过模板和Excel创建应用；第二部分为第4～8章，通过调查问卷系统、学生请假系统、进销存系统案例的搭建进行深入学习，同时对如何创建门户页面和使用集成&自动化连接器打通宜搭和钉钉两个平台进行了讲述。附录A对宜搭低代码开发师的初级和中级认证内容与路径展开说明。

本书内容翔实，可作为低代码爱好者的零基础入门教材，也可作为相关专业学生的教学用书。

图书在版编目(CIP)数据

钉钉低代码开发零基础入门/诸葛斌等编著. —北京：清华大学出版社，2022.6（2024.3重印）
（清华科技大讲堂）
ISBN 978-7-302-60415-0

Ⅰ. ①钉… Ⅱ. ①诸… Ⅲ. ①软件开发 Ⅳ. ①TP311.52

中国版本图书馆CIP数据核字(2022)第047947号

责任编辑：黄 芝 张爱华
封面设计：刘 键
责任校对：韩天竹
责任印制：沈 露

出版发行：清华大学出版社
网 址：https://www.tup.com.cn，https://www.wqxuetang.com
地 址：北京清华大学学研大厦A座 **邮 编**：100084
社 总 机：010-83470000 **邮 购**：010-62786544
投稿与读者服务：010-62776969，c-service@tup.tsinghua.edu.cn
质量反馈：010-62772015，zhiliang@tup.tsinghua.edu.cn
课件下载：https://www.tup.com.cn，010-83470236
印 装 者：三河市龙大印装有限公司
经 销：全国新华书店
开 本：185mm×260mm **印 张**：16 **字 数**：410千字
版 次：2022年6月第1版 **印 次**：2024年3月第5次印刷
印 数：6201～7200
定 价：89.80元

产品编号：095918-01

序

感谢诸葛斌老师邀请我来为国内首本低代码教材撰写推荐序。

技术普惠持续深入，低代码正在加速各行各业的数字化转型

2014 年 Forrester 正式提出了“低代码”的概念，2014 年钉钉诞生了，虽是巧合，也是天作之合。

低代码的代言者钉钉，是国内领先的协同办公平台，也是应用开发平台，每天有上万的低代码应用在此产生。低代码降低了应用开发的门槛，通过“拖拉拽”的方式，让人人都能构建适合自己的数字化应用，满足了个体需求，加速了各行各业的数字化转型。同时，涌现了一大批敢于创新的低代码人才，如老板电器品质部质量工程师谢竑、合肥师范学院附属实验小学校长彭正、一汽大众涂装车间高级工程师崔广明等。

低代码发展的本质是云和端技术的发展

云计算(数据库技术、容器技术、安全技术、存储和运维技术等)的发展，提升了低代码平台的能力上限，让“云技术场景化输出给企业”变成了现实。同时，多端、小程序、可视化搭建能力的不断成熟，让数字世界触手可及。

钉钉宜搭深度融合了阿里云和钉钉的能力，用宜搭构建的应用天然具备了互联互通、高效协同、数据驱动、安全可控的特点。

人人都是低代码开发师，做数字化转型的核心推动者

阿里云智能总裁、达摩院院长张建锋在 2021 年云栖大会上指出：未来面试，会用低代码或将成为必备技能。他认为随着低代码的进步，大型软件可能更会向专业化细分发展，越来越多的应用软件将由企业自己来开发。

可以预见，未来低代码开发能力将成为个人职场竞争力的重要组成部分。就像今天人人都会使用 Office 办公软件一样，未来，低代码开发将成为人人必备的技能。

宜搭非常重视数字化人才培养，将持续加大低代码产学研全链路一体化建设的投入，普及低代码心智，深化学校新工科、新文科建设，向社会输送更符合时代发展需要的新型数字化人才。

最后

希望这本书给读者带来的不仅是前沿的低代码知识和技能，更能使读者培养良好的数字化思维，开启全新的数字化元宇宙。

阿里巴巴集团副总裁，钉钉总裁　叶　军

2022 年 3 月

前言

随着企业数字化和上云的趋势愈演愈烈，越来越多的个性化 SaaS 应用场景被提出，需要更快、更高效的开发手段去满足不同经验水平的开发人员。“低代码开发”是一种很好的解决方式，它指的是一种用于快速设计和开发软件系统，且手写代码量少的方法，通过在可视化设计器中，以拖曳的方式快速构建应用程序，可以跳过基础架构以及可能会让用户陷入困境的技术细节，而直接进入与业务需求紧密相关的工作。以最少的编码量快速开发应用，任何人都可以使用低代码来轻松开发各类应用，包括没有编码知识的从事销售、人力资源、市场营销、客户服务等领域的业务前线运营人员。

低代码开发平台（Low-Code Development Platform，LCDP）可以加速和简化从小型部门到大型复杂任务的应用程序开发，完成业务逻辑和功能构建后，即可一键交付应用并进行更新，自动跟踪所有更改并处理数据库脚本和部署流程，发布在 iOS、Android、Web 等多个平台上，实现开发一次即可跨平台部署，同时还加快并简化了应用程序、云端、本地数据库以及记录系统的集成。因此，低代码开发平台可以实现企业数字化应用的需求分析、界面设计、开发、交付和管理，并且使之具备快速、敏捷以及连续的特性。具体而言，其优势有以下四“快”：

（1）上手快：低代码的特征，使系统开发的难度大幅降低，尤其是无代码开发平台，完全不懂程序语言的业务人员都可以快速进行学习和应用开发。

（2）开发快：由于使用大量的组件和封装的接口进行开发，以及集成云计算的 IaaS 和 PaaS 层能力，使得开发效率大幅提升；普遍的观点，低代码能够提升 30%以上的开发效率，而无代码则能够数倍提升开发效率，并大幅降低开发成本。

（3）运行快：这是一个相对概念，总体来说，由于低代码开发平台或 0 代码开发平台使用自动的方式生成（编译成）可执行代码，代码的整体质量优于业界平均水平；并且相对来说，出错更加可控，代码的安全性也会更高。

（4）运维快：一般情况下，低代码开发平台由于采用组件形式，以及面向对象的开发方式，使得代码的结构化程度更高，通常来说更容易维护。

在众多低代码开发平台中，阿里巴巴集团旗下产品“宜搭”是目前国内领先的低代码平台，于 2017 年上线，流程较简单，依托阿里生态圈，可在钉钉 App 中实现应用移动端快速部署。开发者可在可视化界面上以拖曳的方式编辑和配置页面、表单和流程，并一键发布到 PC 端和手机端。新冠肺炎疫情期间，宜搭向全社会免费开放，提供防疫相关的各类应用（包括但不限于疫情统计、健康上报、返工统计等）。宜搭的优点具体如下。

（1）以表单模型驱动的应用可视化搭建，可根据业务灵活定制应用。

（2）搭建好的应用可接入企业工作台，基于钉钉生态实现高效协同办公。

（3）源自阿里云底座的全面数据保护，全局水印，专属域名，符合审计。

本书通过丰富而又详尽的案例解析，为零基础新手提供钉钉宜搭低代码开发入门教程。

全书共有 8 章，分为两部分。第一部分为第 1～3 章，实现低代码开发入门，其中第 1 章介绍钉钉宜搭低代码开发平台，第 2 章介绍通过模板快速搭建应用，第 3 章介绍通过 Excel 表创建应用；第二部分为第 4～8 章，通过案例对低代码应用的搭建深入展开讲述，其中第 4 章介绍通过普通表单开发“调查问卷系统”，第 5 章介绍通过流程表单开发“学生请假系统”，第 6 章综合使用普通表单、流程表单和报表开发“进销存系统”，第 7 章介绍通过自定义页面创建工作台首页页面，第 8 章介绍使用集成 & 自动化连接器打通宜搭和钉钉两个平台，实现平台连通；附录 A 介绍低代码开发师初级认证和中级认证，低代码开发师认证是由钉钉宜搭推出的阿里巴巴官方低代码认证，目的是培养低代码开发的人才，认证低代码开发师的能力。

为了使本书尽快出版，浙江工商大学的教学团队和宜搭专家团队密切合作，胡延丰和于欣鑫面向初级中级认证标准，对本书选用的案例进行了多次迭代，并进行了不断的修改。在校内依托本书组织了多轮面对学生的宜搭开发教学实践，通过学生们的学习反馈，持续优化教学内容，参与集中学习的同学较快、较好地掌握了宜搭开发技能，并通过了低代码开发师的中级认证。

杭州毅宇科技有限责任公司依托浙江工商大学信息与电子工程学院(萨塞克斯人工智能学院)组建了指导团队、助教团队和学生开发团队，承担了本书配套多媒体课件的制作和教学视频的录制、宜搭低代码开发案例的编写以及开发者参考文档的整理。指导团队的蒋献、吴晓春、洪金珠和徐建军，负责指导学生进行宜搭应用开发；助教团队的胡延丰、尹正虎、颜蕾、斯文学，负责教学课件制作和教学视频录制，以及网上在线教学资源建设；用不到一个学期时间组建的开发团队边学边开发，针对学院和社会信息化需求场景，已经完成 10 个应用开发部署，已立项校级创新项目 8 项，发表小论文 10 篇，验证了宜搭的四快特色，并对本书的修改完善提出了很多宝贵的建议。在此对各位成员的贡献一并表示感谢。

本团队针对本书的知识点录制了 110 个视频，包括 60 个教学视频和 50 个实验视频，视频力求对知识点的剖析准确到位，形式活泼，内容通俗易懂，以帮助读者方便、快捷地掌握钉钉低代码应用开发技术。

本书作为钉钉宜搭低代码开发师认证考核的指定参考书，是低代码爱好者零基础入门非常好的选择，也是企事业单位进行数字化改革、对办公室人员进行办公自动化培训的有效工具。后续团队还将继续编写、出版低代码开发系列教材。希望本书不仅带给读者前沿的低代码知识和技能，同时帮助读者养成新时代数字化思维，开启新的数字化元宇宙。书中涉及的应用案例，读者可加入教材钉钉群，先体验案例的运行效果，然后根据实验视频模仿完成实验内容，在实践中学习，在模仿中提高。本书中的截图为 2022 年 3 月发布的宜搭 3.0 版本，由于软件版本更新较快，如果跟实际操作有所不同，请以视频和教学课件为准。

因编者水平所限，书中疏漏之处在所难免，恳请读者批评指正。

编　者

2022 年 1 月

教材
钉钉群

应用体验
视频

目录

第 1 章

初识钉钉低代码

1.1 低代码介绍

视频讲解

低代码开发指的是无须编码(0 代码)或通过少量代码就可以快速生成应用程序的新型开发方式。相比传统的输入代码,低代码将原本晦涩的代码字段封装成图形化组件,使用者只需拖曳组件即可开发完成一套系统,就像搭乐高积木一样,只要有想法,人人都能开发应用,如图 1-1 所示。

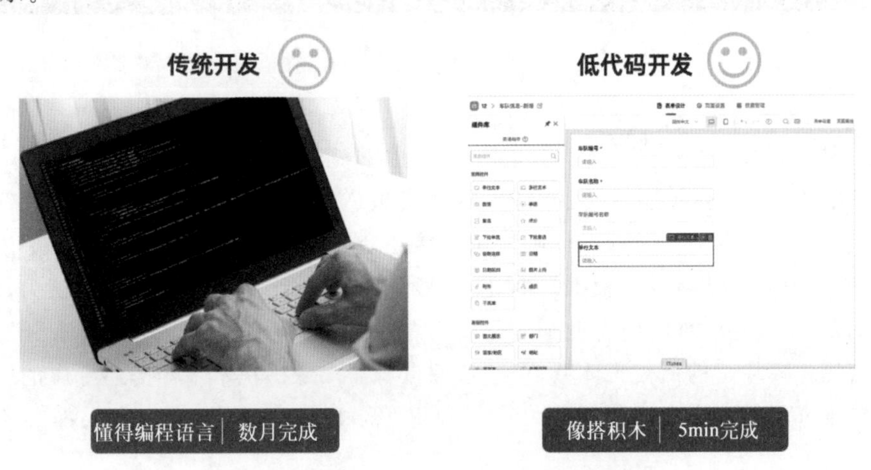

图 1-1 传统开发和低代码开发对比示意

1.1.1 低代码开发优势

与传统开发相比(如图 1-2 所示),低代码开发的优势如下。

低代码开发通过可视化操作方式,让没有代码基础的业务人员也能参与开发与搭建应用,让想法落地更快,减去大量沟通、代码测试等环节,大大节省了时间成本。拖曳式开发,代码少,BUG(缺陷)自然也少,系统更稳定。

外采系统价格昂贵无法按需定制,企业自建系统投入成本高,性价比低。低代码开发能根据业务实际需求个性化定制系统,降低对开发人员的依赖,让最了解业务的职能人员动手搭建应用,快速验证快速调整,大大节省了开发成本。

在传统模式下,企业系统间的数据相互隔离,形成了一个个数据孤岛,造成资源浪费。低代码开发能实现统一的平台构建与集成互通,用统一的数据规范加强各部门、业务之间的关联，打破数据孤岛，建立企业大数据库，保障企业数据安全。

传统开发动辄几个月甚至数年，无法应对瞬息万变的市场环境。若低代码开发用户需要添加新模块或修改现有模块，只需修改个别字段，几分钟就能完成，帮助组织变得更加敏捷。

图 1-2　传统开发和低代码开发对比

1.1.2　低代码开发前景

据权威机构 Gartner 预测：到 2024 年，绝大多数（80%）的“技术产品和服务”都可以由非技术专业人士构建。到 2024 年，低代码应用程序开发将占应用程序开发的 65%以上。

未来，软件开发方式将发生根本性的变化。阿里云总裁张建锋（花名行癫）认为，未来借助于云技术的发展，大型软件将向专业细分化发展，应用软件将更多由企业自身来开发。例如，云服务平台提供模块化的低代码体系，企业按照自身需求像搭积木一样搭建专属的应用软件，降低开发成本和门槛。未来低代码或将和 Word、Excel、PPT 一样，成为人人都必备的技能，如图 1-3 所示。

图 1-3　创新型人才培养技能

1.2 什么是钉钉宜搭

钉钉宜搭(以下简称宜搭)是阿里巴巴自主研发的低代码应用构建平台,通过可视化拖曳的方式,传统模式下需要 2 周才能完成开发的应用,用宜搭 2h 就能完成。

宜搭与阿里云、钉钉的深度融合,所产生的应用天然与钉钉应用深度集成,默认使用钉钉企业通讯录,打通钉钉消息、钉钉待办、钉钉群,确保重要事项消息必达。搭建好的应用可快速发布在钉钉工作台,让组织内外的协同更高效。

借助阿里云,宜搭还提供了强大的弹性计算、动态扩容能力。用户只需关注业务本身,其他例如数据存储、运行环境、服务器、网络安全等,平台都为用户全部搞定。

1.2.1 宜搭使用场景

宜搭的模板中心发布了数百款模板,涵盖人事、财务、采购、行政、IT、生产等众多领域。对新手而言,只需选择一个模板,一分钟就能搭建一款专属应用,体验人人都是开发者的乐趣。

与动辄花费几十、上百万元的大型标准化软件不同,宜搭可以低成本、高效率地构建个性化应用。只要有想法,就可以通过宜搭随手将身边的每一件事数字化,让微小的创新随处可见,如图 1-4 所示。

图 1-4 宜搭应用场景介绍

如果是不懂代码的普通员工,深刻了解业务但却厌倦了求人做开发的日子,通过宜搭将拥有一个全新的身份——低代码开发师,实现人生的无限可能。如果你是懂代码的开发人员,希望快速成长并接受更有意义的挑战,宜搭将帮助你摆脱重复、低效的开发现状,让你有更多的精力专注在更重要的事情上,实现人生更大的梦想。

1.2.2 宜搭核心功能

1. 表单

表单主要用于数据的在线采集、展示和存储。与纸质单据相比,在线表单具有填写方便、出错率低、避免重复劳动等优点,将人们从烦琐的统计工作中解放出来。通过权限设置,表单还能实现不同人员的查看、编辑权限,进行分层管理,最大限度地保障数据安全。

2. 流程

如果一项任务需要审批才能完成(例如请假、报销),这就涉及了流程。流程通常有多个人参与,并且按照预先设置好的路线与规则进行流转。在宜搭上,审批规则、流程规则、业务规则均可根据不同的场景进行自定义配置,审批进度一目了然,让业务流转更加高效。

3. 报表

宜搭提供多种报表功能,如柱状图、饼图、词云、热力图、雷达图等,可以根据表单、流程和自建系统的数据进行汇总与分析,一键生成酷炫数字大屏,方便管理人员进行科学决策。

宜搭已累计服务100多万家企业组织,覆盖教育、互联网、医疗、制造、建筑、零售、政务等领域,宜搭将通过低代码这一新生产力工具,不断激发个人和组织的创造力,助力百行千业加速数字化转型。

视频讲解

1.3 如何进入宜搭

1.3.1 注册钉钉账号及安装钉钉软件

想要进行宜搭低代码应用开发,必须有自己的钉钉账号。首先可以进入钉钉官方网站,然后单击“注册钉钉”按钮,网页跳转至如图1-5所示的界面,输入用户手机号,根据提示即可完成注册。

实验操作

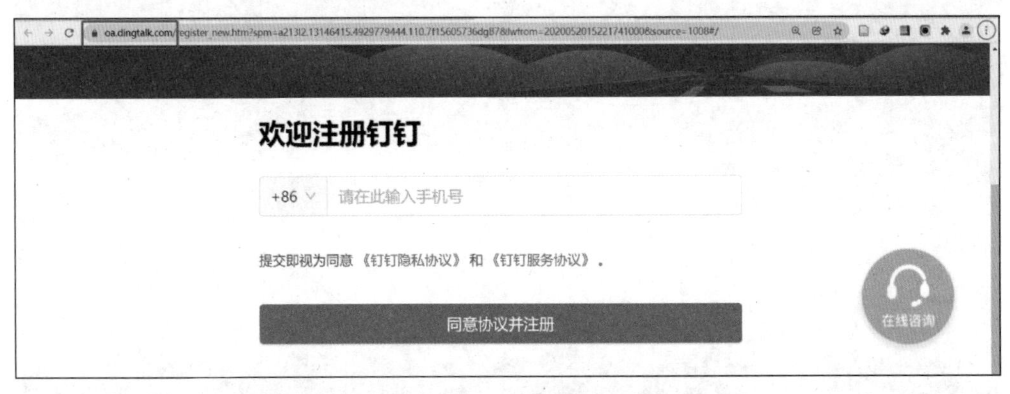

图1-5 钉钉账号欢迎注册界面

在钉钉官方网站单击“下载钉钉”按钮,根据用户PC端设备情况下载并安装PC客户端,根据用户移动端设备下载并安装手机App,如图1-6所示。

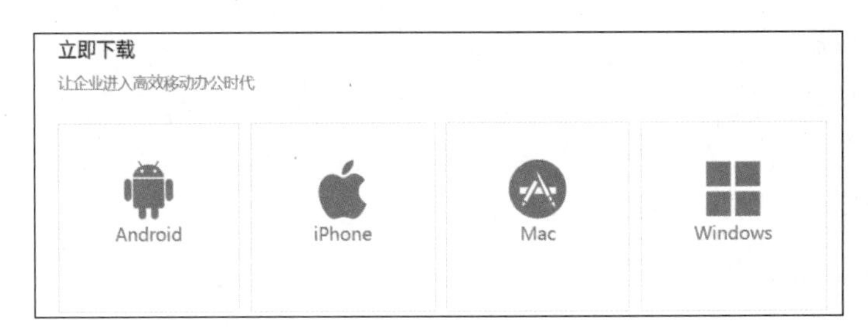

图1-6 钉钉软件下载选择界面

以Windows PC端为例,选择图1-6中Windows选项下载钉钉安装包下载器,下载完成后在计算机本地文件夹中得到钉钉安装包下载器软件,如图1-7所示。

双击运行钉钉 Windows PC 端的安装包下载器软件，或右击该软件，在弹出的快捷菜单中选择“打开”选项运行软件，进入等待安装界面，如图 1-8 所示。

图 1-7　钉钉 Windows PC 端安装包下载器软件

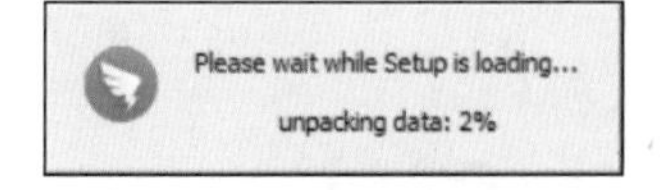

图 1-8　钉钉 Windows PC 端等待安装界面

加载完成后，进入钉钉安装界面，如图 1-9 所示。

单击“下一步”按钮，进入如图 1-10 所示的选择钉钉安装位置界面，单击“浏览”按钮选择软件安装的目录，然后单击“下一步”按钮开始安装。

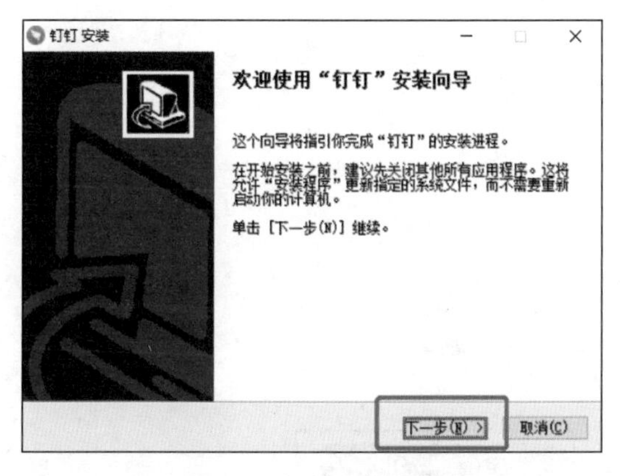

图 1-9　钉钉安装界面

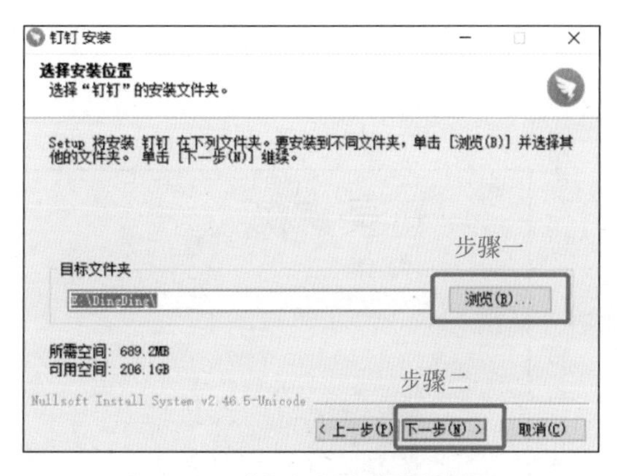

图 1-10　选择钉钉安装位置界面

1.3.2　网页端链接登录宜搭

实验操作

在浏览器中输入宜搭官方网站链接地址进入宜搭官方网站界面，宜搭官方网站是 https://www.aliwork.com，如图 1-11 所示。

图 1-11　宜搭官方网站界面

单击右上角的“登录”按钮可跳转至宜搭登录界面，使用手机钉钉 App 扫描界面内二维码来登录宜搭，如图 1-12 所示。

当 PC 端已登录钉钉客户端时，则显示为已登录，可直接单击“立即登录”按钮进行登录，如图 1-13 所示。

扫码登录后，用户需要选择加入的组织，如图 1-14 所示。

图 1-12　宜搭登录界面

图 1-13　单击“立即登录”按钮登录

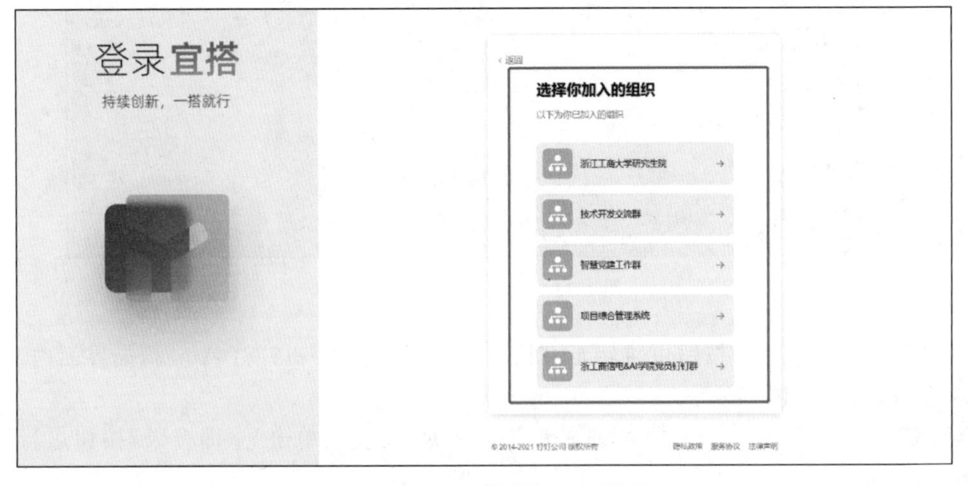

图 1-14　登录宜搭选择组织界面

选择组织后，进入宜搭工作台首页，如图 1-15 所示。

图 1-15　网页端宜搭工作台首页

1.3.3　钉钉 OA 工作台登录宜搭

登录钉钉 PC 端，在左侧菜单栏单击“工作台”按钮，打开工作台界面，在工作台界面单击“宜搭”按钮即可打开宜搭，如图 1-16 所示。

图 1-16　钉钉工作台界面宜搭入口

在图 1-16 所示的“OA 工作台”界面中单击“宜搭”按钮，在钉钉 PC 端的新开界面中进入宜搭，如图 1-17 所示。

若图 1-16 中并未出现“宜搭”按钮，则需要钉钉管理员单击钉钉 PC 端右上角的“应用中心”按钮，然后在搜索栏中输入“宜搭”并搜索即可获取“宜搭”应用，如图 1-18 所示。

图 1-17　钉钉 PC 端宜搭用户登录后界面

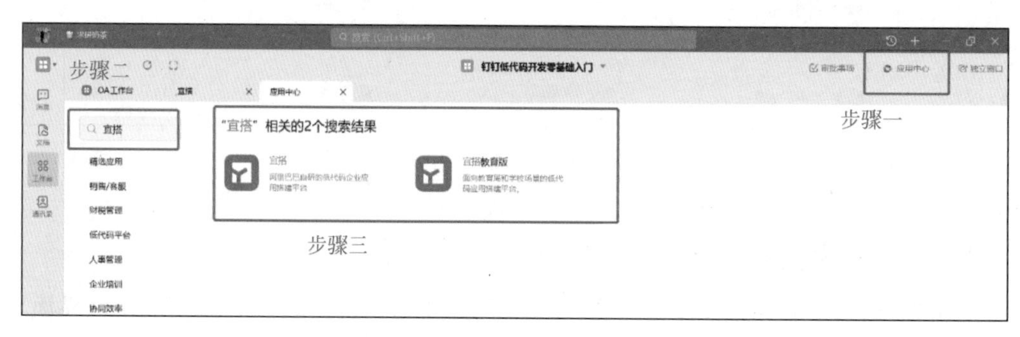

图 1-18　在钉钉 PC 端获取"宜搭"应用

实验操作

1.3.4　钉钉 PC 端左侧菜单栏登录宜搭

登录钉钉 PC 端，首先在左上角用户头像下方切换已经开通宜搭的企业，在左侧菜单栏中单击"钉钉搭"按钮，在右侧"钉钉搭"界面顶部菜单栏中选择"低代码工具"，在该选项下选择"宜搭"，如图 1-19 所示。

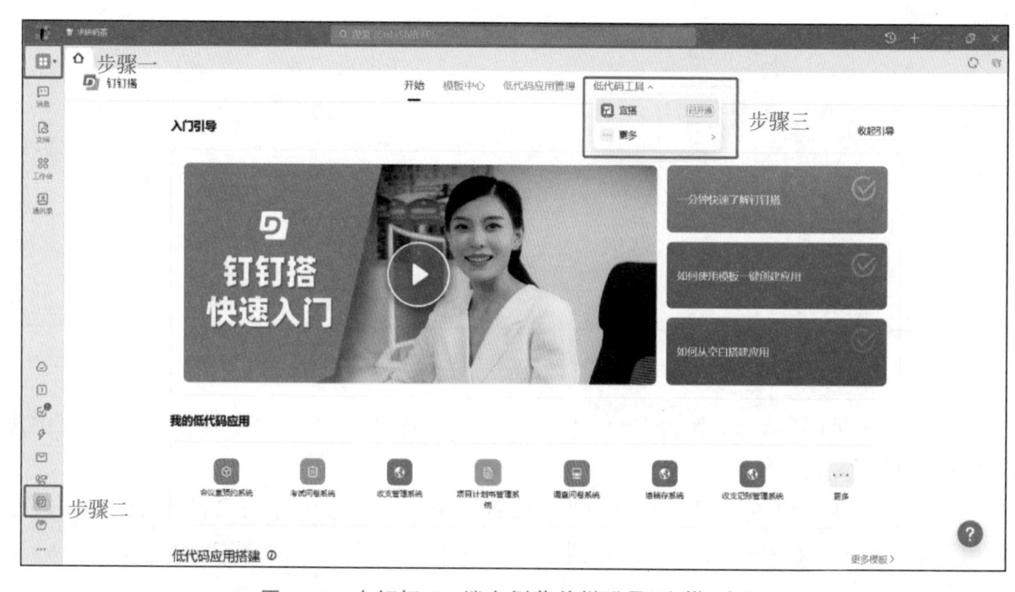

图 1-19　在钉钉 PC 端左侧菜单栏登录"宜搭"应用

1.4 宜搭界面介绍

视频讲解

以网页端进入宜搭为例，参考1.3.2节进入宜搭网页界面，在宜搭首页顶部工作台展示了“开始”“我的应用”“应用中心”“模板中心”“解决方案”“定制”六个明显的按钮，以及“任务中心”“平台管理”“帮助中心”三个按钮，如图1-20所示。

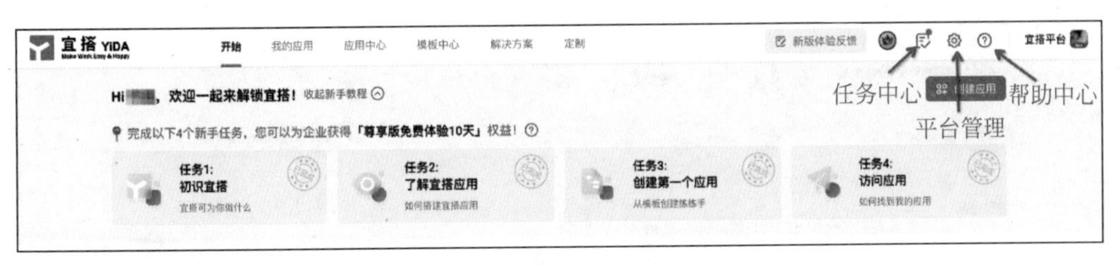

图1-20 网页端宜搭功能栏界面

参考图1-20，将鼠标移动至界面右上角用户头像处，可以在弹出的设置界面中单击“切换组织”按钮快捷切换该用户所在组织，该弹出的设置界面中还具有“访问官网”快捷入口按钮、“设置语言”按钮和“退出登录”按钮，如图1-21所示。

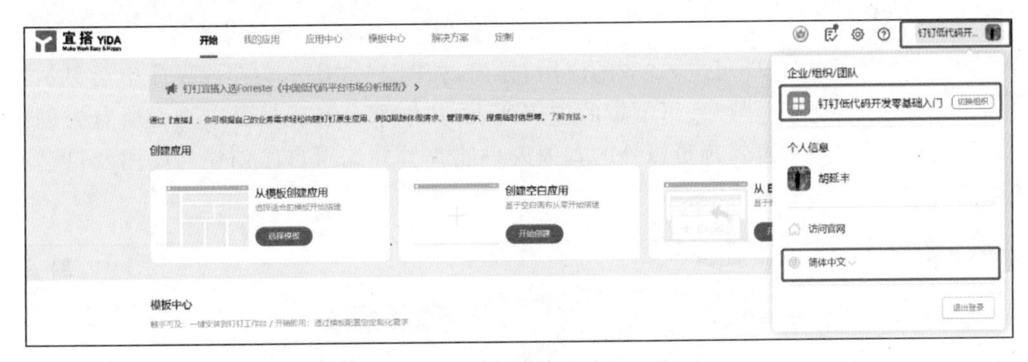

图1-21 用户设置弹出的设置界面

1.4.1 “开始”界面介绍

“开始”界面为宜搭工作台界面，登录宜搭后自动进入该界面，在该界面中提供“新手教程”“创建应用”“最近使用”“推荐应用”“当前组织架构基础信息”“公告”等快捷访问入口，如图1-22所示。其中“新手教程”栏中包含四个新手任务，分别为“初识宜搭”“了解宜搭应用”“创建第一个应用”“访问应用”，完成四个新手任务后，可为企业获得“尊享版免费体验10天”的权益，单击“创建应用”按钮，弹出对话框，对话框内有“从模板创建应用”“创建空白应用”“从Excel创建应用”三个选项，可通过以上三种方式创建宜搭应用；“最近使用”栏中展示的是当前架构下成员最近使用的应用；“推荐应用”栏提供部分应用场景的模板供用户选择使用，“当前组织架构基本信息”栏主要展示了当前组织架构下的应用数、周访问次数和使用成员数等相关内容，并可通过单击“升级服务”按钮对当前架构版本进行升级；“公告”栏主要展示钉钉宜搭版本更新的相关文档及一些应用案例详情。

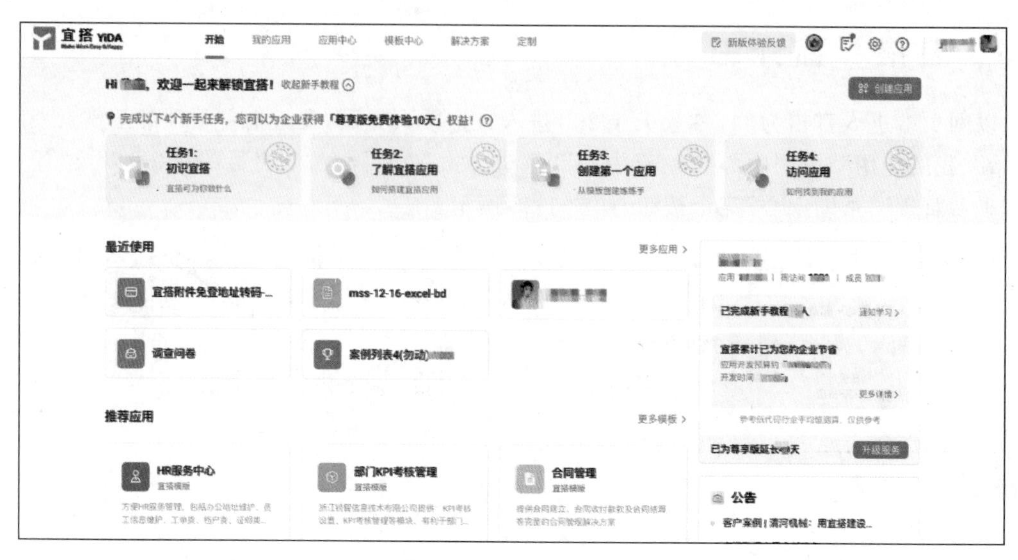

图 1-22 “开始”界面

1.4.2 “我的应用”界面介绍

单击“我的应用”按钮即可进入“我的应用”界面，如图 1-23 所示。在该界面中会显示当前登录用户在该组织架构创建以及可编辑的应用列表，其中平台管理员可以查看所有人创建的应用并可进行编辑，除平台管理员以外的其他人只能查看并编辑自己创建的应用及自己有编辑权限的应用。

图 1-23 “我的应用”界面

在“我的应用”界面中用户可以通过“从模板创建应用”“创建空白应用”“从 Excel 创建应用”按钮创建宜搭应用，如图 1-24 所示。

可以在搜索栏中通过关键字检索应用，如图 1-25 所示。

在“我的应用”界面中可以设置“列表模式”和“图标模式”两种方式查看应用，图 1-26 为“图标模式”查看列表示意。

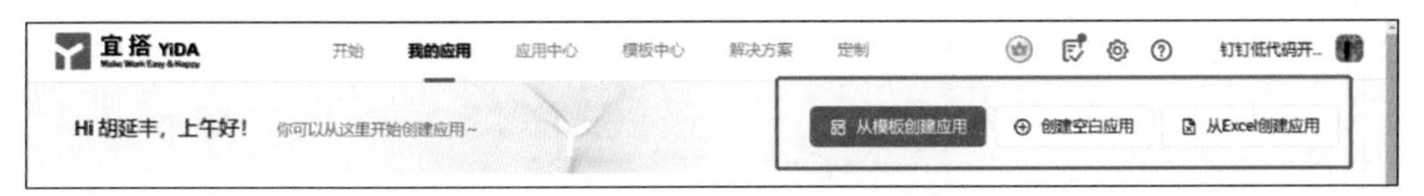

图 1-24　“我的应用”界面中创建应用方式示意

图 1-25　“我的应用”界面中搜索栏示意

图 1-26　“图标模式”查看列表示意

在“我的应用”界面中可以通过“全部应用”“按创建时间排序”“全部状态”筛选条件设置应用排序。其中，“全部应用”下拉选项中可以设置“全部应用”和“我创建的”；“按创建时间排序”下拉选项中可以设置“按创建时间排序”和“按更新时间排序”；“全部状态”下拉选项中可以设置“全部状态”“未启用”“已启用”，如图 1-27 所示。

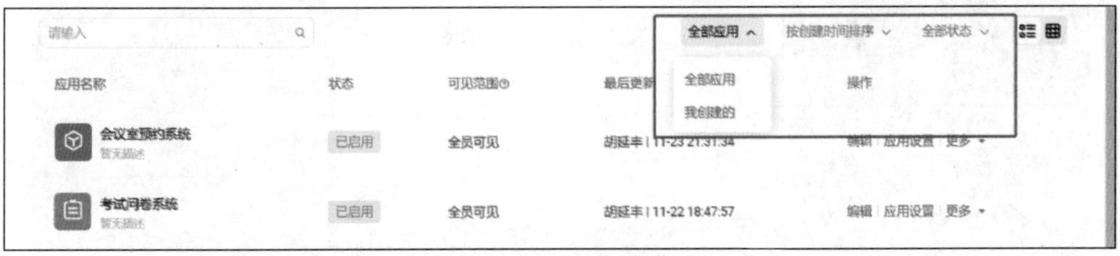

图 1-27　设置应用排序和筛选示意

在“操作”栏中单击“编辑”按钮即可进入“防疫健康打卡”宜搭应用开发界面；“更多”下拉菜单中有“访问应用”“复制应用”“删除应用”三个选项，如图 1-28 所示。

其中，“复制应用”选项可以在组织架构中复制该应用，单击“复制应用”按钮后，在弹出的设置界面中可设置新应用名称，设置完成后单击“确认”按钮即可复制应用，如图 1-29 所示。

“删除应用”选项是在组织架构中删除该宜搭应用，单击“删除应用”按钮后，在弹出的设置界面内输入该待删除应用的“应用名称”，单击“确认”按钮即可完成删除，如图 1-30 所示。

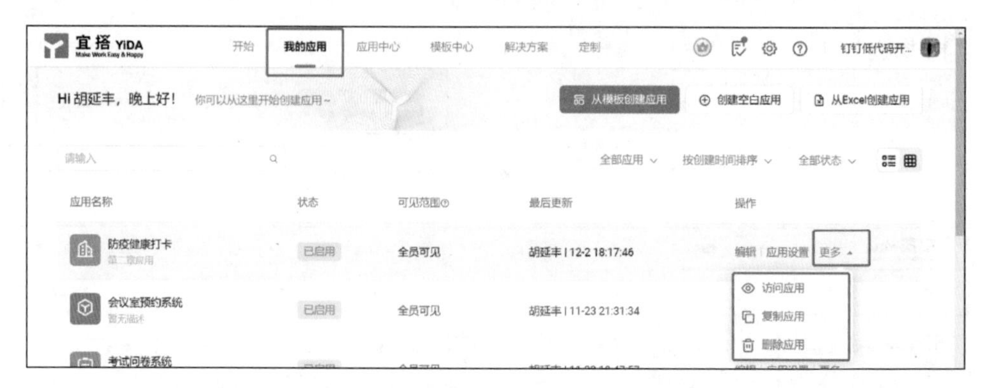

图 1-28 “操作”应用功能快捷按钮示意

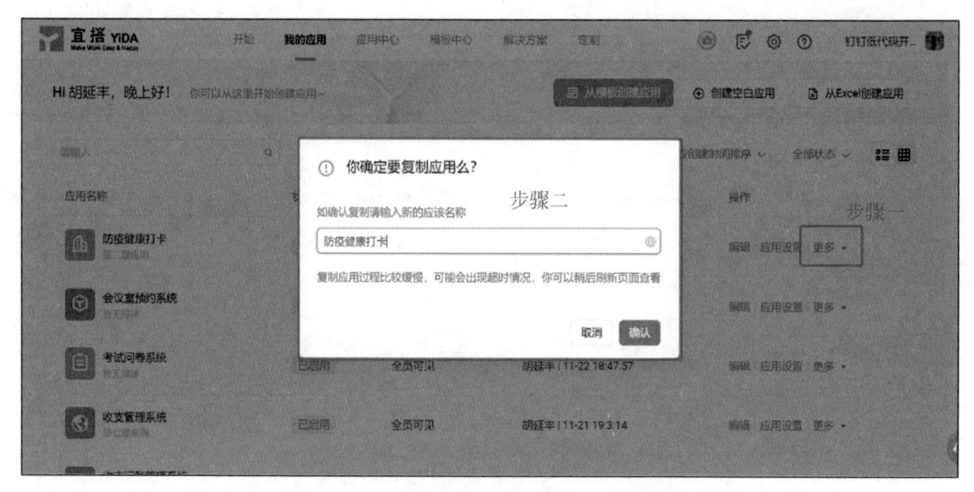

图 1-29 复制应用设置新应用名称界面

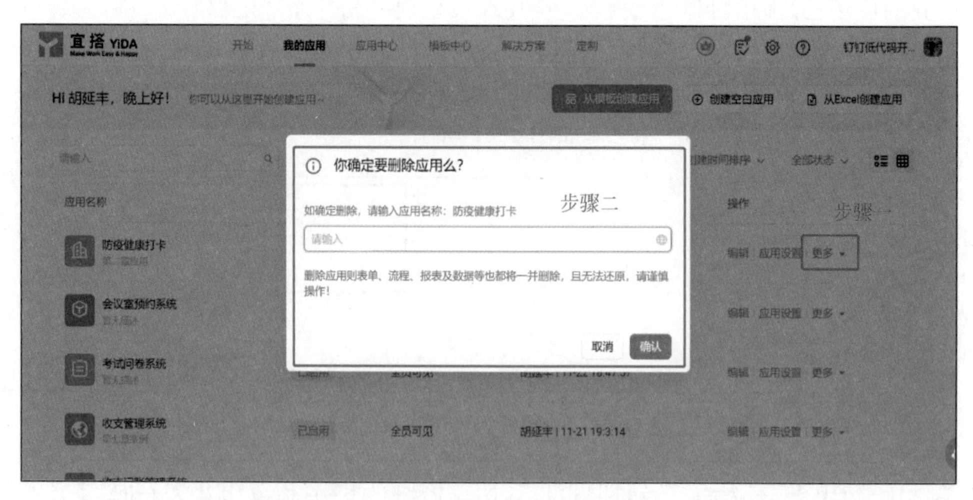

图 1-30 “删除应用”功能示意

1.4.3 “应用中心”界面介绍

登录网页端宜搭官方网站后单击“应用中心”按钮即可进入当前组织架构下的应用中心界面，该界面显示的是已发布到宜搭应用中心的应用，“应用中心”界面中有“快捷访问”“最近使用”“组织下全部应用”三个栏目，如图 1-31 所示。

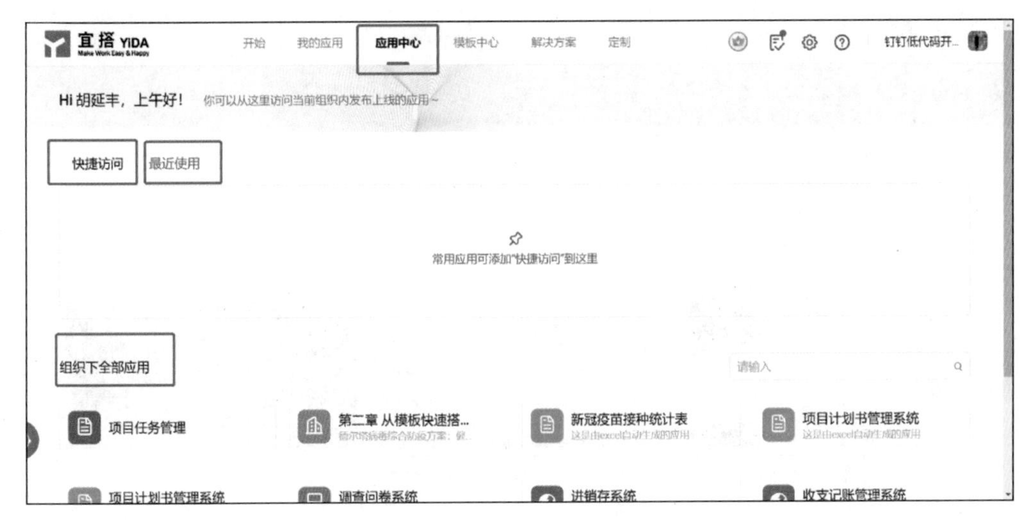

图 1-31　“应用中心”界面

在“应用中心”界面的“组织下全部应用”栏中单击“添加快捷访问”按钮即可将选中的应用添加至“快捷访问”栏中，如图 1-32 所示。在“最近使用”栏中会展示登录用户最近使用过的应用。

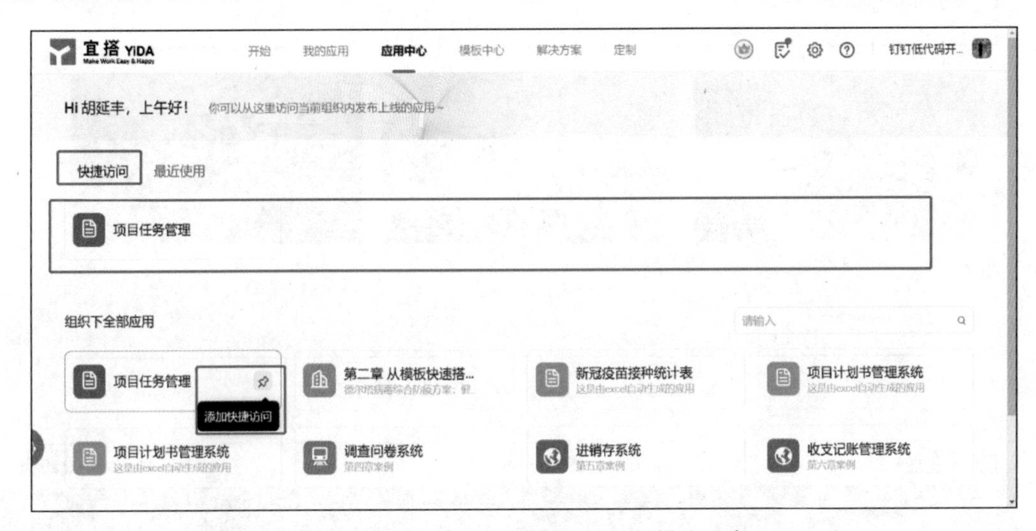

图 1-32　应用添加至“快捷访问”栏操作示意

1.4.4　“模板中心”界面介绍

登录宜搭官方网站后单击“模板中心”按钮即可进入“模板中心”界面，如图 1-33 所示。

在“模板中心”界面下模板有两类：一类是“全部应用”；另一类是“我发布的”。其中，“全部应用”栏目下有标签分类便于用户查找模板，也可以通过输入关键字搜索需要的模板，如图 1-34 所示。

若当前登录用户为宜搭平台管理员或应用管理员，“我发布的”栏目下会展示宜搭平台管理员或应用管理员上架到模板中心的应用；若当前登录用户无宜搭管理权限，且企业没有上架应用到模板中心，则显示空白页面，如图 1-35 所示。

图 1-33 “模板中心”界面

图 1-34 应用“模板中心”选择模板示意

图 1-35 “我发布的”栏目界面

1.4.5 “解决方案”界面介绍

登录宜搭官方网站后，单击“解决方案”按钮即可进入“宜搭行业解决方案”界面，如图1-36所示。这些方案是由宜搭认证服务商提供的行业解决方案，可以通过关键字搜索所需的解决方案。

图1-36 “宜搭行业解决方案”界面

1.4.6 “定制”界面介绍

登录宜搭官方网站后，单击“定制”按钮进入“定制”界面。用户需要为用户组织架构量身定制业务应用，需要由宜搭认证的服务商提供优质的服务，满足更多个性化的需求。可以在“定制”界面中单击“提交定制需求”按钮，填写并提交需求表即可联系服务商，如图1-37所示。

图1-37 “定制”界面

1.4.7 “任务中心”界面介绍

登录宜搭官方网站后，在工作台单击“任务中心”按钮即可查看当前组织架构下与当前登录人有关的数据，“任务中心”界面中左侧菜单栏主要包括“待我处理的”“我已处理的”“我创建的”“抄送我的”四个子栏目，如图 1-38 所示。

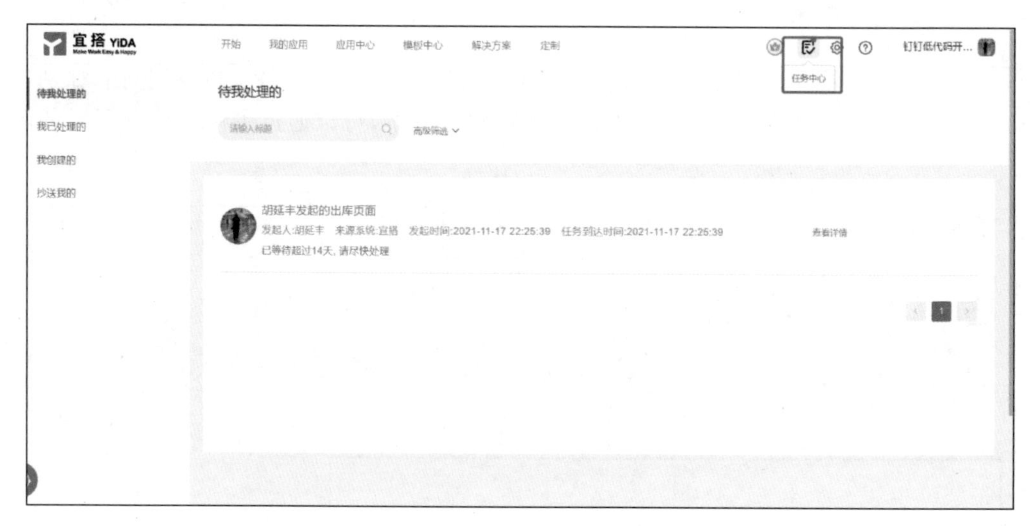

图 1-38 “任务中心”界面

其中，菜单栏中“待我处理的”栏目下展示当前登录用户需要处理的审批流程，在该界面中可以以普通方式检索标题，也可以单击“高级筛选”按钮设置更多检索条件进行搜索，如图 1-39 所示。

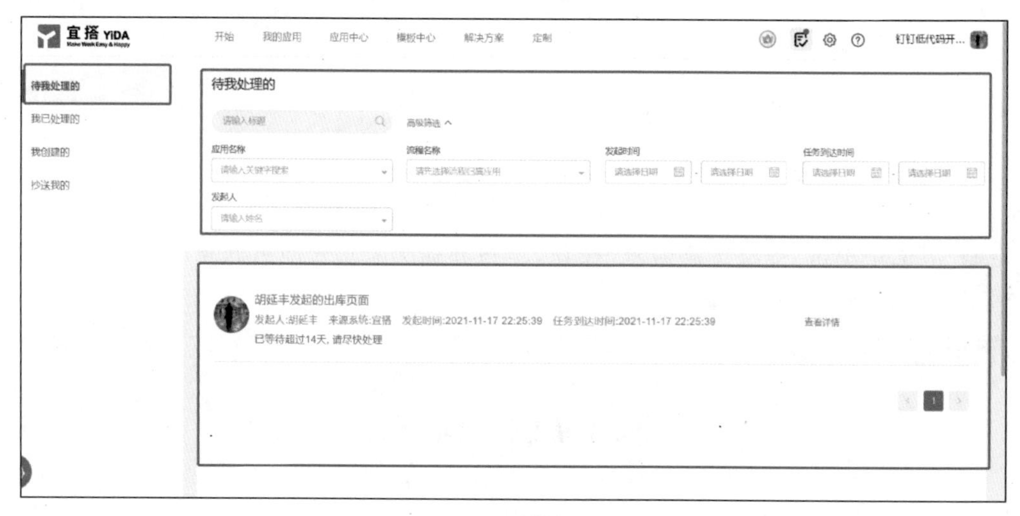

图 1-39 “待我处理的”栏目界面

菜单栏中“我已处理的”栏目下展示当前登录用户已经同意或者拒绝的流程，也可以单击“高级筛选”按钮设置更多检索条件进行搜索，如图 1-40 所示。

菜单栏中“我创建的”栏目下展示当前登录用户创建的表单和流程数据，也可以单击“高级筛选”按钮设置更多检索条件进行搜索，如图 1-41 所示。

菜单栏中“抄送我的”栏目下展示抄送给当前用户的所有流程数据，可以查看流程表单，也可以单击“高级筛选”按钮设置更多检索条件进行搜索，如图 1-42 所示。

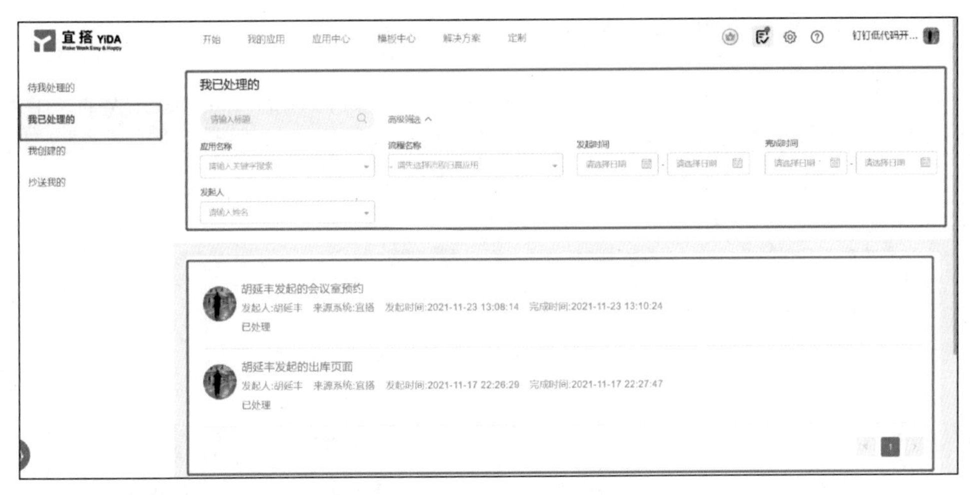

图 1-40　“我已处理的”栏目界面

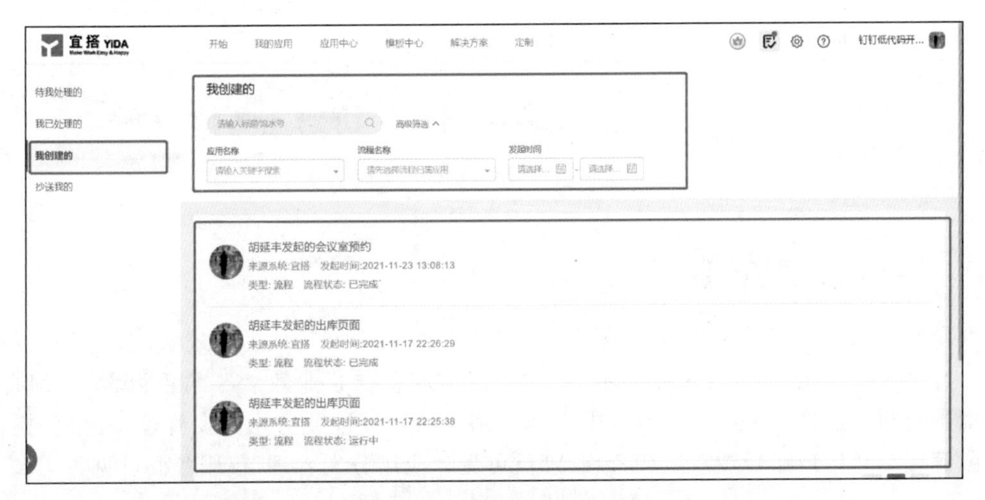

图 1-41　“我创建的”栏目界面

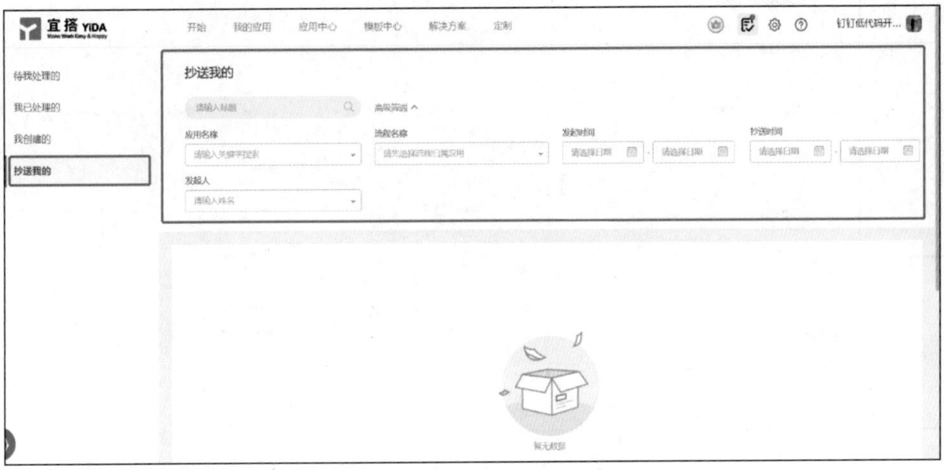

图 1-42　“抄送我的”栏目界面

1.4.8 “帮助中心”界面介绍

登录宜搭官方网站后，单击“帮助中心”按钮即可进入钉钉宜搭“帮助中心”界面，在该界面中用户可以按需要选择官方提供的帮助手册了解和学习钉钉宜搭低代码开发平台，如图 1-43 所示。

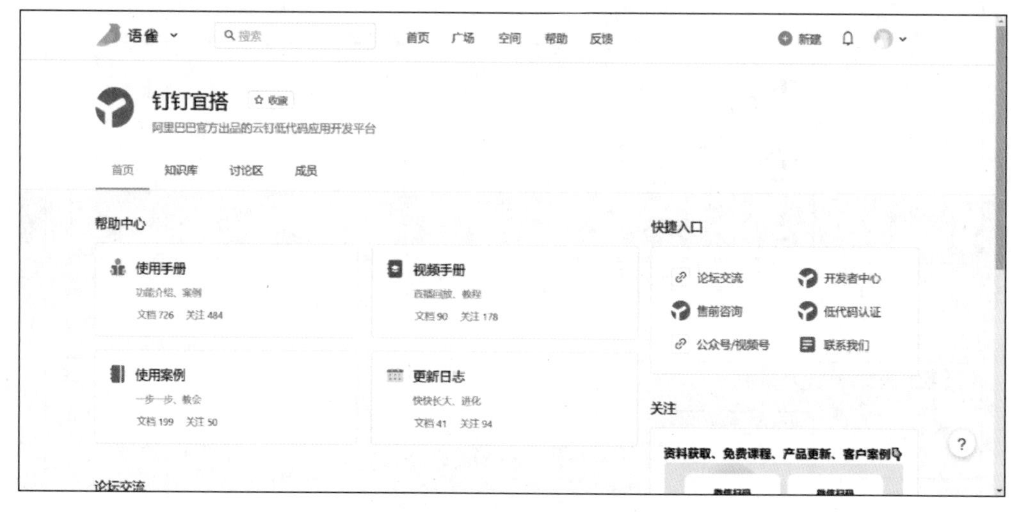

图 1-43 “帮助中心”界面

视频讲解

实验操作

1.5 平台管理介绍

登录网页端宜搭官方网站后，在工作台中单击“平台管理”按钮即可进入“平台管理”界面，如图 1-44 所示。在该界面的左侧菜单栏中有“基本信息”“企业效能”“角色设置”“接口人设置”“消息通知”“连接器工厂”“平台权限管理”“用户账号授权”“应用分发管理”九个分栏，“平台权限管理”和“用户账号授权”仅平台管理员可见，“应用分发管理”仅服务商可见。

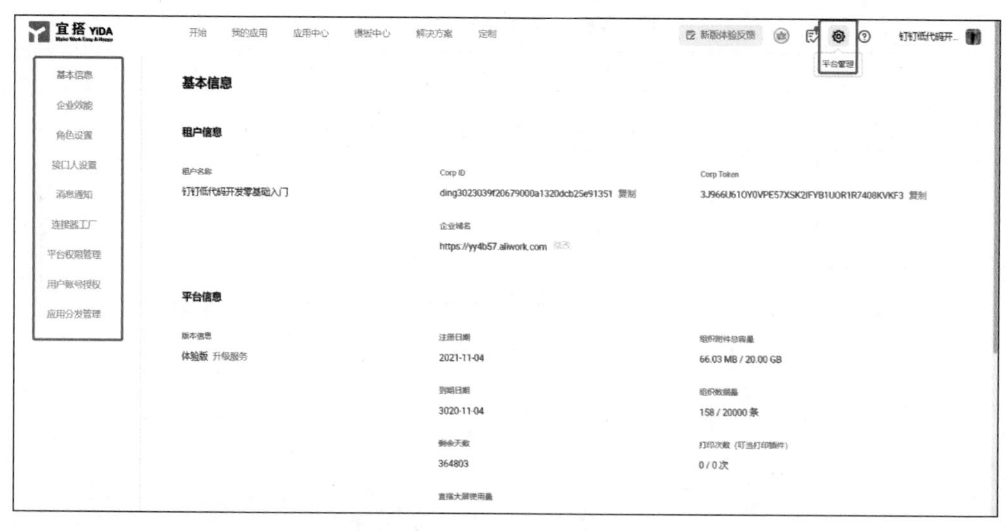

图 1-44 “平台管理”界面

1.5.1 “基本信息”分栏介绍

在工作台中单击“平台管理”按钮进入“平台管理”界面，在左侧菜单栏中选择“基本信息”分栏，右侧进入“基本信息”界面，在该界面中可以查看“租户信息”和“平台信息”，如图1-45所示。

图1-45 “基本信息”分栏界面示意

1.5.2 “企业效能”分栏介绍

在工作台中单击“平台管理”按钮进入“平台管理”界面，在左侧菜单栏中选择“企业效能”分栏，右侧进入“企业效能”界面，在该界面中可以查看“企业效能概览”“企业成员学习成果”“效能数据”，并可在该界面通知组织成员完成低代码开发师的学习以及认证，如图1-46所示。

图1-46 “企业效能”分栏界面示意

1.5.3 “角色设置”分栏介绍

登录网页端宜搭官方网站，在工作台中单击“平台管理”按钮进入“平台管理”界面，在左侧菜单栏中选择“角色设置”分栏，右侧进入“角色设置”界面，在该界面中可以查看“钉钉角色”和设置“宜搭角色”，如图 1-47 所示。钉钉角色只有宜搭平台管理员及钉钉主管理员、子管理员有权限在“平台管理”中“角色设置”界面查看，管理权限需要到钉钉管理后台修改，其他人员不可见该设置操作栏。

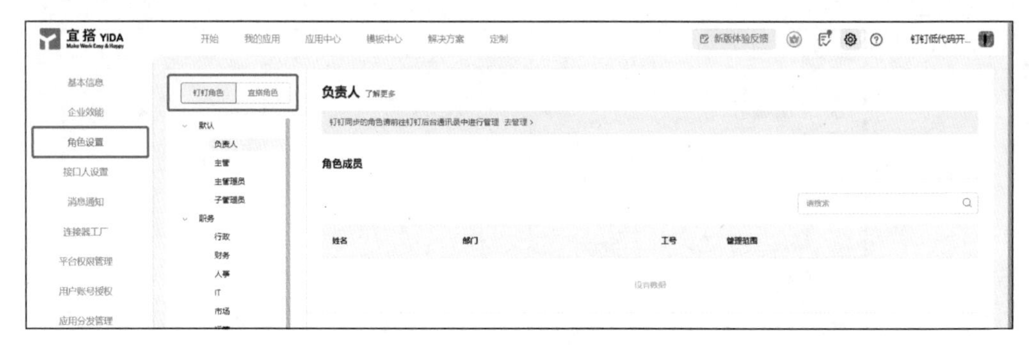

图 1-47 “角色设置”界面

选择“宜搭角色”分栏，该界面中具有“新增角色”按钮和“角色成员”搜索界面，如图 1-48 所示。具有相同功能人员的集合可以通过设置一个角色来实现。在宜搭中如下几个场景会使用到角色：流程审批人角色、流程发起角色、消息接收角色、模板打印角色、自定义页面浏览角色和报表浏览角色。例如，在报销场景，需要财务进行审批，在有多个财务的情况下，可以设置一个财务的角色，添加对应的人员，在设置审批人时，直接选择财务这个角色，避免重复添加审批人，简化流程节点，节约时间。

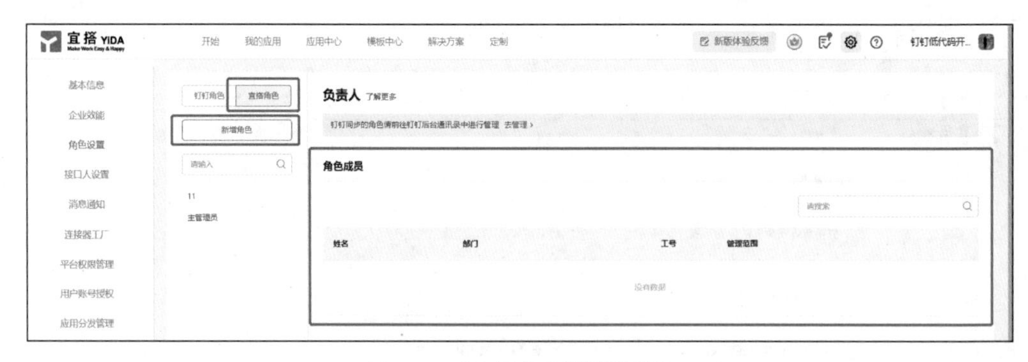

图 1-48 “宜搭角色”设置界面

单击“新增角色”按钮后，可以在弹出的“新增角色”设置界面设置“角色名称”“角色维护人”“角色成员”“角色描述”，如图 1-49 所示。其中，“角色名称”是创建角色时，根据用户需要来填写的；“角色维护人”是角色的管理者；“角色成员”是需要被添加到该角色下的人员；“角色描述”是对角色作用或其他功能的说明信息。

在弹出的“新增角色”设置界面中单击“完成”按钮完成设置后，在“宜搭角色”分栏界面中，可以对该“角色名称”中的角色进行增加、删除及搜索，如图 1-50 所示。

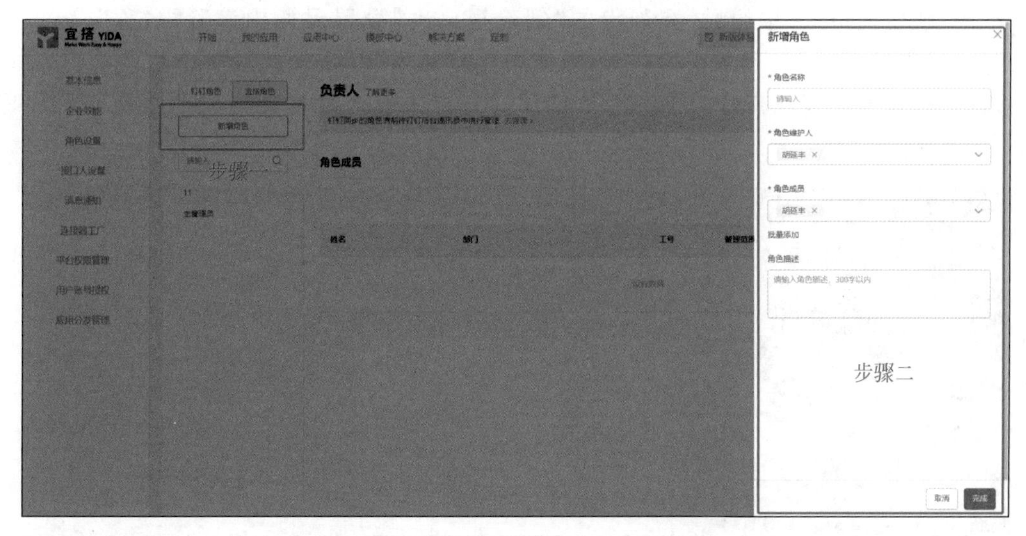

图 1-49　弹出的"新增角色"设置界面

图 1-50　查看"角色成员"示意

1.5.4　"接口人设置"分栏介绍

在工作台中单击"平台管理"按钮进入"平台管理"界面，在左侧菜单栏中选择"接口人设置"分栏，右侧进入"接口人设置"界面，在该界面中可以单击"新增接口人"按钮设置接口人，如图 1-51 所示。流程的审批人可以设置为接口人，接口人相当于一个部门对应的负责人。例如，在设置审批流程场景时，想要指定一个部门中的一个或多个负责人进行审批时，就可以设置一个接口人。

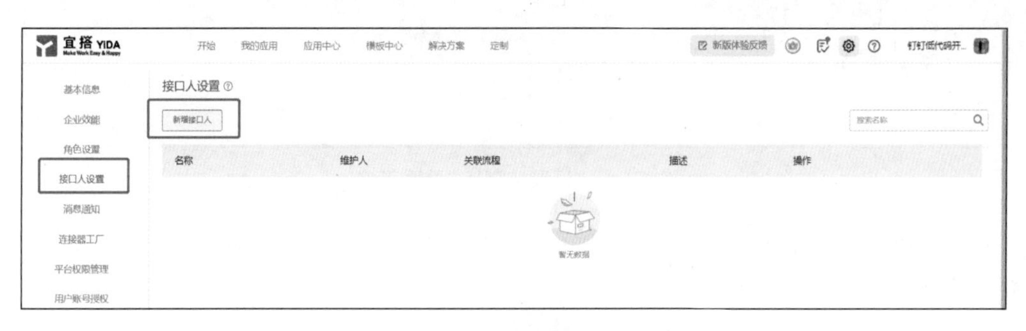

图 1-51　"接口人设置"界面示意

单击“新增接口人”按钮后，在弹出的“创建接口人”设置界面中设置“名称”“维护人”“描述”。其中，“名称”是创建接口人时，根据用户需要来填写的；“维护人”是接口人的管理者，可以进行查看和修改操作；“描述”是对接口人作用或其他功能的说明信息，如图 1-52 所示。

图 1-52　弹出的“创建接口人”设置界面示意

参考图 1-52，单击“创建”按钮完成创建接口人操作，在“接口人设置”分栏界面中可以看到新增接口人的信息，单击“设置接口人”按钮进入“设置接口人”界面，如图 1-53 所示。

图 1-53　完成“创建接口人”操作效果示意

在“设置接口人”界面中可以查看已经添加的接口人数据，还可以单击“添加”按钮添加接口人，如图 1-54 所示。

图 1-54　“设置接口人”界面示意

单击“添加”按钮后，在弹出的“新增接口人”设置界面中可以设置“接口人”和“负责部门”，如图 1-55 所示。

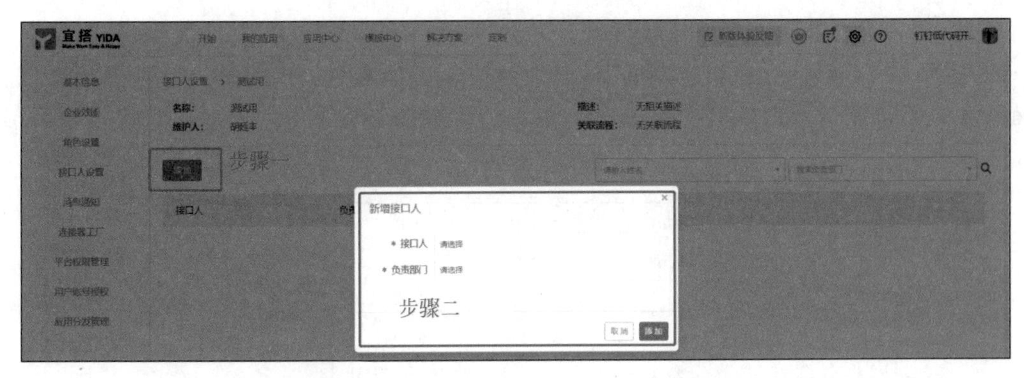

图 1-55 弹出的“新增接口人”设置界面示意

1.5.5 “消息通知”分栏介绍

登录网页端宜搭官方网站，在工作台中单击“平台管理”按钮进入“平台管理”界面，在左侧菜单栏中选择“消息通知”分栏，右侧进入“消息通知”界面，在该界面中可以单击“新建模板”按钮设置消息通知模板，如图 1-56 所示。通过配置消息通知可以在表单或流程执行到某个阶段时，给指定的人员发送钉钉消息。

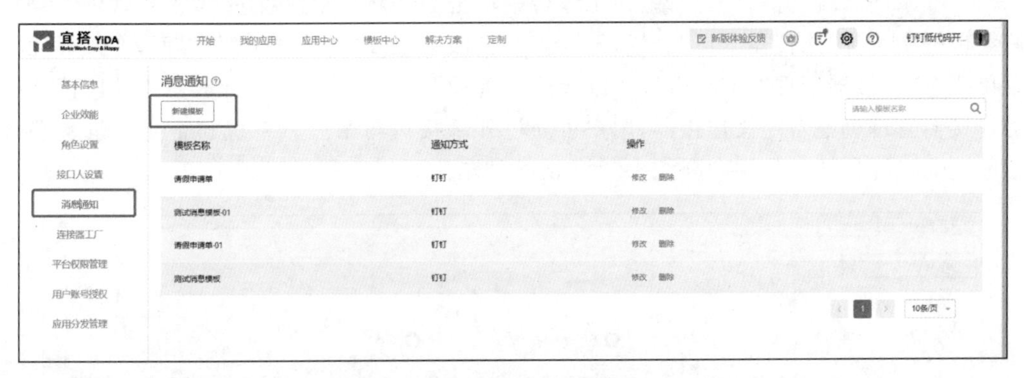

图 1-56 “消息通知”设置界面示意

单击“新建模板”按钮，在弹出的“新建模板”设置界面可以设置“模板类型”“模板名称”“管理员”“通知方式”，如图 1-57 所示。“模板名称”是创建消息时，用户自定义设置模板的名字；“管理员”是消息的管理者，可以对消息模板进行查看和修改操作；“通知方式”是支持钉钉的

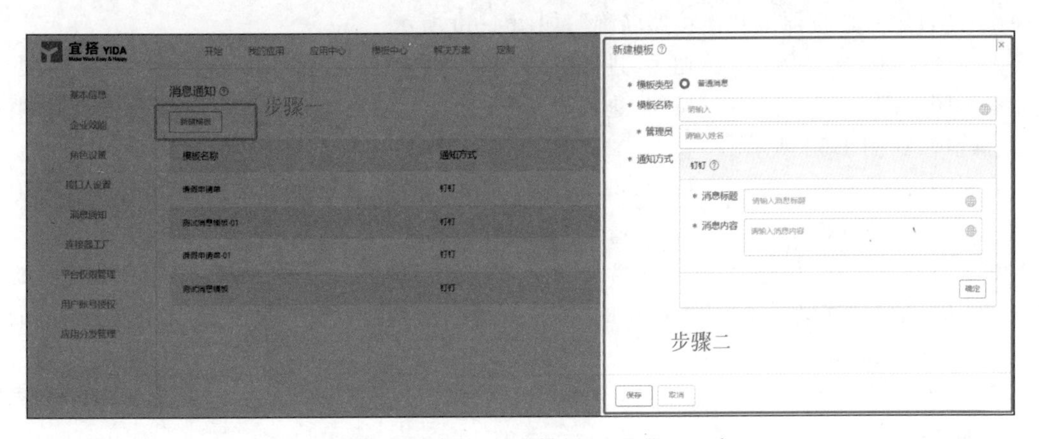

图 1-57 弹出的“新建模板”设置界面示意

通知方式，内容包含通知消息的标题与内容。

参考图 1-57，设置完成“新建模板”界面中的信息后单击“保存”按钮，在“消息通知”分栏界面中可以对新增的消息模板进行修改和删除操作，如图 1-58 所示。具体设置和操作可参考 4.6 节内容。

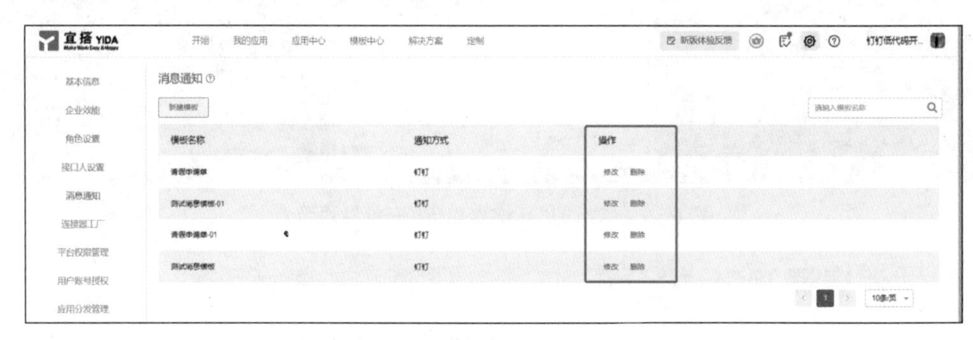

图 1-58　修改和删除消息模板操作示意

1.5.6　“连接器工厂”分栏介绍

用户登录网页端宜搭官方网站，在工作台中单击“平台管理”按钮进入“平台管理”界面，在左侧菜单栏中选择“连接器工厂”分栏，即在新开页面中进入“连接器工厂”界面，在该界面中左侧菜单栏有“连接器管理”“鉴权管理”“邮箱账号管理”分栏，如图 1-59 所示。通过连接器工厂内的连接器管理创建自定义连接器，用户可通过外部接口与第三方系统和企业存量系统进行数据的互通。连接器的使用和介绍参考第 8 章内容。

图 1-59　“连接器工厂”设置界面示意

在“连接器管理”分栏界面中，可以单击“创建连接器”按钮，在弹出的“创建连接器”设置界面中设置“自定义连接器”和“连接器名称”，如图 1-60 所示。

参考图 1-60，单击“确定”按钮后，进入设置“基本信息”界面，如图 1-61 所示。

参考图 1-61，单击“下一步”按钮，进入设置“安全”界面，在“身份验证类型”下拉菜单中选择相应选项，如图 1-62 所示。

参考图 1-62，单击“下一步”按钮，进入设置“定义”界面，其中可以单击“新增”按钮增加操作器，如图 1-63 所示。

在进行三方连接时需要校验调用者的身份，因此所有自定义连接器都需要创建对应的请求鉴权方案，通过“连接器工厂”界面中的“鉴权管理”，可创建及查看每个“自定义连接器”的鉴权模板，如图 1-64 所示。

单击“新建鉴权模板”按钮后，在弹出的“鉴权管理”设置界面中设置“连接名称”和“选择连接器”，如图 1-65 所示。

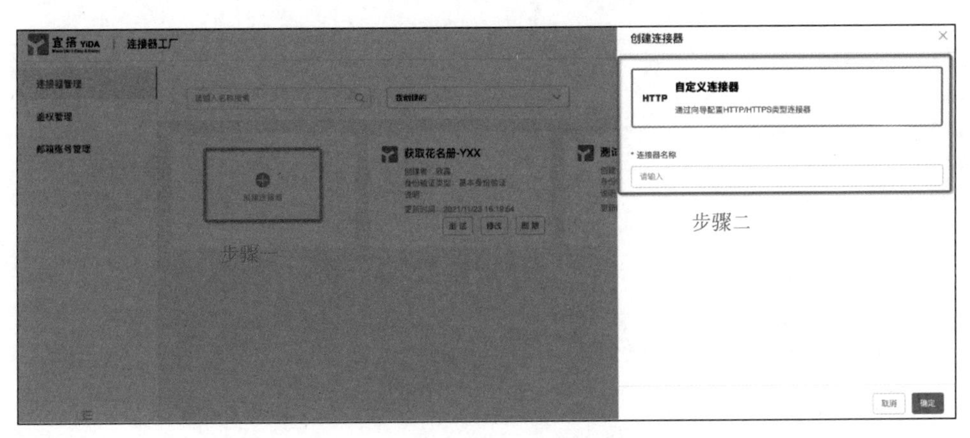

图 1-60　弹出的“创建连接器”设置界面示意

图 1-61　设置“基本信息”操作示意

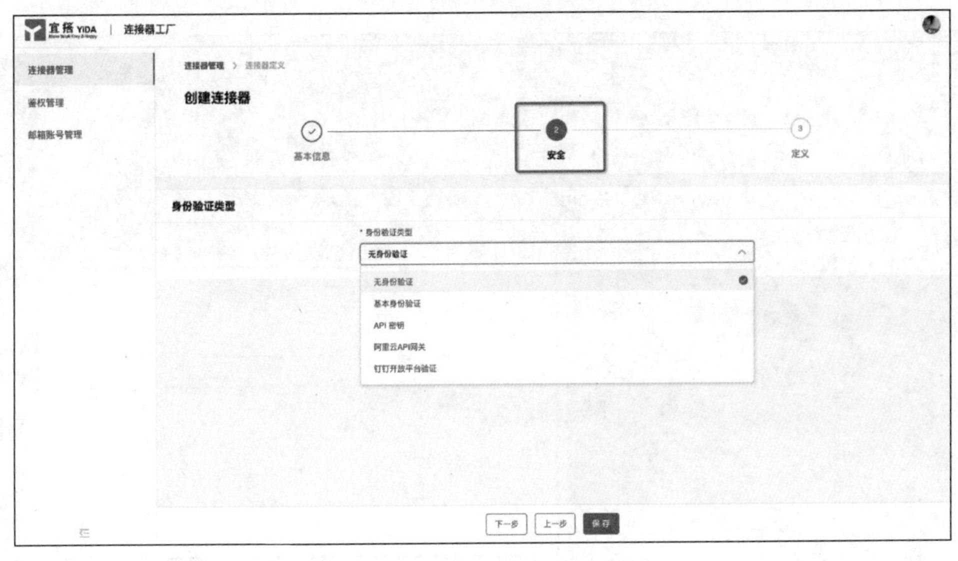

图 1-62　设置“安全”操作示意

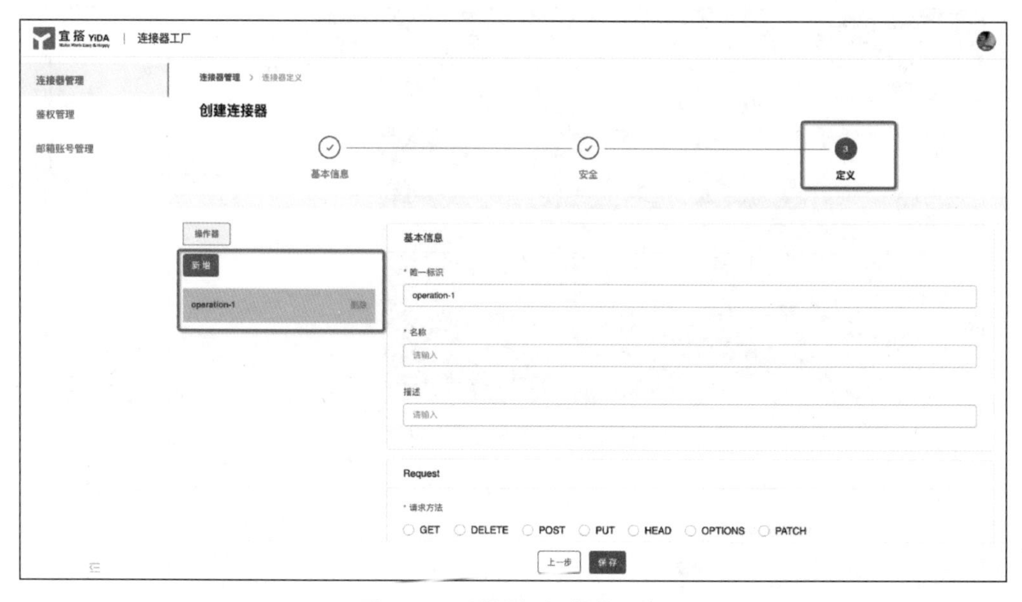

图 1-63　设置“定义”操作示意

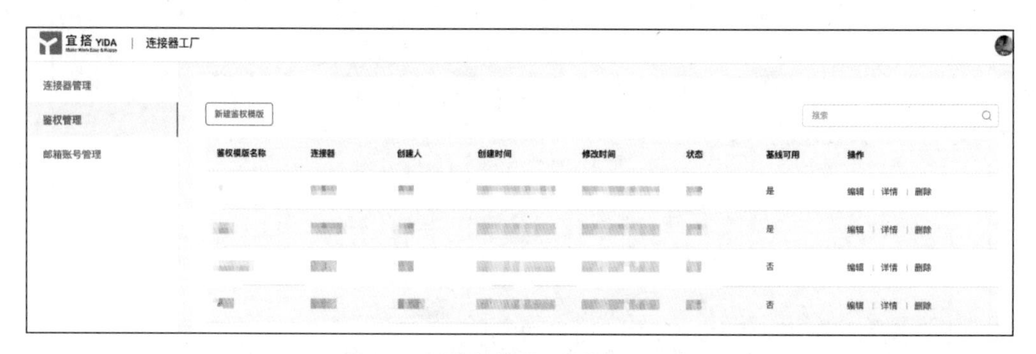

图 1-64　“鉴权管理”设置界面示意

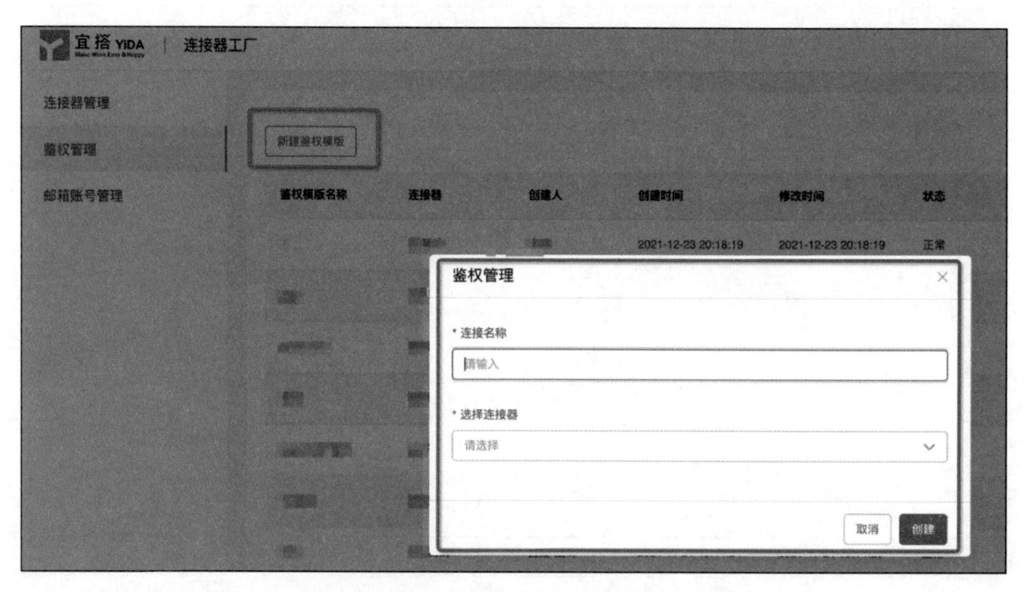

图 1-65　弹出的“鉴权管理”设置界面示意

在“连接器工厂”界面中左侧菜单栏选择“邮箱账号管理”分栏，在右侧“邮箱账号管理”界面可以单击“新建邮箱账号”按钮以及查看已经创建的“邮箱账号”，如图 1-66 所示。

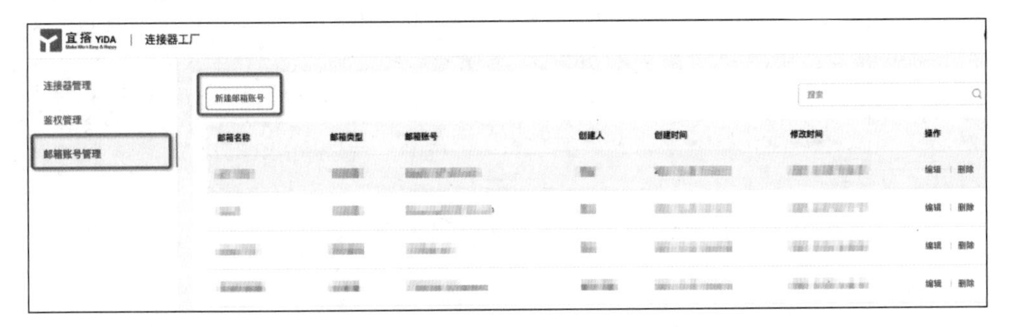

图 1-66　“邮箱账号管理”界面示意

单击“新建邮箱账号”按钮后，在弹出的“邮箱账号”设置界面中设置“邮箱名称”“邮箱类型”“邮箱账号”“密码/授权码”，可单击“查看文档”来查看邮箱相关配置方法，如图 1-67 所示。

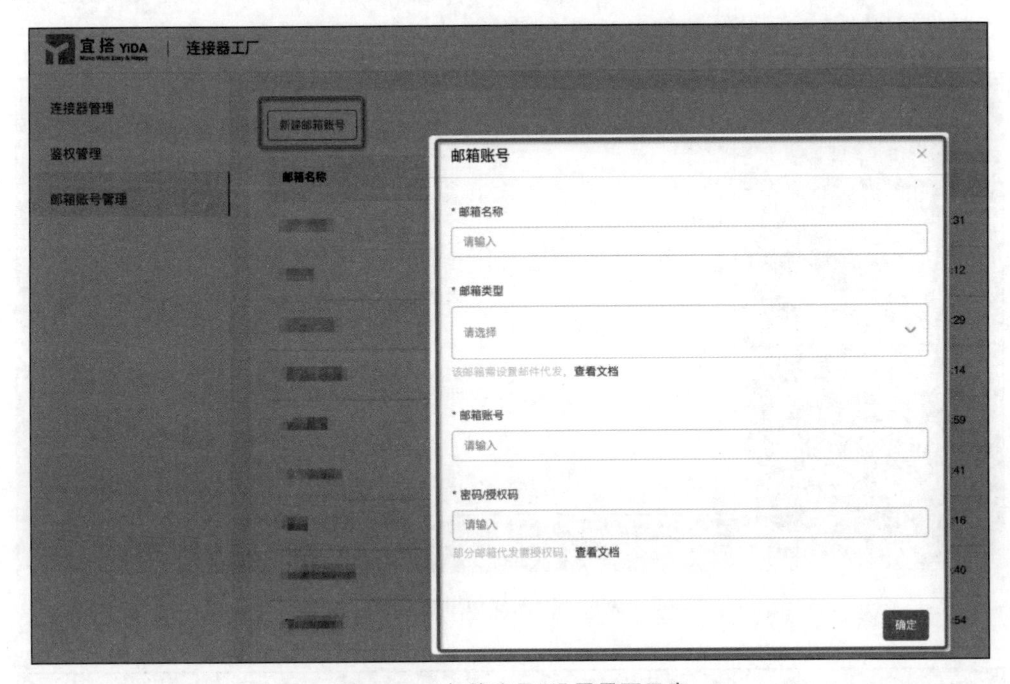

图 1-67　“邮箱账号”设置界面示意

1.5.7　“平台权限管理”分栏介绍

使用管理员身份登录网页端宜搭官方网站，在工作台中单击“平台管理”按钮进入“平台管理”界面，在左侧菜单栏中选择“平台权限管理”分栏，右侧进入“平台权限管理”界面，在该界面中有“应用管理员”和“平台管理员”两个选项，如图 1-68 所示。宜搭平台权限管理的功能入口默认面向企业的主管理员、子管理员开放，主要用来管理平台管理员和应用管理员。平台管理员具有管理当前架构下所有应用的权限，可以在“我的应用”界面查看并编辑自己及他人的全部应用，应用管理员具有创建应用的权限，可以在当前组织架构下创建并编辑自己为管理员的应用，无法查看并编辑他人的应用。

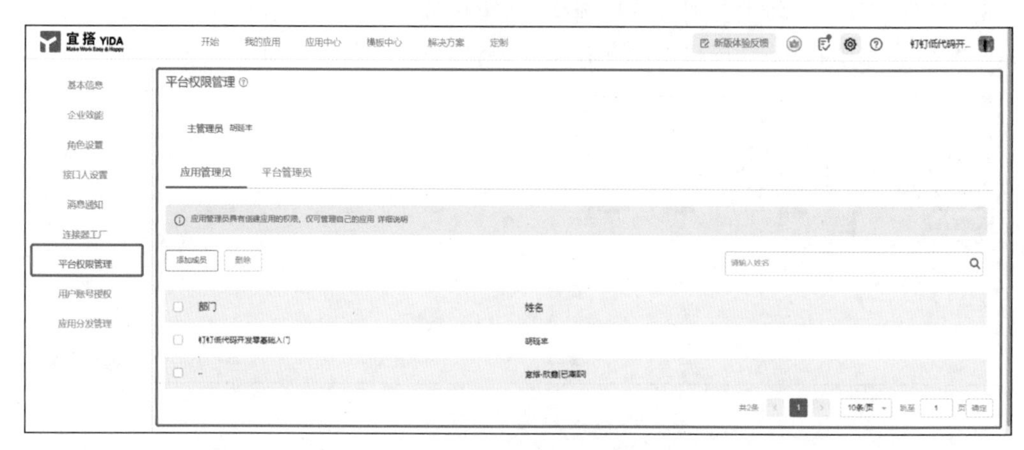

图 1-68 “平台权限管理”设置界面示意

其中,在“应用管理员”选项下,可以单击“添加成员”按钮,添加应用管理员,如图 1-69 所示;在数据栏选中需要删除的管理员并单击“删除”按钮即可删除成员,如图 1-70 所示。

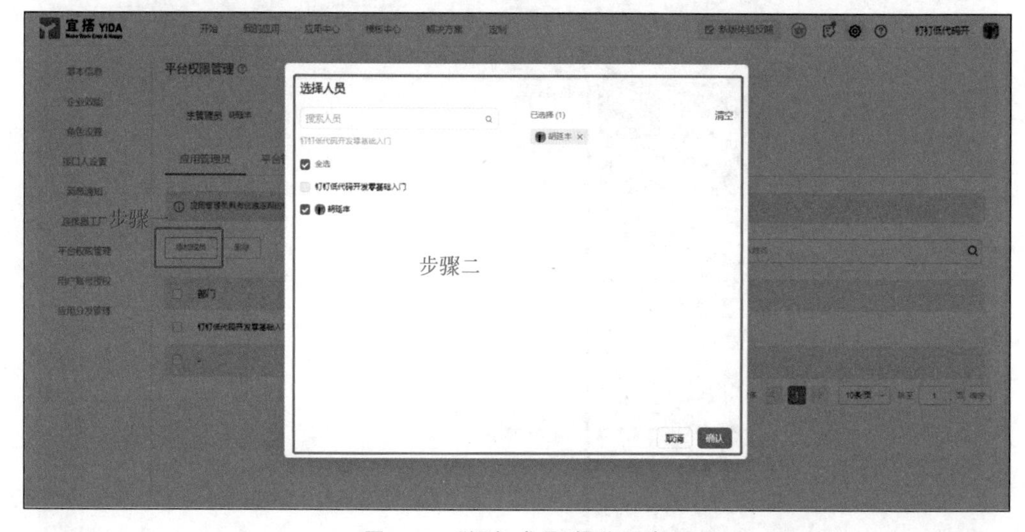

图 1-69 “添加成员”操作示意

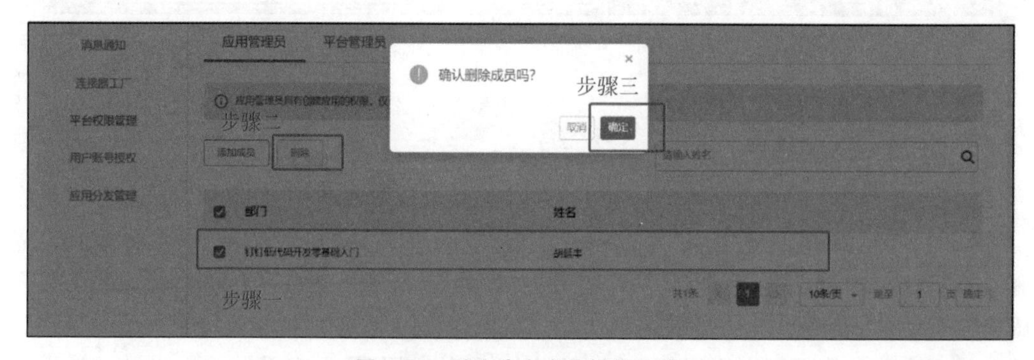

图 1-70 删除选中成员操作示意

“平台管理员”选项界面如图 1-71 所示。可以单击“添加成员”按钮添加平台管理员；在数据栏选中需要删除的管理员并单击“删除”按钮即可删除成员，企业主管理员、子管理员不可以删除，此两项操作与图 1-69 和图 1-70 类似。

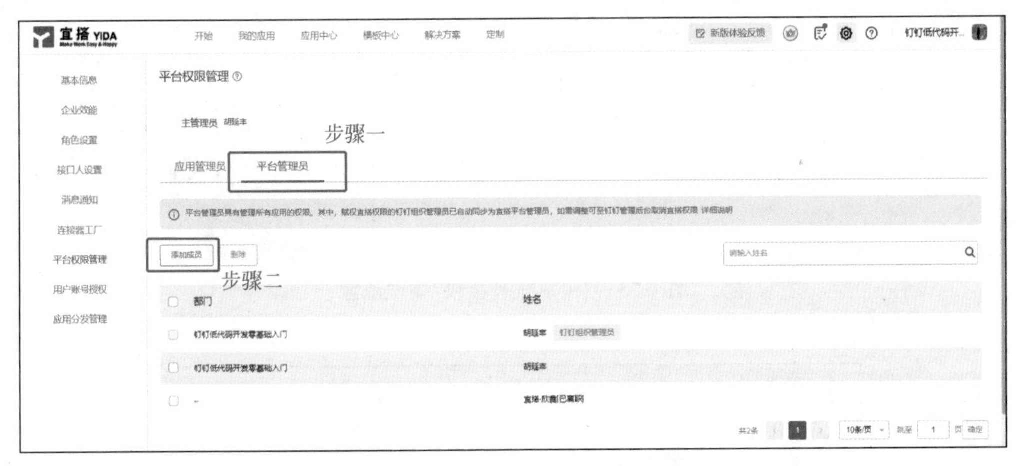

图 1-71　“平台管理员”选项界面示意

1.5.8 “用户账号授权”分栏介绍

使用主管理员身份登录网页端宜搭官方网站，在工作台中单击“平台管理”按钮进入“平台管理”界面，在左侧菜单栏中选择“用户账号授权”分栏，右侧进入“用户账号授权”界面，在该界面中有“购买账号数”“未分配账号数”“已分配账号数”统计展示栏，“账户授权管理”栏主要用来管理平台账号授权，如图 1-72 所示。

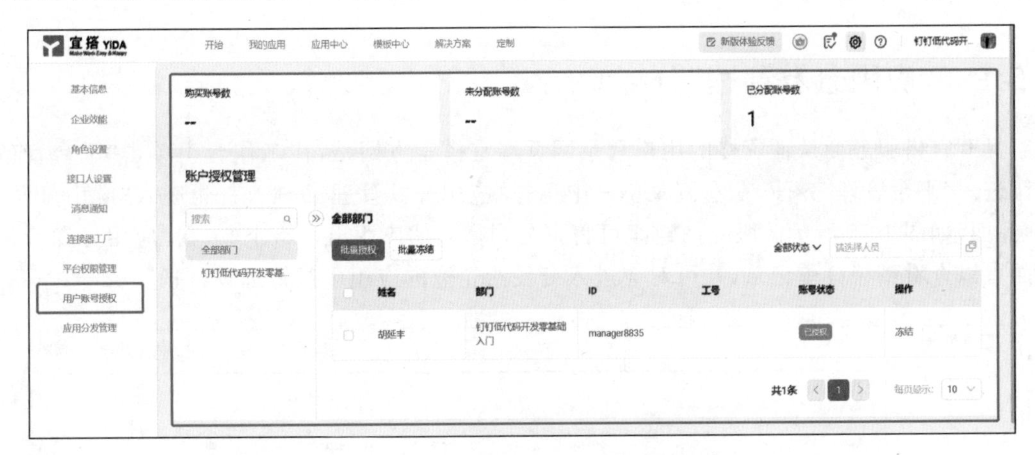

图 1-72　“用户账号授权”设置界面示意

在“账户授权管理”栏中具有“批量授权”和“批量冻结”按钮，在列表中展示组织下的账号，开启授权的账号具有宜搭平台的访问权限，未授权的账号无宜搭平台访问权限。在“操作”栏中单击“冻结”按钮即可拒绝该账号访问宜搭平台，未授权的账号在“账号状态”栏中显示“未授权”，授权的账号在该栏显示“已授权”，如图 1-73 所示。

当用户账号被授权时，在钉钉客户端会收到宜搭发送提示授权使用宜搭权限消息，如图 1-74 所示。

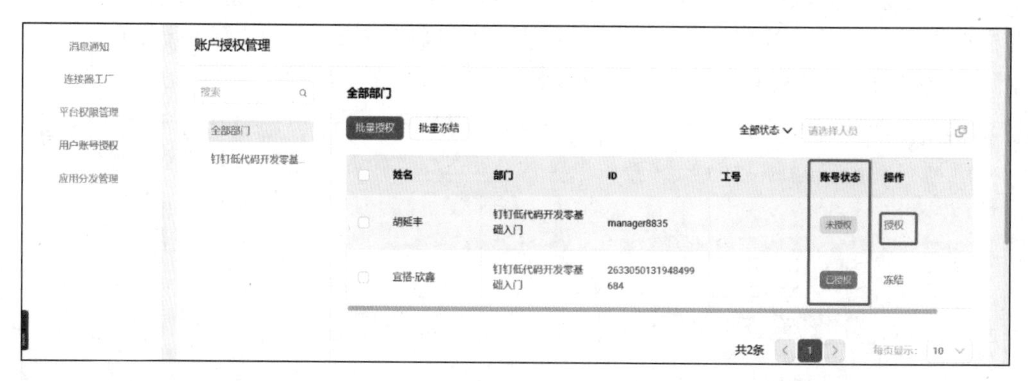

图 1-73 “用户账号授权”操作示意

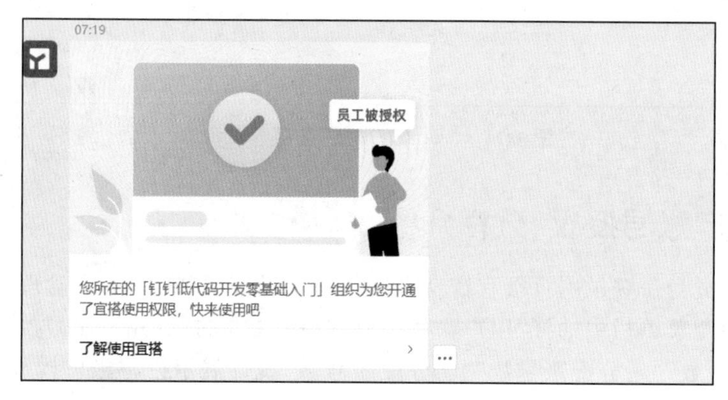

图 1-74 宜搭推送授权消息示意

1.5.9 “应用分发管理”分栏介绍

具有宜搭服务商认证资格的用户登录网页端宜搭官方网站，在工作台中单击“平台管理”按钮进入“平台管理”界面，在左侧菜单栏中选择“应用分发管理”分栏，右侧进入“应用分发管理”界面，如图 1-75 所示。服务商组织可将本公司搭建的应用出售给企业，在“应用分发管理”界面可以查看销售订单记录，并可对应进入分发给企业的应用中进行远程维护。

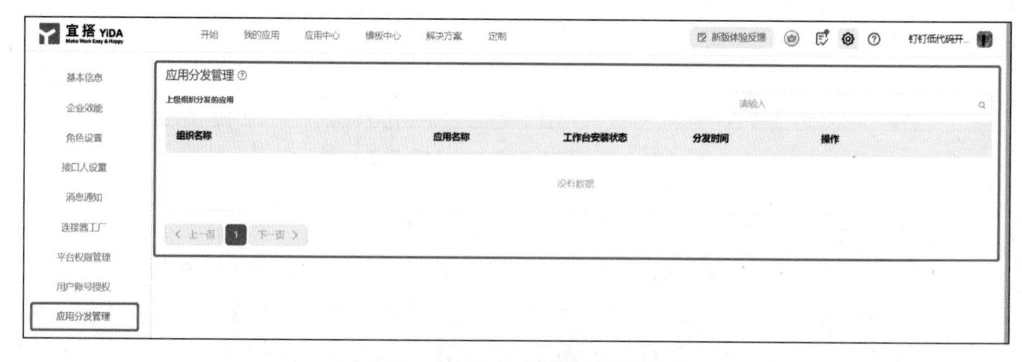

图 1-75 “应用分发管理”界面示意

1.6　宜搭词汇表助力前行

本节将介绍宜搭词汇表。词汇表帮助用户了解特殊词汇的概念，用户无须记忆，阅读后续章节时，若出现生疏词汇可以翻阅词汇表。词汇表帮助用户玩转宜搭低代码开发之路。

1.6.1　“开始”界面

登录网页端宜搭后，首先会进入宜搭的工作台首页“开始”界面，用户可以在这个页面上找到“创建应用”“模板中心”等快捷进入口，如图 1-76 所示。

图 1-76　宜搭工作台“开始”界面示意

1.6.2　工作台

登录网页端宜搭后，在首页工作台中包含“开始”“我的应用”“应用中心”“模板中心”“解决方案”“定制”“任务中心”“平台管理”“帮助中心”和版本及账号信息，如图 1-77 所示。

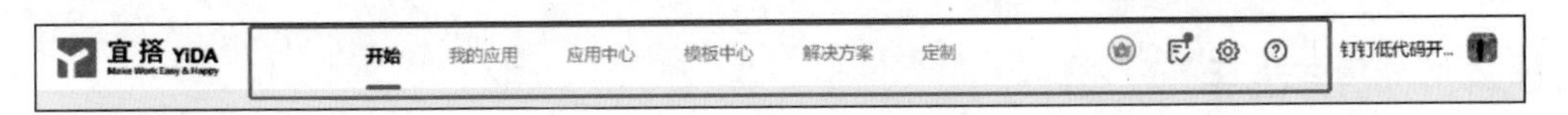

图 1-77　宜搭工作台界面

宜搭工作台词汇如表 1-1 所示。

表 1-1　宜搭工作台词汇

名　词	含　义
开始	登录宜搭后单击“工作台”首先跳转的就是“开始”界面，这个界面是一个大集合，可以在该界面看到很多重要的信息概览
我的应用	展示当前登录用户在该组织架构下创建以及可编辑的应用列表
应用中心	展示已发布到宜搭应用中心的应用，仅可提交数据，无法编辑应用
模板中心	模板中心提供各行各业开箱即用的模板，用户可以搜索所需模板来进行体验

续表

名　词	含　义
解决方案	由宜搭优秀认证服务商为用户带来的行业化解决方案，并能根据用户的需求提供灵活、高效的贴身定制服务，让最终交付的方案能够完全贴合用户的业务
定制	由认证服务商根据企业的业务需求，为企业量身定制业务应用，目的是提供更多更优质的服务
任务中心	可查看当前组织架构下登录用户有关的数据汇总
平台管理	针对平台管理员权限、消息模板、角色、接口人等配置的入口
帮助中心	提供丰富多样的教学手册，包含视频、案例等详细文档

1.6.3 普通表单

普通表单是指只用于填写和收集数据，无须流程，可以直接创建的普通表单；还可以通过权限配置实现不同角色人员能够拥有不同的对数据增加、删除、修改、查看及字段操作等权限。宜搭普通表单中的词汇如表 1-2 所示。

表 1-2　宜搭普通表单中的词汇

名　词	含　义
表单	由多个控件/组件组成的用于数据填报和收集的工具
控件/组件	数据存储的容器，不同的控件/组件类型可以存储不同的数据类型。例如，数值控件/组件可以存储数值类型的数据，文本类控件/组件可以存储文本数据
公式编辑	在填写表单或修改表单数据时，可以让组件的内容根据公式自动计算得出，不需要手动填写，提高填写效率，减少填写错误
关联其他表单数据	通过关联设置，将获取被关联的表单的数据作为当前表单的数据
数据联动	当表单中某个字段的数据改变时，该表单中另一个字段的数据也会随之改变。一般用于设置组件的默认值
业务关联规则	当两张表单的数据进行关联时可以使用，例如进销存系统，物资入库、出库都要统计到最终的库存表中进行展示和查看

1.6.4 流程表单

流程表单在普通表单填写收集数据的基础上，增加了审批操作，可以设置多个审批人。宜搭流程表单中的词汇如表 1-3 所示。

表 1-3　宜搭流程表单中的词汇

名　词	含　义
流程表单	带有流程的表单，比普通表单多了流程流转的环节
流程设置	为流程表单中的数据设置流转规则，使得数据可以按照预设的流程流转
流程节点	流程流转的各个环节称为流程节点，常用于设置人工节点，如审批人、执行人、抄送人等，形成完整的审批流
节点提交规则	在用户提交流程或者审批人处理流程时通过一些公式校验判断用户是否能执行或者通过触发业务关联公式来更新其他表单数据

1.6.5　报表

报表中提供了多种样式的图表，可以通过明细表、数据透视表等查看表单、流程表单数据的明细和汇总；通过柱形图、折线图等对数据进行处理，显示出数据的发展趋势、分类比较等结果；通过饼图体现数据中每个部分的比例。在一个页面中将表单、流程中的数据或自建业务系统的数据进行智能数据分析，还可以对数据导出。宜搭报表中的词汇如表 1-4 所示。

表 1-4　宜搭报表中的词汇

名　词	含　义
报表设计器	需要将员工提交的数据进行汇总查看，可以设置一个报表页面，然后使用报表设计器中的组件进行数据分析、汇总、查询等
报表组件	通过不同的报表组件展示表单及流程提交的数据。
报表公式	原始表单的数据，用户可使用报表公式对数据进行自定义处理
数据集	报表图表组件展示数据时，数据集选择就需要选择应用中的表单、流程表单名称

1.6.6　自定义页面

自定义页面是通过低代码搭建展现或其他任何类型的自定义页，借助数据源或更丰富的组件实现应用 Portal、复杂业务场景页。可以直接使用创建好的模板，也可以自定义设置。宜搭自定义页面中的词汇如表 1-5 所示。

表 1-5　宜搭自定义页面中的词汇

名　词	含　义
自定义页面	可自定义设置组件样式风格，并且可以通过数据源获取其他表单数据并展示出来，更灵活地实现用户的场景需求
自定义页面设计器	分为“顶部操作栏”“左侧工具栏”“中间画布”“右侧属性配置面板”四部分，可在自定义页面设计器中配置组件或通过其他功能搭建完整的自定义页

1.6.7　外部链接

外部链接指在当前应用中将已存在的外部系统添加到导航中。宜搭外部链接中的词汇如表 1-6 所示。

表 1-6　宜搭外部链接中的词汇

名　词	含　义
外部链接	当用户需要展示其他网站内容时，可以复制网站的链接到这里
新开页面	单击当前外部链接时，在新窗口打开

1.6.8　高级功能

高级功能是通过一些代码技术实现额外的功能。宜搭高级功能中的词汇如表 1-7 所示。

表 1-7　宜搭高级功能中的词汇

名　　词	含　　义
数据准备	在配置可视化报表前，对表单/数据库数据进行一系列的处理后形成新的数据集。例如多个表单关联显示数据，连接显示 MySQL 数据库数据等
集成 & 自动化	通过表单事件触发或应用事件触发执行操作，接入了钉钉连接器，钉钉官方应用、钉钉生态内应用、企业自有系统可轻量化地接入宜搭，使得宜搭应用天然具有互联互通的能力
连接器工厂	用于连接用户自定义的接口，可以支持部分鉴权功能

第 2 章

从模板快速搭建应用

2.1 如何进入模板中心

视频讲解

本节将会手把手带您选择模板并体验和启用模板。不清楚钉钉宜搭具体可以实现什么样的功能、能做到什么样的效果,可以先看模板中心提供的模板。模板来源于宜搭团队、服务商以及宜搭大赛贡献的优秀模板,应用场景来源于企业、组织或团队的日常需求。可以对应用进行体验,来确认模板是否符合需求;启用模板后,可以通过模仿模板来进行搭建,也可以在模板已有内容的基础上进行搭建,更轻松、便捷地完成应用的搭建。

本节将以“模板中心”界面内的“防疫健康打卡”应用为例来介绍如何体验及启用应用,接下来一起体验“模板中心”界面下的“防疫健康打卡”模板应用。

2.1.1 选择“模板中心”菜单进入

实验操作

用户参考 1.3.2 节内容登录官方网站进入宜搭,单击工作台选择“模板中心”菜单进入“模板中心”界面,如图 2-1 所示。

图 2-1 “模板中心”界面示意

进入“模板中心”界面后,首先选择“全部应用”,然后选择“疫情防控”标签分类栏,宜搭将会筛选属于“疫情防控”类下的宜搭应用呈现在界面中,选择应用名称为“防疫健康打卡”的宜搭应用模板，如图 2-2 所示。

图 2-2　筛选模板操作示意

2.1.2　通过“开始”界面进入

参考 1.4.1 节中的图 1-22，在“开始”界面的“创建应用”栏中，单击“选择模板”按钮开始通过模板创建应用，如图 2-3 所示。单击“选择模板”按钮后进入“模板中心”界面，如图 1-33 所示。

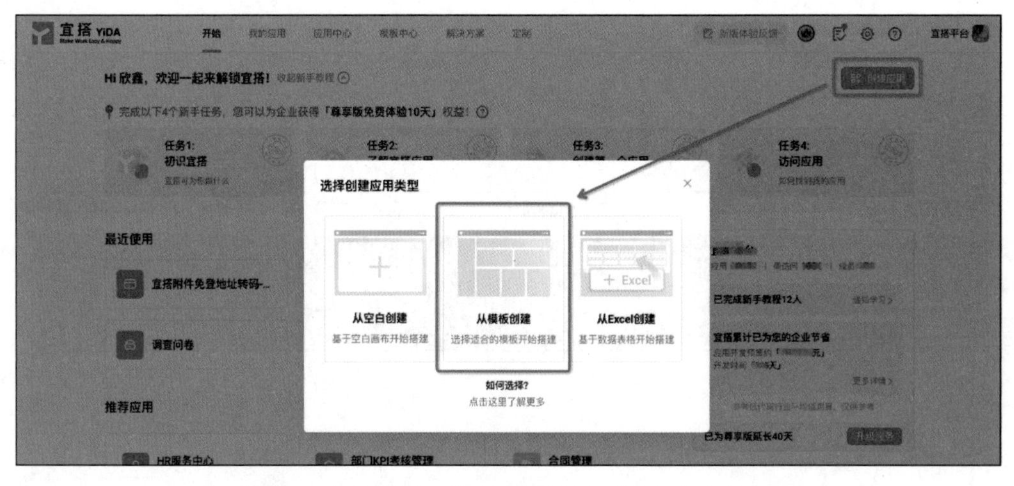

图 2-3　在“开始”界面中通过模板创建应用操作示意

2.1.3　通过“我的应用”界面进入

参考 1.4.2 节中的图 1-24，在“我的应用”界面中单击“从模板创建应用”按钮开始通过模板创建应用，如图 2-4 所示。单击“从模板创建应用”按钮后进入“模板中心”界面，如图 1-33 所示。

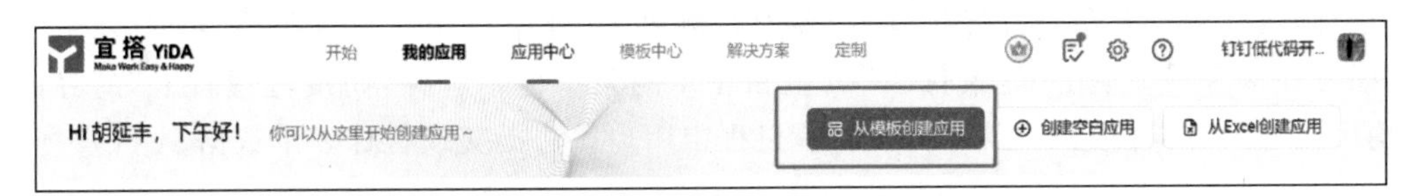

图 2-4　在“我的应用”界面中通过模板创建应用操作示意

2.2　体验宜搭应用模板

视频讲解

实验操作

本节主要讲解如何在模板中心体验宜搭应用模板。参考图 2-2 单击“防疫健康打卡”宜搭应用模板，跳转至“应用详情”界面，“应用详情”界面中将介绍该宜搭应用适用的设备。该“防疫健康打卡”宜搭应用适用于 PC 端及移动端，可以单击图片集查看该模板“应用详情”界面的截图，该界面中有“体验一下”按钮和“启用此应用”按钮，如图 2-5 所示。

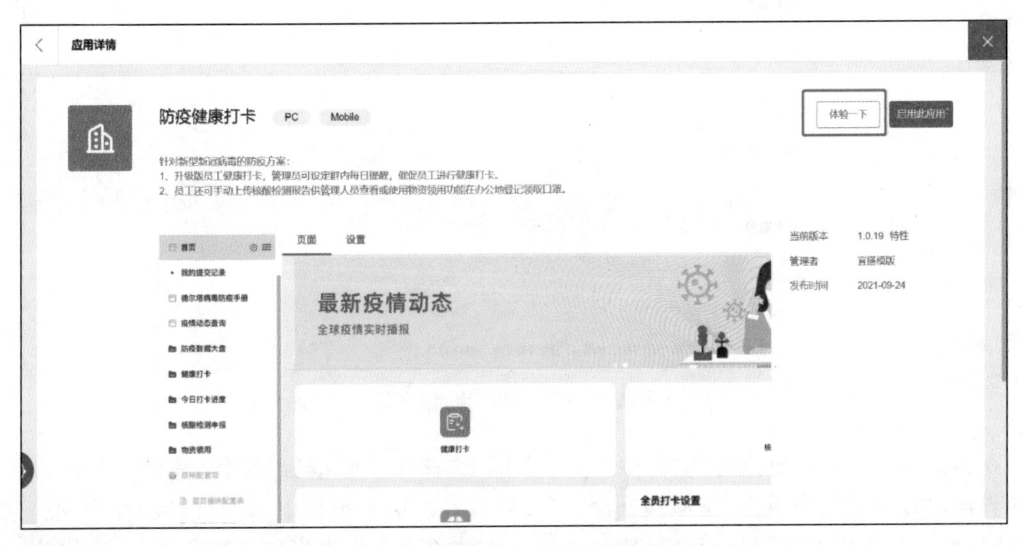

图 2-5　模板“应用详情”界面示意

单击“体验一下”按钮进入体验界面，右侧界面展示左侧菜单中选择的页面的内容，当前左侧菜单选择“首页”页面，右侧显示的三个按钮为“首页”界面配置的快捷跳转按钮，如图 2-6 所示。

图 2-6　“防疫健康打卡”应用“首页”界面示意

在“防疫健康打卡”宜搭应用“首页”界面右侧单击“健康打卡”按钮，跳转至如图 2-7 所示的界面。在该应用中单击“健康打卡”按钮和在左侧菜单栏中选择“防疫健康打卡”的界面相同，均可以进入打卡信息填写界面，在体验过程中用户无法提交或暂存表单数据。

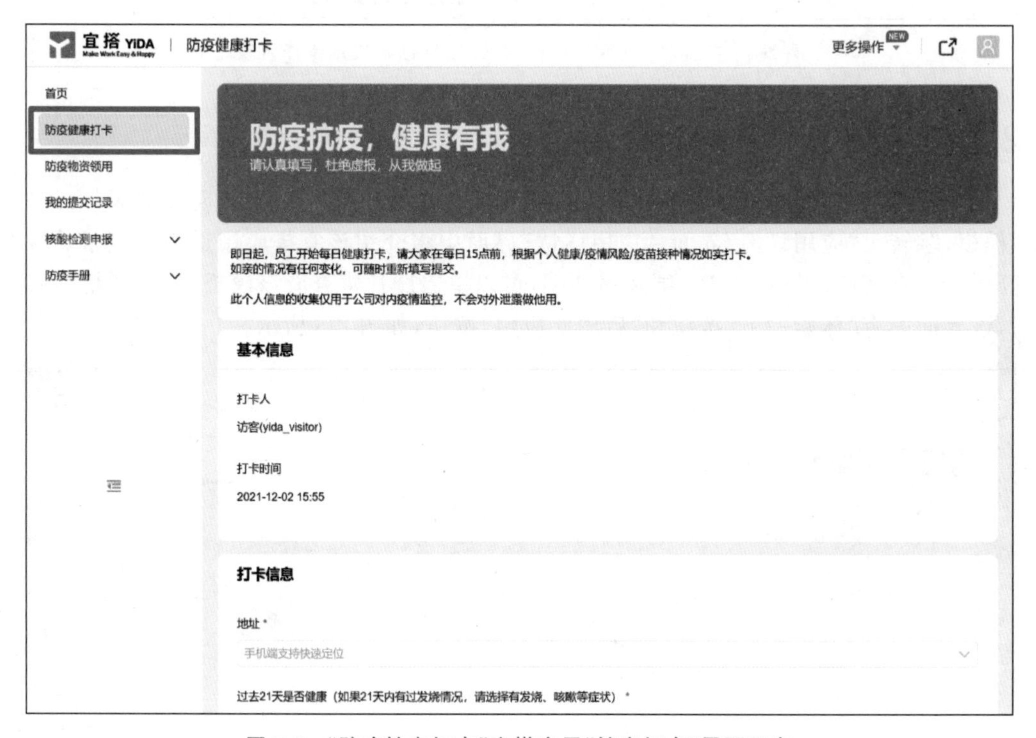

图 2-7 “防疫健康打卡”宜搭应用“健康打卡”界面示意

在“防疫健康打卡”宜搭应用“首页”界面中单击“核酸检测报告”按钮，跳转至如图 2-8 所示的界面。在该应用中单击“核酸检测报告”按钮和在左侧菜单栏中选择“核酸检测申报”分组中“核酸检测报告申报”的界面相同，均可以进入核酸检测报告申报信息填写界面，在体验过程中用户无法提交或暂存表单数据。

选择左侧菜单栏“核酸检测申报”分组中“我的报告”选项，其界面如图 2-9 所示。该界面展示用户历史提交报告信息和提供快捷入口“去提交报告”按钮进入提交核酸检测报告信息界面。

在“防疫健康打卡”宜搭应用“首页”界面中单击“防疫口罩领用”按钮，跳转至如图 2-10 所示的界面。在该应用中单击“防疫口罩领用”按钮和在左侧菜单栏中选择“防疫物资领用”选项的功能相同，均可以进入防疫物资领用申报信息填写页面，在体验过程中用户无法提交或暂存表单数据。

在左侧菜单栏“防疫手册”分组中有“德尔塔病毒防疫手册”和“使用说明”选项，用户可以根据使用手册了解当前模板，其中“德尔塔病毒防疫手册”界面如图 2-11 所示，“使用说明”界面图如图 2-12 所示。

在左侧菜单栏选择“我的提交记录”选项，其界面如图 2-13 所示。该界面会展示所有用户提交的记录，包括“健康打卡”“核酸检测报告”“防疫口罩领用”表单页面中用户提交的信息记录。

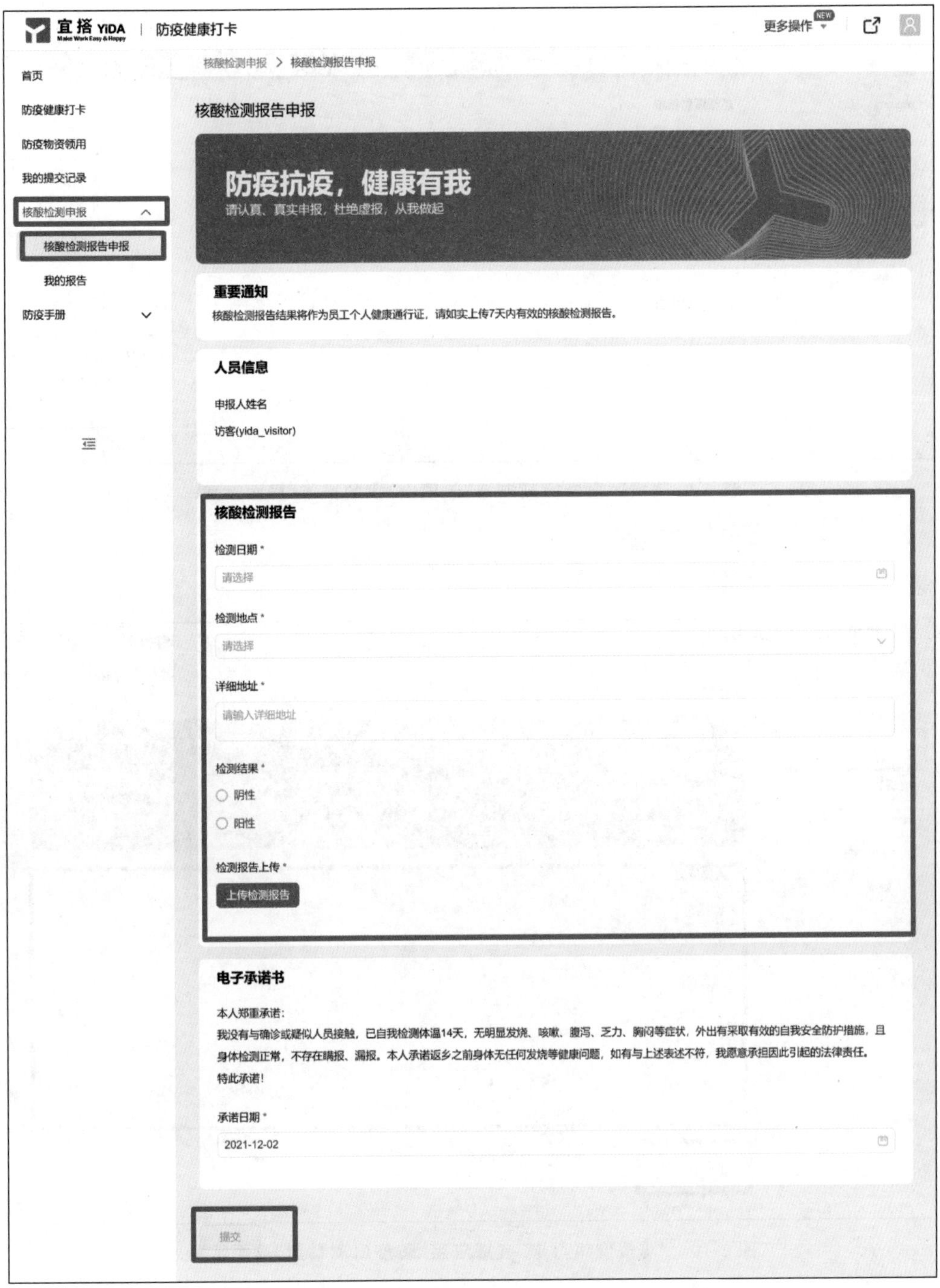

宜搭 YiDA Make Work Easy & Happy | 防疫健康打卡

更多操作 NEW

首页

防疫健康打卡

防疫物资领用

我的提交记录

核酸检测申报

核酸检测报告申报

我的报告

防疫手册

核酸检测申报 > 核酸检测报告申报

核酸检测报告申报

防疫抗疫，健康有我

请认真、真实申报，杜绝虚报，从我做起

重要通知

核酸检测报告结果将作为员工个人健康通行证，请如实上传7天内有效的核酸检测报告。

人员信息

申报人姓名

访客(yida_visitor)

核酸检测报告

检测日期 *

请选择

检测地点 *

请选择

详细地址 *

请输入详细地址

检测结果 *

阴性

阳性

检测报告上传 *

上传检测报告

电子承诺书

本人郑重承诺：

我没有与确诊或疑似人员接触，已自我检测体温14天，无明显发烧、咳嗽、腹泻、乏力、胸闷等症状，外出有采取有效的自我安全防护措施，且身体检测正常，不存在瞒报、漏报。本人承诺返乡之前身体无任何发烧等健康问题，如有与上述表述不符，我愿意承担因此引起的法律责任。

特此承诺！

承诺日期 *

2021-12-02

提交

图 2-8　“防疫健康打卡”宜搭应用“核酸检测报告”界面示意

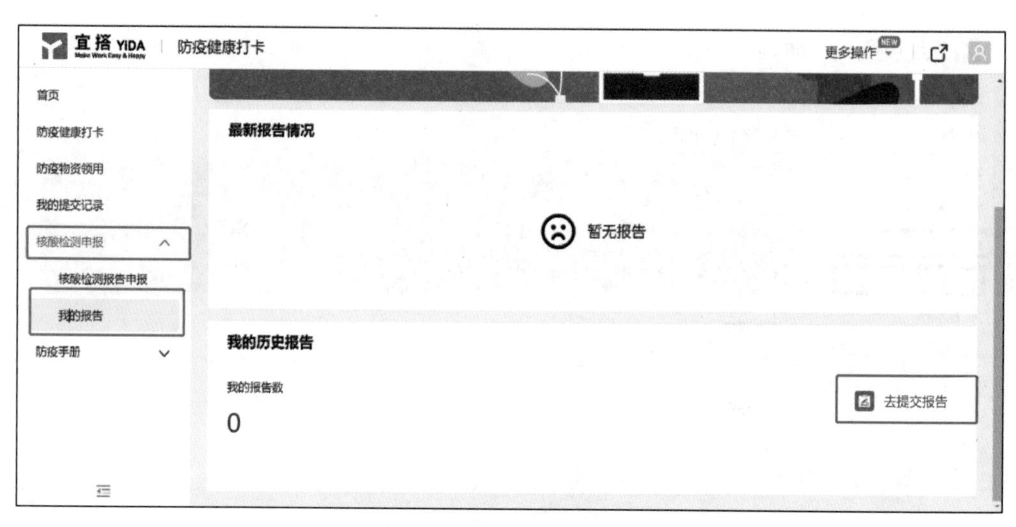

图 2-9 “核酸报告检测申报”选项中“我的报告”界面示意

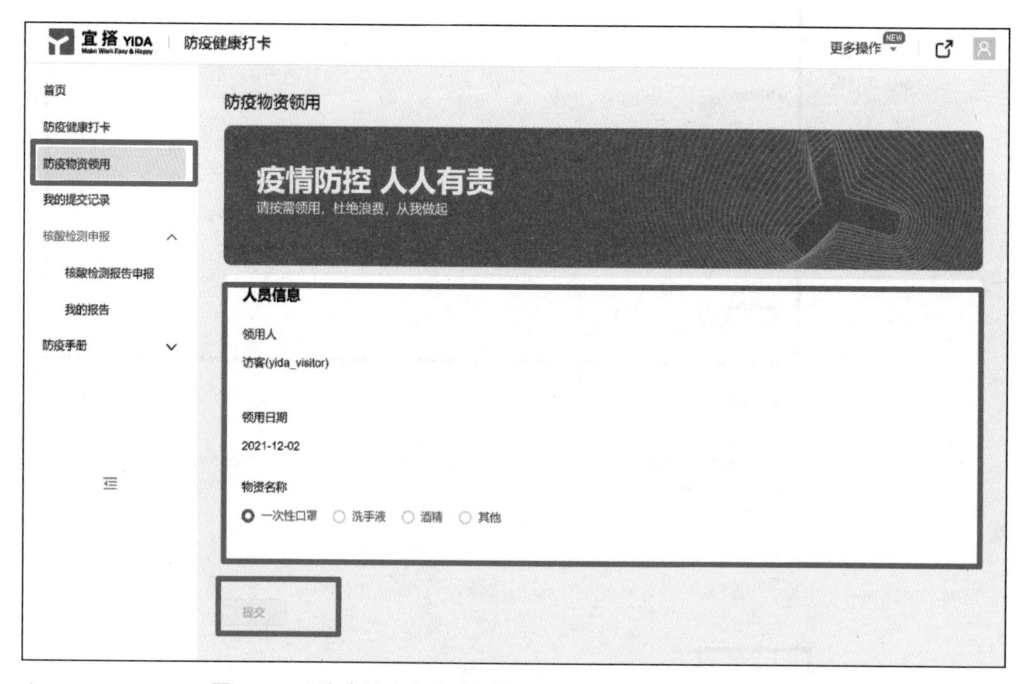

图 2-10 “防疫健康打卡”宜搭应用“防疫口罩领用”界面示意

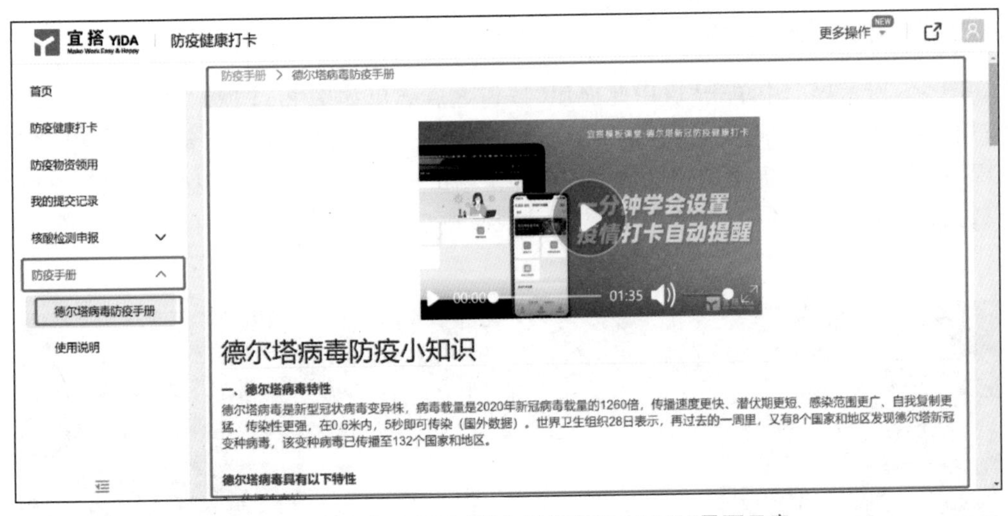

图 2-11　“防疫手册”中“德尔塔病毒防疫手册”界面示意

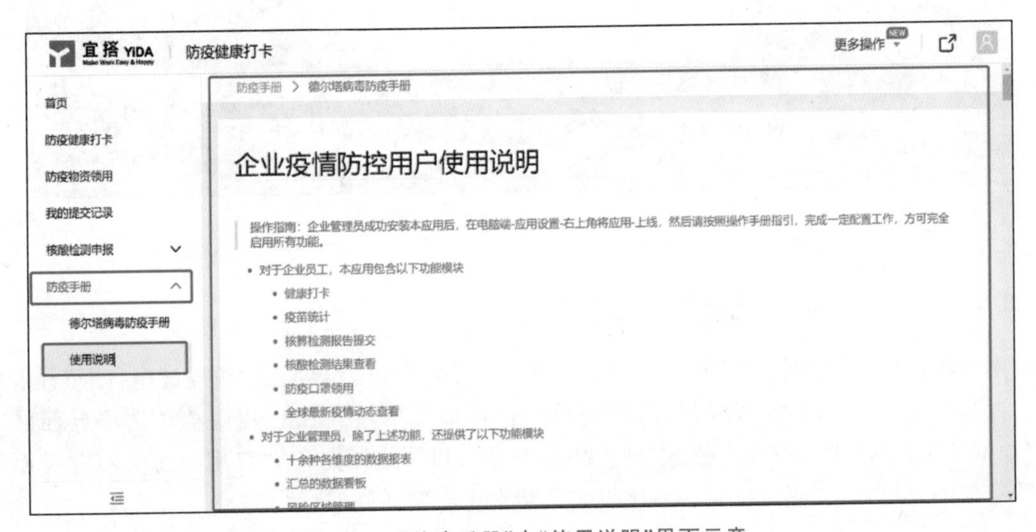

图 2-12　“防疫手册”中“使用说明”界面示意

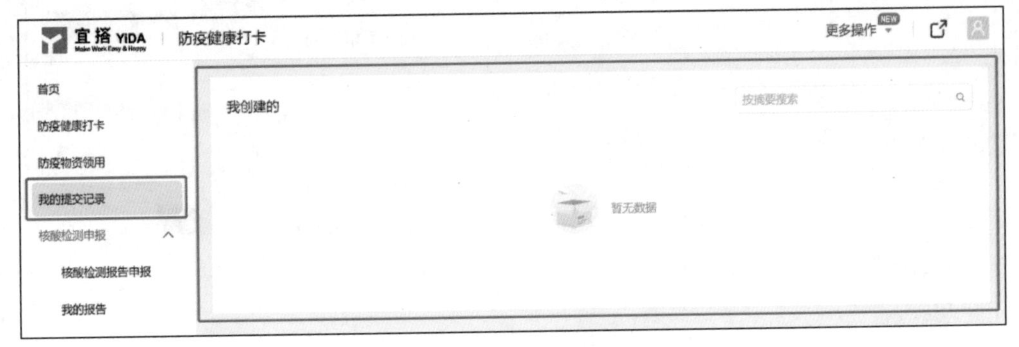

图 2-13　“我的提交记录”界面示意

视频讲解

2.3 启用宜搭应用模板

在图 2-5 所示界面中单击“启用此应用”按钮之后弹出如图 2-14 所示的设置界面，其中，在“应用名称”栏自定义输入该应用的名称；在“示例数据”单选框中，“保留示例数据”选项表示会保留模板创建人员提交的测试数据，“不保留测试数据”选项表示使用全新模板，模板内无任何数据；填写“应用名称”和选择“示例数据”完成后，单击“确定”按钮即可从该模板创建应用。

实验操作

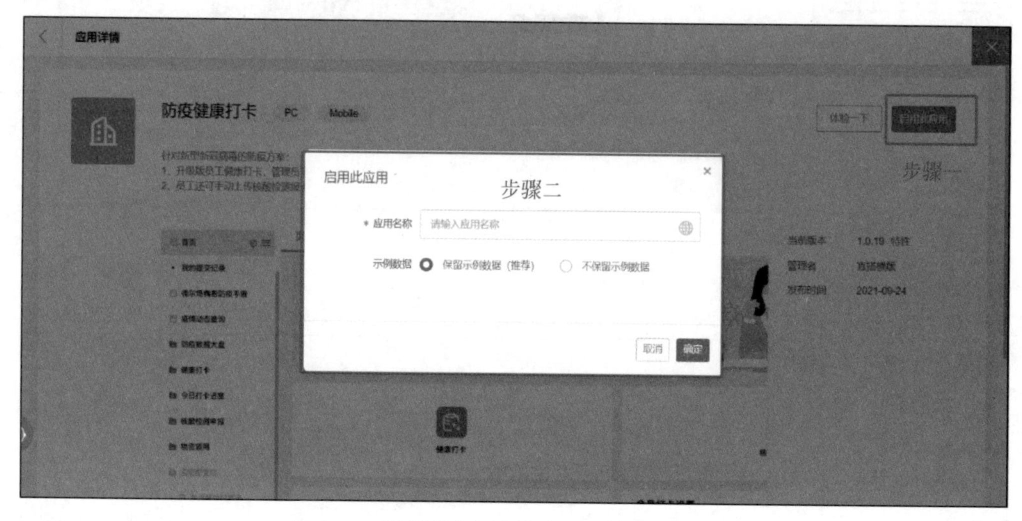

图 2-14　弹出的“启用此应用”设置界面示意

视频讲解

2.4 宜搭应用开发界面介绍

本节将以“防疫健康打卡”宜搭应用为例介绍宜搭应用开发界面。“防疫健康打卡”宜搭应用界面如图 2-15 所示。宜搭应用开发界面分为“顶部菜单栏区”和“相应菜单选项界面区”。在“顶部菜单栏区”中自左向右依次是“工作台快捷入口”“应用名称”“启用状态标签”“页面管理”“集成 & 自动化”“应用设置”“应用发布”“帮助中心”“访问”按钮。

图 2-15　“防疫健康打卡”宜搭应用开发界面示意

2.4.1　工作台快捷入口

在“防疫健康打卡”宜搭应用开发界面中，将鼠标移至“顶部菜单栏区”左上角“工作台快捷入口”图标处，如图 2-16 所示。其中，包括“开始页”“我的应用”“应用中心”“模板中心”“解决方案”“平台管理”“任务中心”快捷入口选项，选择“工作台快捷入口”选项的功能与 1.6.2 节中图 1-77 所示工作台的功能相同。

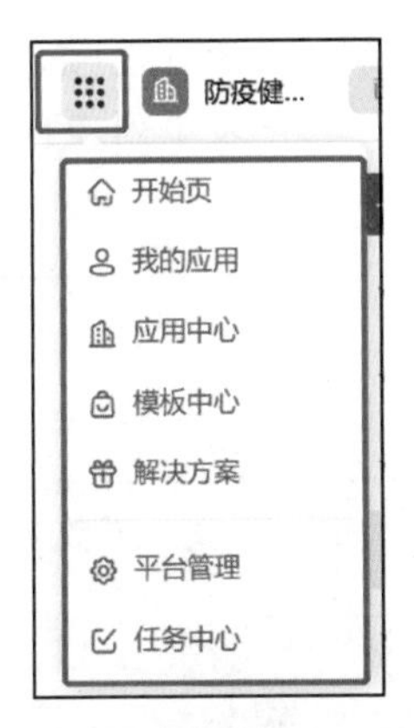

图 2-16　“工作台快捷入口”界面示意

2.4.2　应用名称

在“防疫健康打卡”宜搭应用开发界面中，将鼠标移至“顶部菜单栏区”中“应用名称”处，下方自动弹出信息提示框提示该宜搭应用全称，如图 2-17 所示。

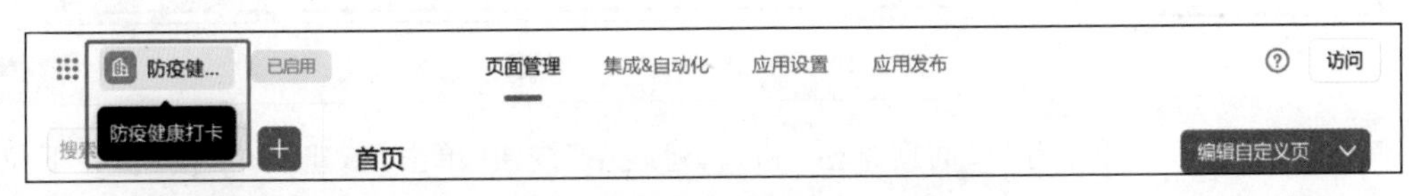

图 2-17　“应用名称”信息提示框示意

2.4.3　启用状态标签

在“防疫健康打卡”宜搭应用开发界面中，在“顶部菜单栏区”可以通过“启用状态标签”直接查看该宜搭应用是否启用，如图 2-17 所示。若该应用已启用则会展示“已启用”，若该应用未启用则会展示“未启用”。

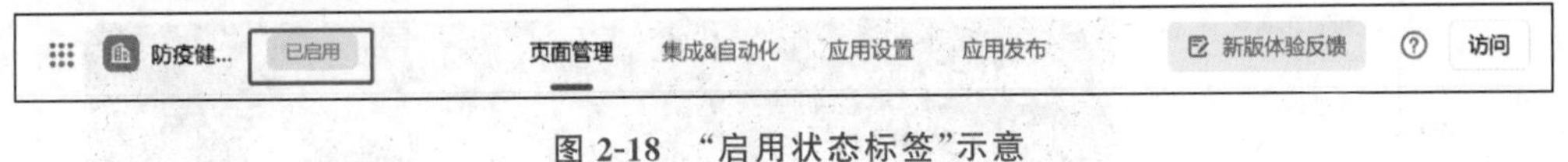

图 2-18　“启用状态标签”示意

2.4.4　帮助中心

在“防疫健康打卡”宜搭应用开发界面中，将鼠标移至“顶部菜单栏区”右上角“帮助中心”符号处，下方自动弹出信息提示框提示该功能为“帮助中心”，如图 2-19 所示。

单击“顶部菜单栏区”中“帮助中心”按钮，进入“使用手册钉钉宜搭”界面，该功能与 1.4.8 中图 1-43 所示的功能相同。

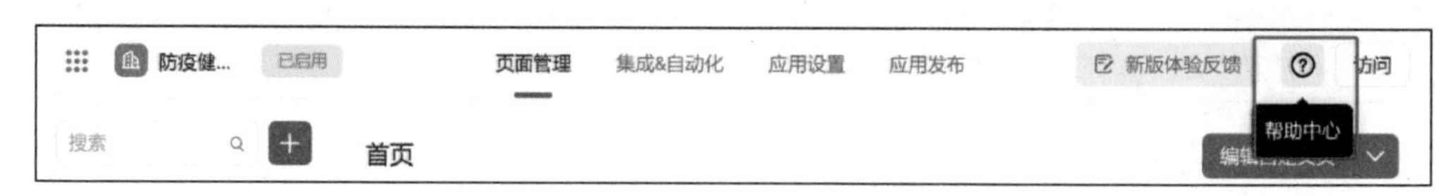

图 2-19 “帮助中心”信息提示框示意

视频讲解

2.5 页面管理

参考图 2-15，选择“顶部菜单栏区”中“页面管理”选项，进入“页面管理”界面，如图 2-20 所示。该界面中左侧为“表单列表栏”，右侧为“表单列表栏选中页面设置面板”，顶部为“顶部菜单栏区”。

实验操作

图 2-20 “页面管理”界面示意

在表单列表栏顶部设有“页面搜索栏”和“新建表单”按钮，单击“新建表单”按钮，在下拉菜单中有“新建普通表单”“新建流程表单”“新建报表”“新建自定义页面”“新增外部链接”“新增分组”六个选项，如图 2-21 所示。

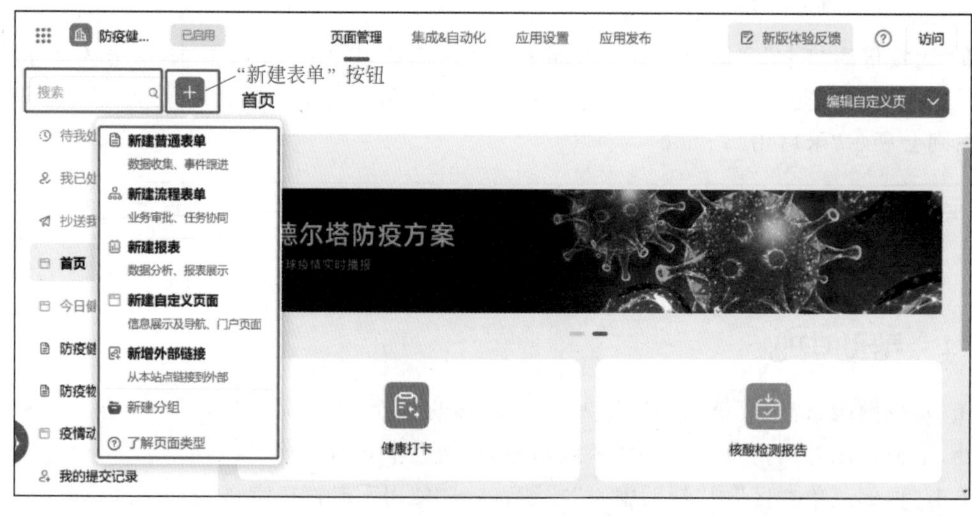

图 2-21 “新建表单”下拉菜单界面示意

在“新建表单”下拉菜单中选择“新建分组”选项，即可在弹出的“新建分组”设置界面中设置“分组名称”，其操作示意如图 2-22 所示。可以使用“新建分组”快捷按钮在左侧表单列表栏中自定义分组。

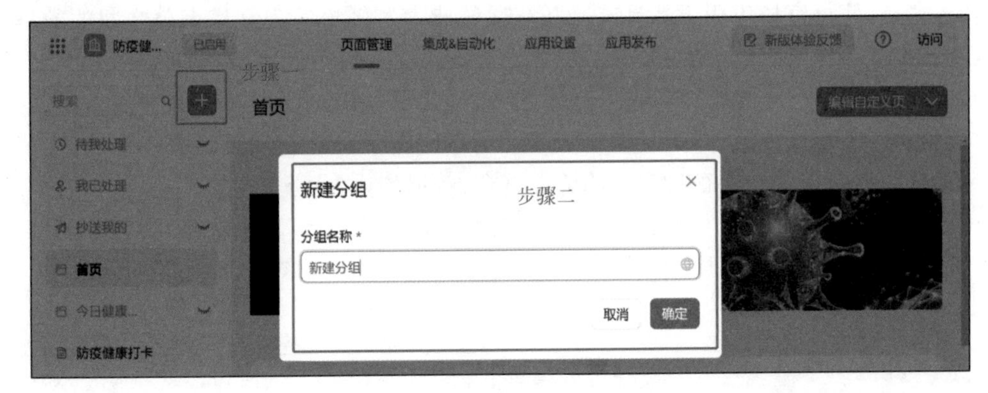

图 2-22　“新建分组”功能操作示意

左侧表单列表栏中是本宜搭应用已经创建的表单和分组，在表单列表栏中部分表单名称右侧有“闭眼”符号表示该表单在应用访问时在页面菜单栏不显示，即为隐藏状态，可自定义 PC 端及移动端的表单显示及隐藏，如图 2-23 所示。

图 2-23　开发界面中左侧表单列表栏示意

在左侧表单列表栏中可以对表单进行快捷设置和移动表单顺序，将鼠标移动至需要设置的表单右侧“齿轮”符号处，在下拉菜单中可以选择“修改名称”“复制”“移动”“访问”“隐藏 PC 端”“隐藏移动端”“删除”功能操作该表单；在“设置”符号右侧是“移动”符号，通过鼠标可以改变该表单在左侧表单列表栏中的顺序，如图 2-24 所示。

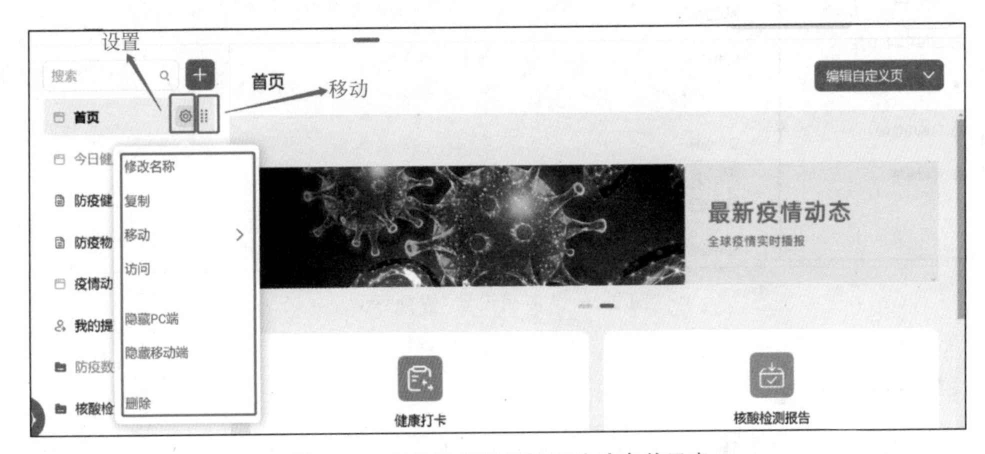

图 2-24　表单列表栏设置和移动表单示意

视频讲解

2.6 集成&自动化

集成 & 自动化接入了钉钉连接器，钉钉官方应用、钉钉生态内应用、企业自有系统可轻量化地接入宜搭，使得宜搭应用天然具有互联互通的能力。轻松实现宜搭表单之间的数据互联互通，通过数据操作节点的配置和编排，业务人员不再需要编写高级函数和代码。宜搭接入钉钉一方连接器，包括工作通知、群通知、待办任务、通讯录、日程、日历、考勤、智能人事、日清月结(制造业)等，实现任务处理、消息发送等复杂场景。支持企业开发自定义连接器，实现钉钉宜搭与钉钉官方应用及企业存量应用的资源整合、数据传递、业务衔接。

在"顶部菜单栏区"选择"集成 & 自动化"选项，进入"集成 & 自动化"界面，在该界面中单击"新建集成 & 自动化"按钮开始创建集成 & 自动化连接器，如图 2-25 所示，该功能将在第 8 章介绍。

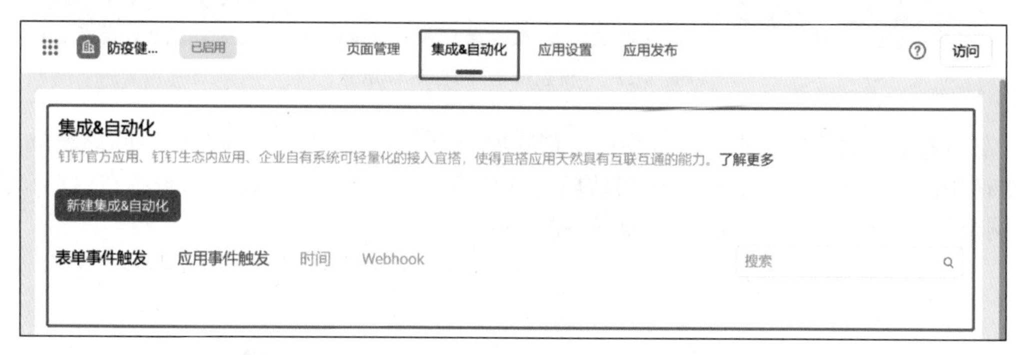

图 2-25 "集成 & 自动化"设置分栏界面图

视频讲解

2.7 应用设置

本节主要介绍应用设置。在"防疫健康打卡"宜搭应用开发界面"顶部菜单栏区"选择"应用设置"选项，即可进入该宜搭应用"应用设置"界面，如图 2-26 所示。该界面中左侧菜单栏中有"基础设置""应用管理员设置""数据集设置""跨应用设置""部署运维"五个选项。

实验操作

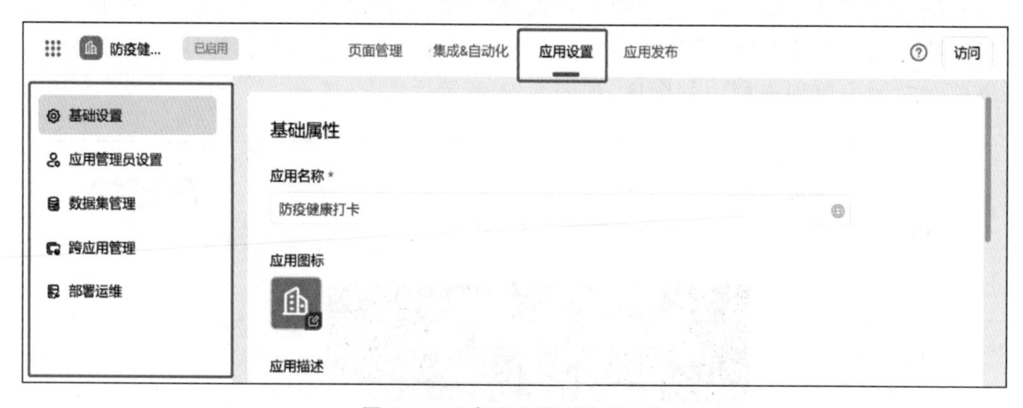

图 2-26 "应用设置"界面示意

2.7.1 基础设置

在"应用设置"界面左侧菜单栏中选择"基础设置"，右侧即为"基础设置"界面，如图 2-27

所示。其中可以设置的内容包含“应用名称”“应用图标”“应用描述”“应用主题色”“启用水印”“访问地址设置”。

图 2-27 “基础设置”界面示意

2.7.2 应用管理员设置

在“应用设置”界面左侧菜单栏中选择“应用管理员设置”，右侧即为“应用管理员设置”界面，如图 2-28 所示。该界面可以为当前应用配置管理员，应用管理员可以对应用进行搭建、编辑、设置以及对应用数据进行管理，其中，“应用主管理员”是必填项，“数据管理员”和“开发成员”是非必填项，二者均可配置为当前组织架构下的所有成员。三种管理员所拥有的权限如表 2-1 所示。

表 2-1 三种管理员所拥有的权限

角　　色	是否有查看应用数据权限	是否有设计权限
应用主管理员	是	是
数据管理员	是	否
开发成员	否	是

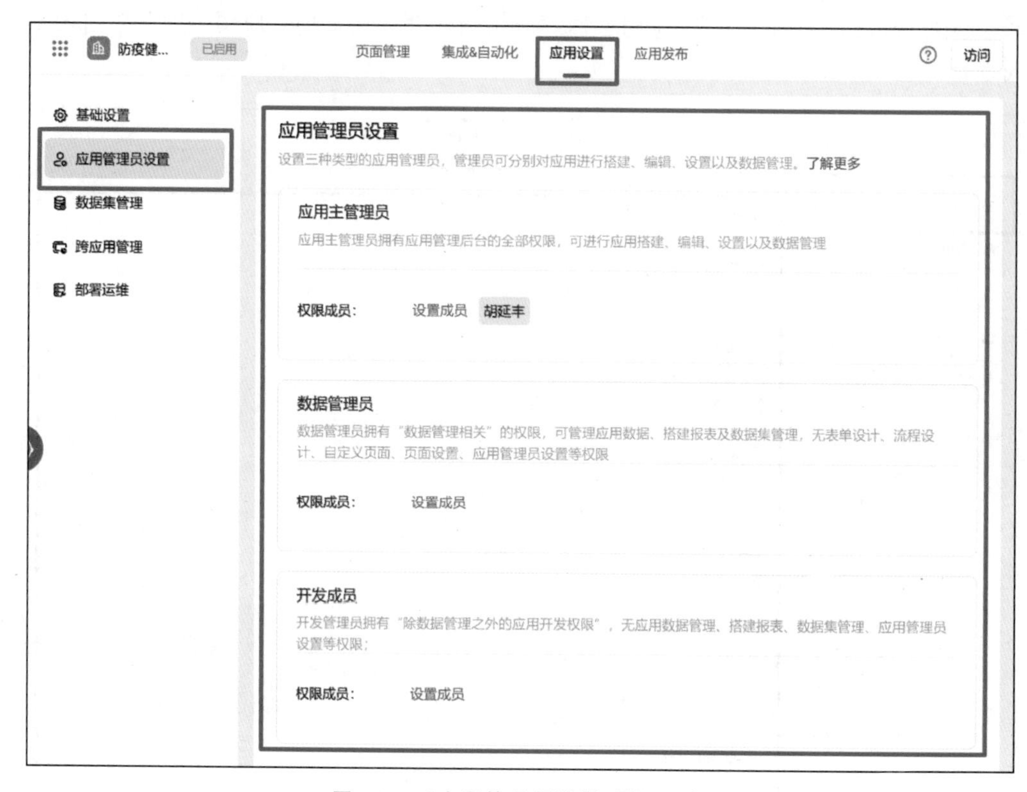

图 2-28 "应用管理员设置"界面示意

2.7.3 数据集管理

在"应用设置"界面左侧菜单栏中选择"数据集管理"，右侧界面为对当前应用中所有的单表数据源、视图表、数据准备及跨应用数据集进行统一管理的展示，如图 2-29 所示。在该界面中可以查看该宜搭应用表单数据，并可以在"操作"栏中单击"新建报表"。

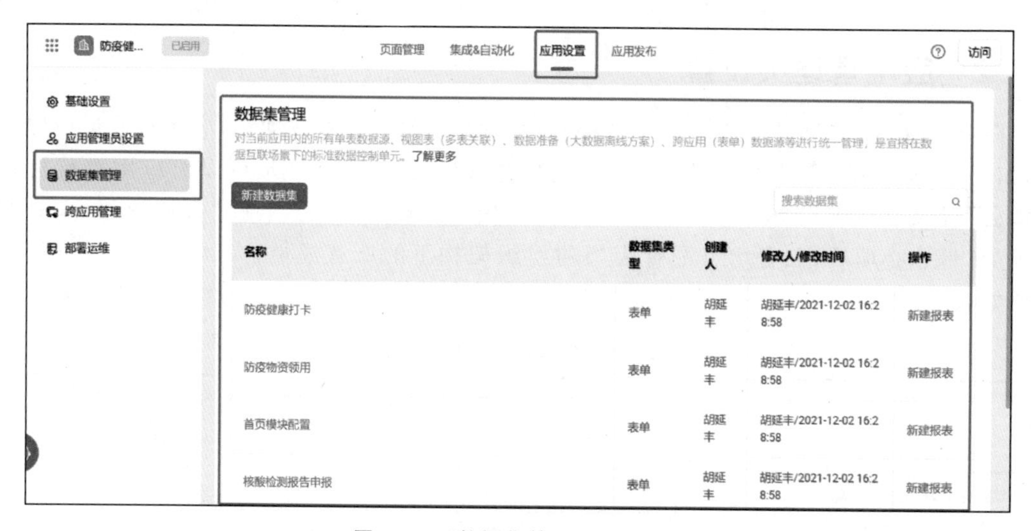

图 2-29 "数据集管理"界面示意

2.7.4 跨应用管理

在“应用设置”界面左侧菜单栏中选择“跨应用管理”，如图 2-30 所示。跨应用管理功能允许本应用内调用其他宜搭应用的表单数据，新建成功后可直接在报表中选择到跨应用数据集。

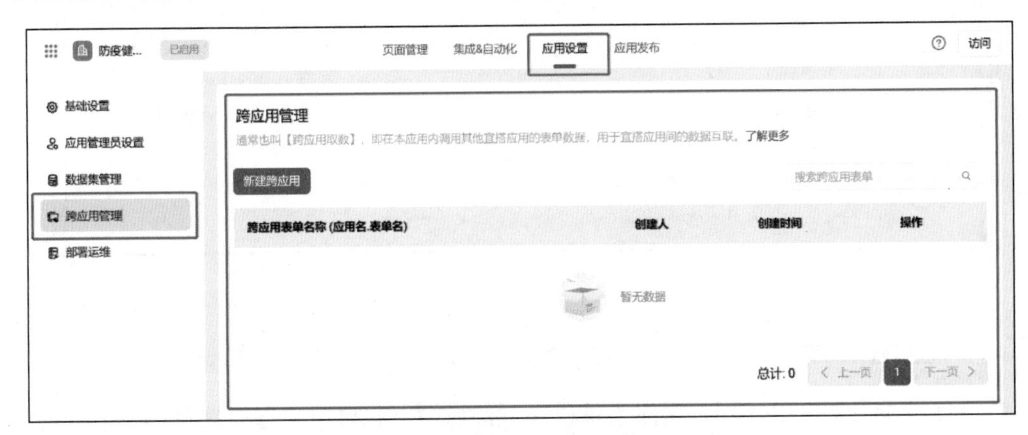

图 2-30　“跨应用管理”界面示意

2.7.5 部署运维

在“应用设置”界面左侧菜单栏中选择“部署运维”，右侧即为“部署运维”界面，如图 2-31 所示。在该界面中可以查看该宜搭“应用编码”“应用密钥”和页面的“页面名称”“页面类型”“页面编码”。

图 2-31　“部署运维”界面示意

2.8 应用发布

视频讲解

本节主要介绍应用发布，以“防疫健康打卡”宜搭应用为例展开介绍。在“防疫健康打卡”开发界面“顶部菜单栏区”选择“应用发布”选项，即可进入该宜搭应用“应用发布”界面，如图 2-32 所示。在该界面中可以设置“应用是否启用”“应用是否发布到钉钉工作台”“应用是否发布到宜搭应用中心”“应用访问链接”四个功能。

实验操作

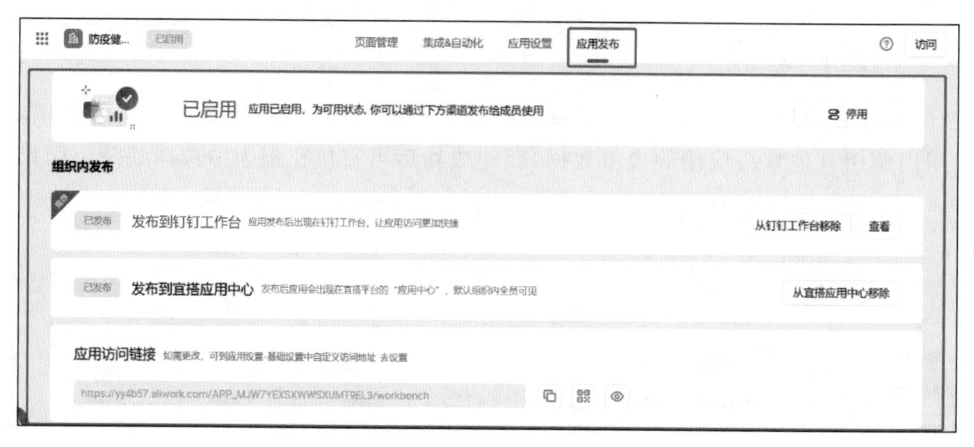

图 2-32 “应用发布”界面示意

2.8.1 应用启用

若该宜搭应用未启用，则在“顶部菜单栏区”可以查看到“启用状态标签”显示“未启用”，参考图 2-32，在“应用发布”界面中单击“启用”按钮即可启用该宜搭应用，如图 2-33 所示。

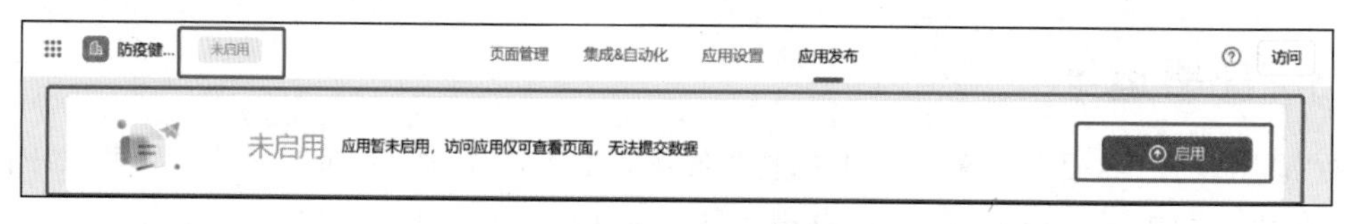

图 2-33 “启用应用”操作示意

若需要停用宜搭应用，可在“应用发布”界面中单击“停用”按钮，在弹出的“你确定要停用该应用吗？”设置界面中单击“确认”按钮即可停用宜搭应用，如图 2-34 所示。

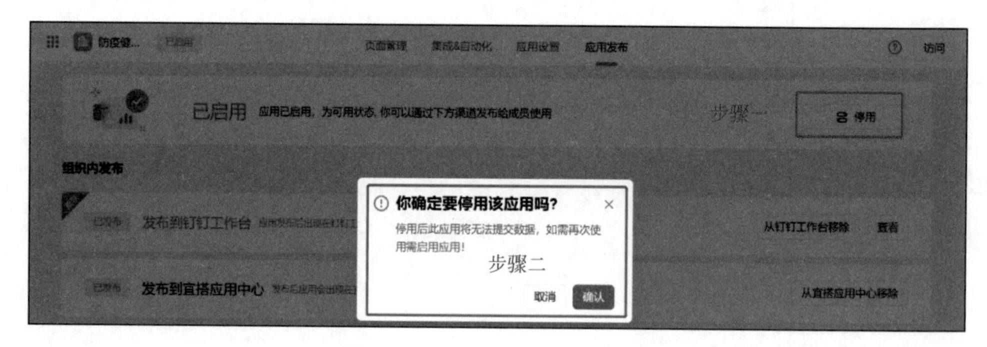

图 2-34 “停用应用”操作示意

2.8.2 发布到钉钉平台

参考图 2-32，在“应用发布”界面的“发布到钉钉工作台”栏中单击“发布”按钮，在弹出的“发布到钉钉工作台”设置界面中可以设置“工作台分组”和“可见范围”，如图 2-35 所示。设置完成后，单击“发布”按钮即可完成发布。非管理员发布时需要向管理员申请。

发布成功后，在“应用发布”界面中“发布到钉钉工作台”栏可以查看到“已发布”标签，若用户不需要发布该应用到钉钉工作台，则单击“从钉钉工作台移除”按钮即可在钉钉工作台移除该应用，如图 2-36 所示。

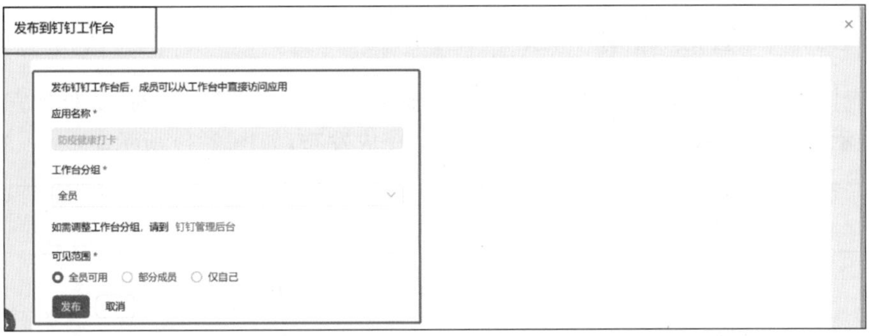

图 2-35　弹出的“发布到钉钉工作台”设置界面示意

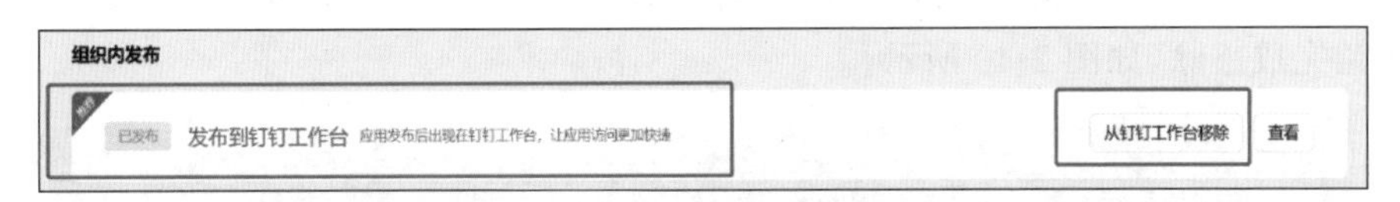

图 2-36　“已发布”效果示意

若登录用户是管理员，可以通过钉钉移动端进入宜搭应用，单击应用界面右上角“…”按钮进入“更多操作”界面，如图 2-37 所示。在该界面中选择“发布到工作台”选项。在“选择工作台分组”和“选择可见范围”下拉菜单中选择相应选项后单击“确定”按钮即可完成发布，如图 2-38 所示。若登录用户没有管理员权限，需要单击联系管理员发布到工作台。

图 2-37　钉钉移动端宜搭应用“更多操作”示意

图 2-38　钉钉移动端“发布到工作台”操作示意

2.8.3 发布到宜搭应用中心

若该应用未发布到宜搭应用中心，参考图 2-32，在“应用发布”界面的“发布到宜搭应用中心”栏中显示“未发布”标签，单击“发布”按钮即可完成发布，如图 2-39 所示。

图 2-39　“发布到宜搭应用中心”操作示意

若需要将该应用从宜搭应用中心删除，则在“应用发布”界面的“发布到宜搭应用中心”栏中单击“从宜搭应用中心移除”按钮，在弹出的“你确定从应用中心移除吗?”设置界面中单击“确认”按钮完成移除，如图 2-40 所示。

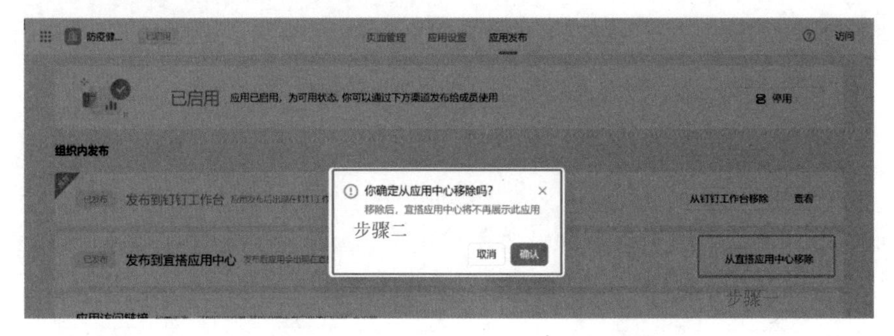

图 2-40　“从宜搭应用中心移除”操作示意

2.8.4 设置钉钉工作台应用展示

参考 2.8.2 节的内容，在图 2-35 所示界面中设置“可见范围”为“全员可用”后，在 PC 端登录钉钉，在左侧工具栏中选择“工作台”，组织选择“防疫健康打卡”宜搭应用所在的组织，可以在“OA 工作台”界面中查看到“防疫健康打卡”宜搭应用入口，如图 2-41 所示。

图 2-41　PC 端工作台“全员”界面示意

参考图 2-41,单击“全员”栏右侧“管理”按钮,进入“全员”管理界面,如图 2-42 所示。

图 2-42　“全员”管理界面

参考图 2-42 中,单击“防疫健康打卡”应用右上角的“修改”按钮,其具有“应用管理”“调整排序”“从全员移除”“停用并删除”四个选项,如图 2-43 所示。其中,“应用管理”选项可以查看详情、调整使用人员等;“调整排序”选项可以调整应用在分组内的排序;“从‘全员’移除”选项可以在“全员”栏下不展示该应用,但是仍可在其他分组内找到该应用;“停用并删除”选项可以将应用从工作台删除。

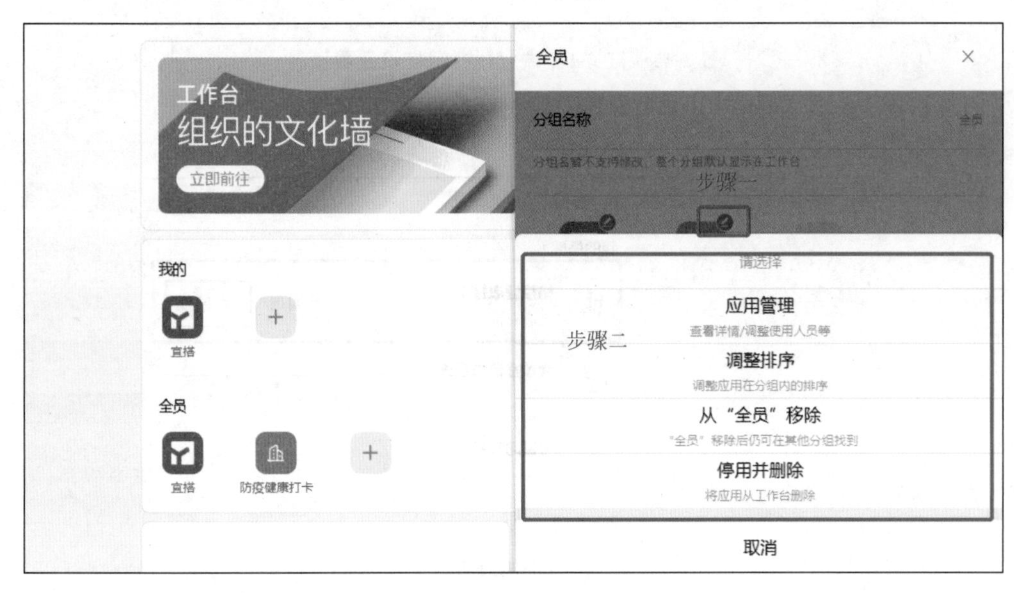

图 2-43　修改应用设置示意

2.8.5 钉钉群内安装宜搭应用

在钉钉 PC 端中选择左侧菜单栏中的消息栏，进入待安装宜搭应用的钉钉群聊界面，如图 2-44 所示，单击“更多”按钮，进入“群快捷栏”设置界面，如图 2-45 所示。

图 2-44　待安装宜搭应用的钉钉 PC 端群聊界面

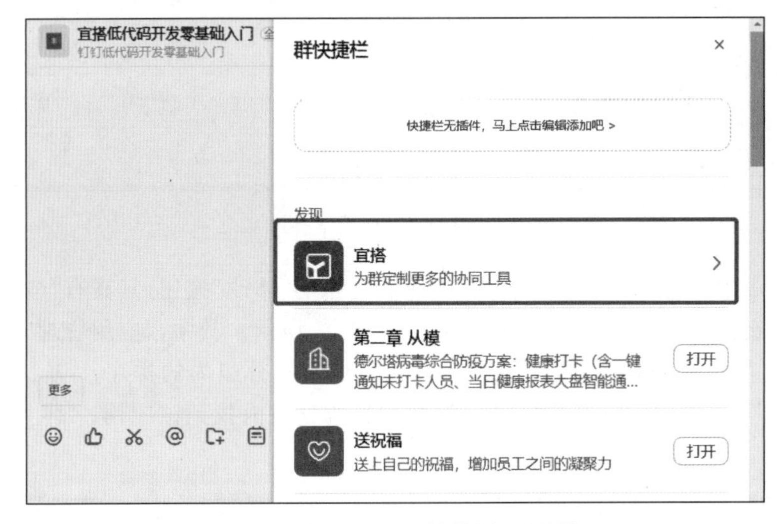

图 2-45　钉钉 PC 端“群快捷栏”设置界面

选择“宜搭”选项，进入钉钉 PC 端“宜搭”应用管理界面，如图 2-46 所示。

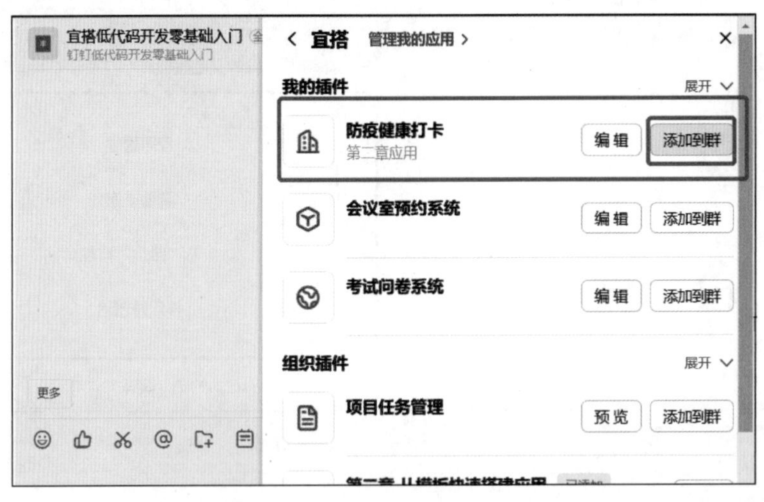

图 2-46　钉钉 PC 端宜搭应用管理界面

单击“添加到群”按钮后，在“群快捷栏”界面中增加宜搭应用，如图2-47所示。

图2-47　添加宜搭应用后“群快捷栏”效果示意

单击图2-45中的“宜搭”按钮，添加宜搭应用后单击“群快捷栏”展示图中“编辑”按钮，进入如图2-48所示的界面，单击待编辑应用左侧符号（即“删除”按钮）即可删除应用，按住并拖动应用右侧符号即可更改该应用顺序。

图2-48　“群快捷栏”编辑界面

完成以上设置后，在钉钉PC端群聊界面中，群快捷栏中增加了宜搭应用快捷入口，如图2-49所示。

同样也可以在钉钉移动端群聊界面群快捷栏中安装宜搭应用快捷入口，且移动端和PC端其一端完成安装后，另一客户端会自动同步完成安装，在移动端或PC端完成安装即可以实现如图2-50所示的效果。在钉钉移动端安装宜搭应用后，在图2-50所示界面中单击“更多”按钮，进入“群快捷栏”设置界面，如图2-51所示。

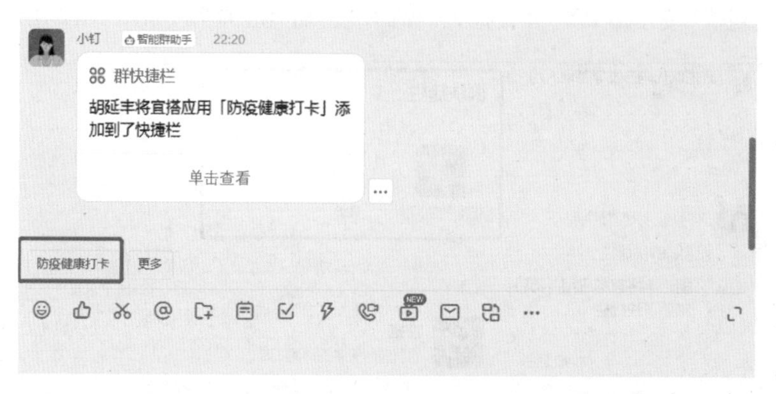

图 2-49　钉钉 PC 端群聊界面群快捷栏中安装宜搭应用效果

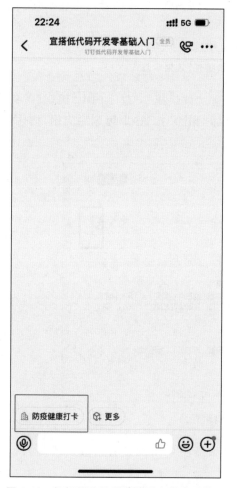

图 2-50　钉钉移动端群聊界面安装应用效果

图 2-51　钉钉移动端“群快捷栏”设置界面

在图 2-51 所示的界面内选择“宜搭”选项，进入如图 2-52 所示的“宜塔”管理应用界面。单击图 2-47 中的“编辑”按钮，进入如图 2-53 所示的“群快捷栏”编辑界面。单击待编辑应用左侧符号即可删除应用，按住并拖动应用右侧符号即可更改该应用顺序。

图 2-52　钉钉移动端“宜搭”管理应用界面

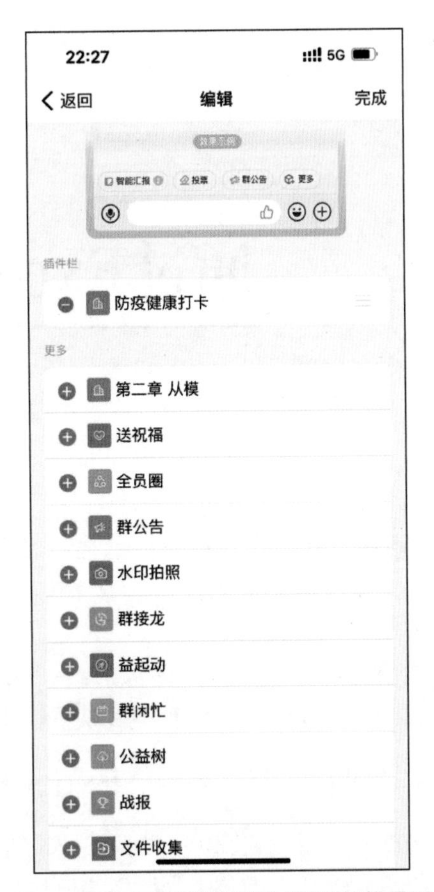

图 2-53　钉钉移动端“群快捷栏”编辑界面

第 3 章

通过Excel表创建应用

钉钉宜搭平台能够通过现有的 Excel 表快速创建宜搭应用，例如现有一个职工工资的 Excel 表格，钉钉宜搭平台能够通过该 Excel 表格生成应用，通过此应用能够录入信息并导出 Excel 文件；也可以通过现有的信息收集表快速生成一个应用，并对现有数据进行管理。

钉钉宜搭平台在 PC 端和移动端均支持从 Excel 创建应用，本章将介绍通过浏览器 PC 端、PC 客户端和移动端这三种方式从 Excel 表创建应用。

视频讲解

3.1 浏览器 PC 端从 Excel 创建应用

本节主要讲解如何在 PC 端从 Excel 创建宜搭应用，并且通过从 Excel 表方式创建一个项目计划书管理系统。通过 Excel 创建应用的方式分为“模板创建”和“本地上传”。

实验操作

3.1.1 浏览器 PC 端选择 Excel

用户登录并进入宜搭官方网站，在“开始”界面中，单击“创建应用”按钮，在弹出的设置界面中选择“从 Excel 创建应用”选项，如图 3-1 所示。

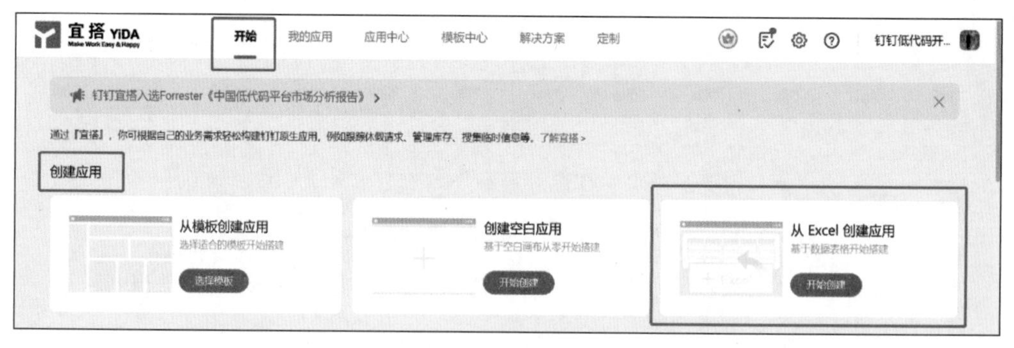

图 3-1 在“首页”界面从 Excel 创建应用操作

单击“开始创建”按钮开始从 Excel 创建应用，进入“从 Excel 创建应用”界面，在该界面菜单栏中有“从 Excel 模板中选择”和“从本地上传”两种方式选择 Excel，如图 3-2 所示。

先介绍通过“从 Excel 模板中选择”方式选择 Excel 创建应用。将鼠标移动至名为“新冠疫苗接种统计表”的模板上，该模板上将会显示“预览”和“使用”两个按钮，如图 3-3 所示。

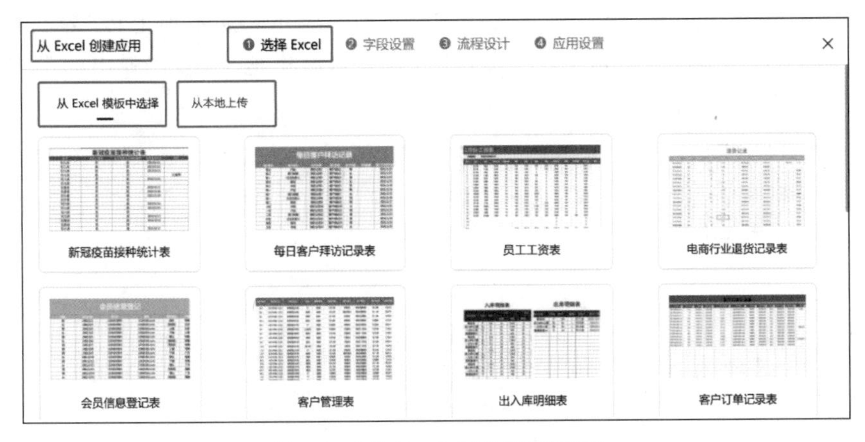

图 3-2　“从 Excel 创建应用”界面

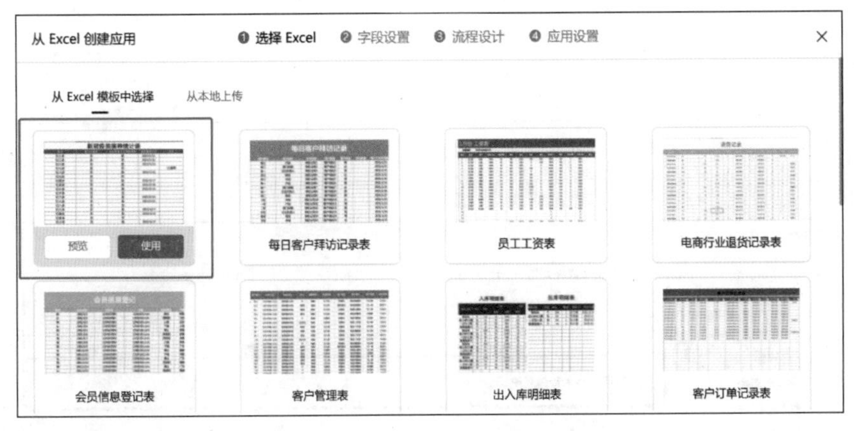

图 3-3　选择 Excel 模板操作示意

参考图 3-3，在“新冠疫苗接种统计表”模板上单击“预览”按钮，将会弹出显示该信息预览界面，如图 3-4 所示。预览完成后，可以单击“取消”按钮以取消预览该 Excel 模板，也可以单击“使用”按钮以启用该 Excel 模板创建应用进入第二步“字段设置”界面。

从 Excel 创建应用　❶ 选择 Excel　❷ 字段设置　❸ 流程设计　❹ 应用设置

新冠疫苗接种统计表

新冠疫苗接种统计表

姓名	是否已接种	是否需要公司预约接种	预约接种时间	备注
钉三多	否	是	2021/5/11	
钉三多	是	否	2021/5/12	
钉六多	否	是	2021/5/13	
钉七多	是	否		已接种
钉八多	否	是	2021/5/15	
钉九多	否	否		
钉某多	否	是	2021/5/17	
钉多多	否	是	2021/5/18	
钉小多	否	是	2021/5/19	
钉不多	否	否		

取消　使用

员工入职信息登记　报销登记表　工作日志　办公用品领用记录　员工出行情况报备表　培训报名表

图 3-4　“新冠疫苗接种统计表”预览界面

在菜单栏中选择“从本地上传”方式选择 Excel 创建应用，“从本地上传”界面如图 3-5 所示。单击界面中“单击此区域上传 Excel 文件”区域会打开本地文件，在弹出的设置界面中选择准备好的 Excel 表，单击“打开”按钮，如图 3-6 所示。

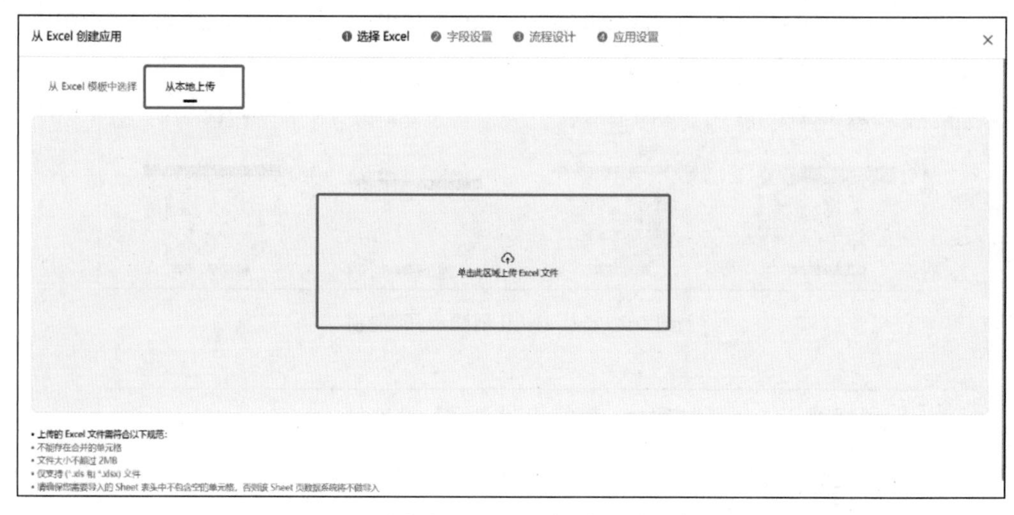

图 3-5 “从本地上传”界面

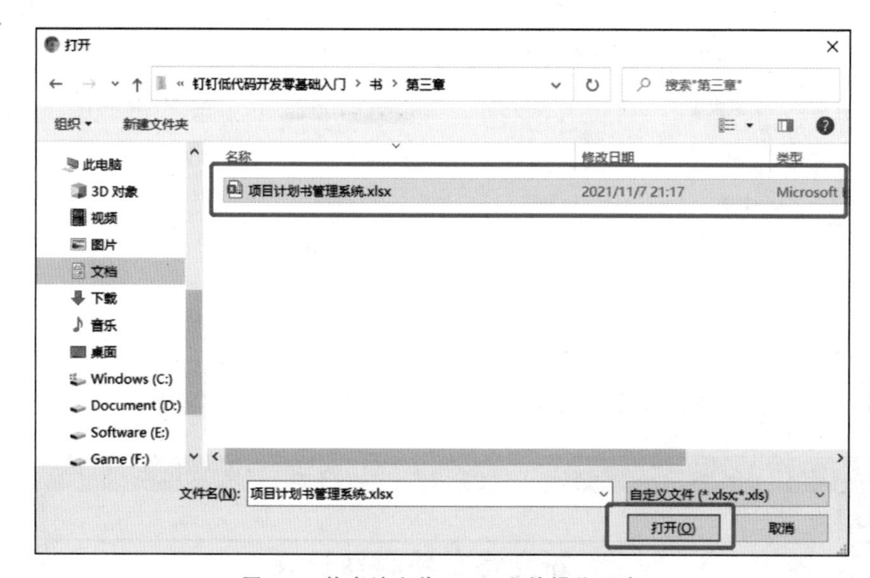

图 3-6 从本地上传 Excel 文件操作示意

上传的 Excel 文件需要符合以下规范：不能存在合并的单元格；文件大小不超过 2MB；仅支持（*.xls 和 *.xlsx）文件；确保需要导入的 Sheet 表头中不包含空的单元格，否则该 Sheet 页数据系统将不做导入。

3.1.2 浏览器 PC 端字段设置

参考 3.1.1 节中操作步骤打开本节需要的项目计划书管理系统 Excel 文件进入 PC 端“字段设置”界面，如图 3-7 所示。平台已经自动识别了 Sheet 页中字段的类型，例如日期、单选、复选、成员、文本等。使用宜搭业务组件，会使得收集数据更规范。

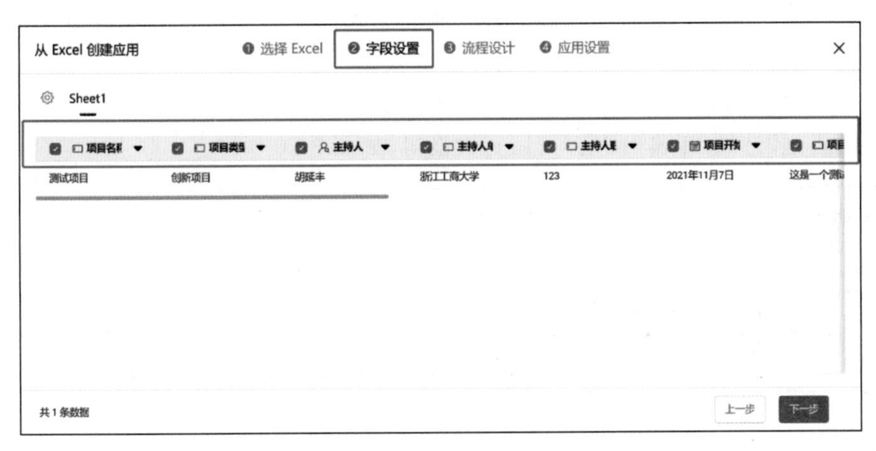

图 3-7　浏览器 PC 端“字段设置”界面示意

在图 3-7 所示界面中单击字段右边下拉按钮，以“项目名称”字段为例，如图 3-8 所示，其中可以设置字段属性“是否必填”“字段标题”和“字段类型”。

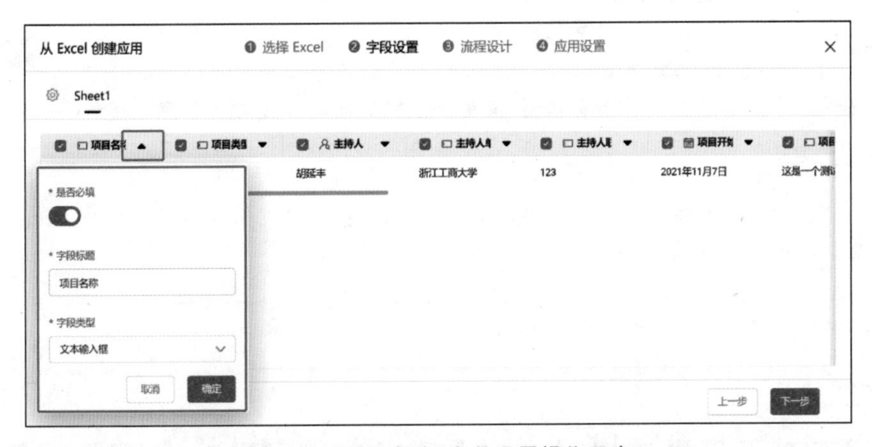

图 3-8　“项目名称”字段设置操作示意

其中，“字段类型”属性可以设置为“文本输入框”“数字输入框”“日期输入框”“成员选择框”四种类型，如图 3-9 所示。

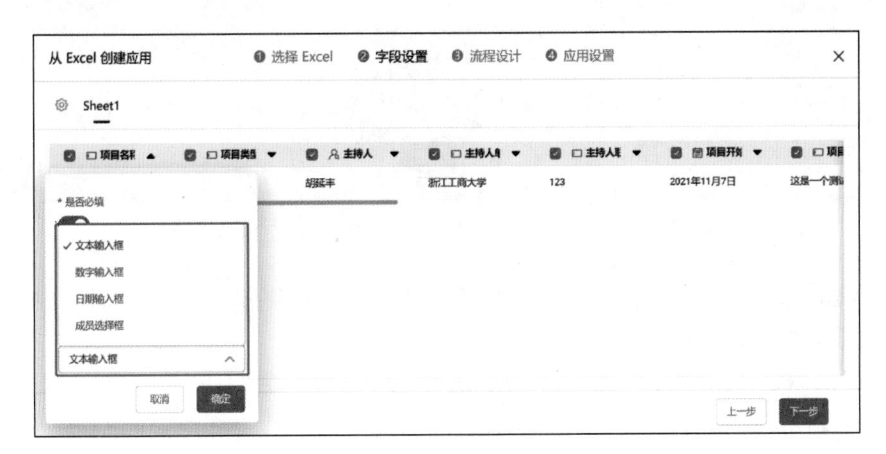

图 3-9　字段属性“字段类型”设置操作示意

参考图 3-9，将“字段标题”为“项目名称”“项目类型”“主持人单位”“项目简介”“项目研究背景”“项目研究目标”“项目研究内容”“项目进度安排”“项目预期成果”“项目经费预算”的字段的“字段类型”均设置为“文本输入框”。以“项目类型”字段为例，在“字段类型”下拉菜单中选择“文本输入框”选项，单击“确定”按钮完成设置，如图 3-10 所示。

图 3-10 “字段类型”属性设置为“文本输入框”操作示意

设置“字段标题”为“主持人”“团队成员”“指导老师”的字段的“字段类型”为“成员选择框”。以“主持人”字段为例，在“字段类型”下拉菜单中选择“成员选择框”选项，单击“确定”按钮完成设置，如图 3-11 所示。

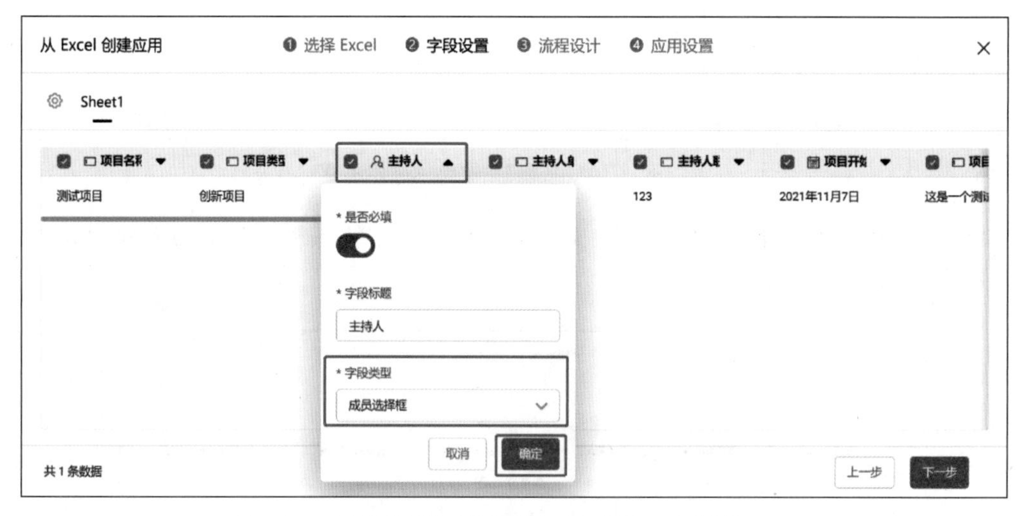

图 3-11 “字段类型”属性设置为“成员选择框”操作示意

设置“字段标题”为“主持人联系电话”的字段的“字段类型”为“数字输入框”，单击“确定”按钮完成设置，如图 3-12 所示。

设置“字段标题”为“项目开始日期”的字段的“字段类型”为“日期输入框”，单击“确定”按钮完成设置，如图 3-13 所示。

图 3-12　“字段类型”属性设置为“数字输入框”操作示意

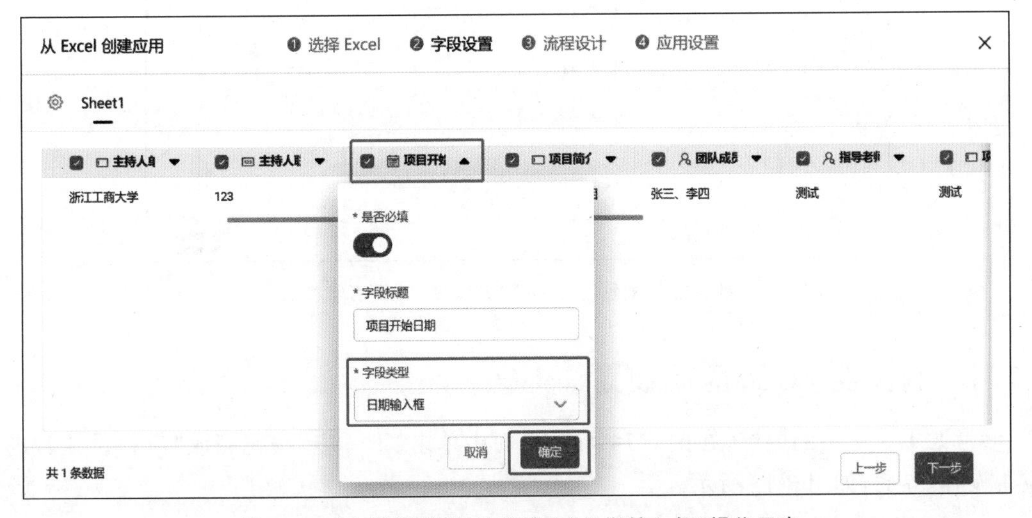

图 3-13　“字段类型”属性设置为“日期输入框”操作示意

3.1.3　浏览器 PC 端流程设计

参考 3.1.2 节的内容，完成字段设置后单击图 3-7 中的“下一步”按钮，进入第三步“流程设计”界面，如图 3-14 所示。当新增数据需要审批时，即可开启流程，完成流程图设计，选择开启审批流程的表单并配置审批人。若不需要设置流程直接单击“下一步”按钮进入“应用设置”界面。

根据本项目计划书管理系统的设计需求，无须进行“流程设计”，单击“下一步”按钮最后生成普通表单。

参考图 3-15，单击“开启流程”按钮，进入“流程设计”界面，其中可以设置是否启用“启用流程”按钮，在“选择开启审批流程的表单”栏中选择表单，在“流程设计”界面中设置审批节点和选择“审批人”。本项目计划书管理系统设置“启用流程”关闭。

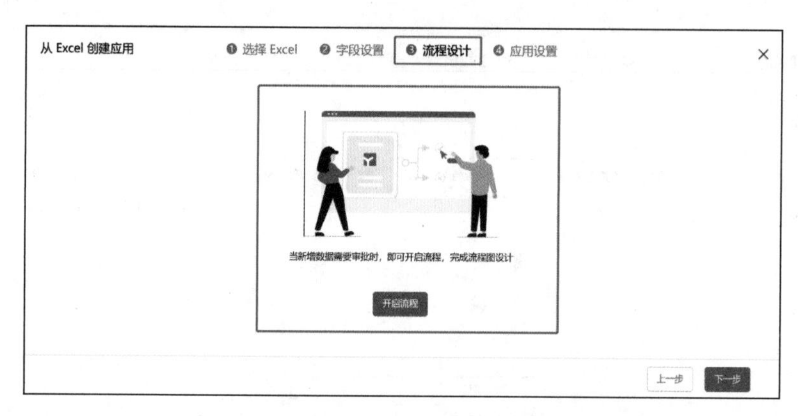

图 3-14　浏览器 PC 端“流程设计”界面示意

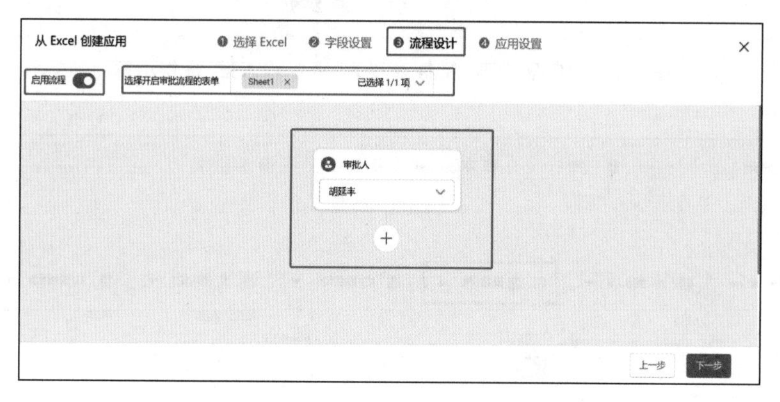

图 3-15　浏览器 PC 端“流程设计”界面示意

3.1.4　浏览器 PC 端应用设置

参考 3.1.3 节中的内容，在图 3-14 所示界面中单击“下一步”按钮完成“流程设计”，进入“应用设置”界面，如图 3-16 所示。

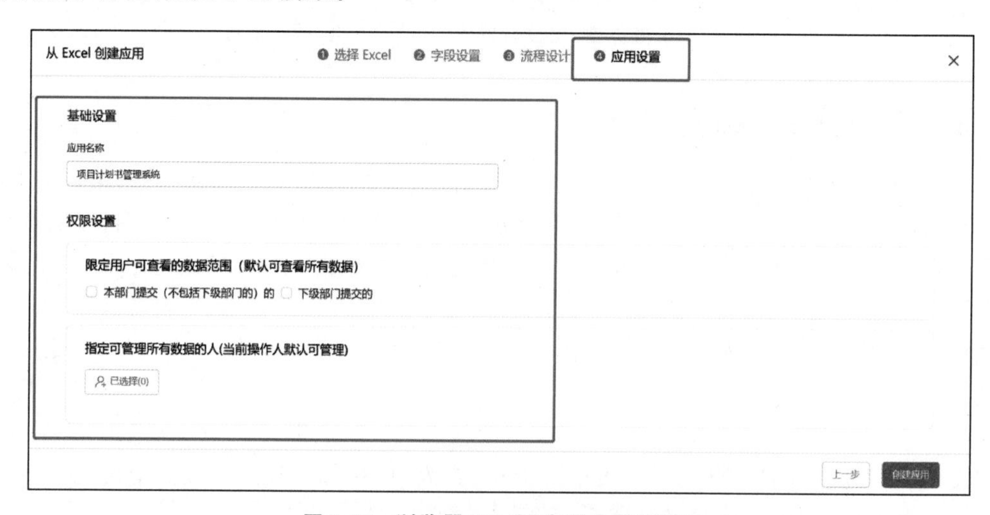

图 3-16　浏览器 PC 端“应用设置”界面

其中,“基础设置”中可以自定义设置“应用名称”,其中“权限设置”可以设置“限定用户可查看的数据范围”和设置“指定可管理所有数据的人”,单击“已选择”按钮会弹出设置界面显示该企业、组织或团队人员,可以在如图 3-17 所示的界面中选择人员并设置人员权限,选择完成后单击“确定”按钮完成此步操作。

图 3-17 弹出的“选择人员”设置界面

3.1.5 浏览器 PC 端应用效果展示

参考 3.1.4 节完成“应用设置”后,在图 3-16 所示界面中单击“创建应用”按钮,跳转至新建的宜搭应用首页,即完成创建应用,如图 3-18 所示。

图 3-18 完成从 Excel 表创建宜搭应用示意

参考图 3-18,在左侧页面列表栏中选择“应用首页”,在右侧“表单提交”栏单击 Sheet1 按钮,进入 Sheet1 表单提交界面,用户填写完成后单击“提交”按钮即可提交,如图 3-19 所示。

参考图 3-18,在左侧页面列表栏中选择“应用首页”,在右侧“数据管理”栏单击“Sheet1 数据管理页”按钮,进入“Sheet1 数据管理页”界面,用户可以在该界面查看已经提交的项目计划书的数据管理页,如图 3-20 所示。

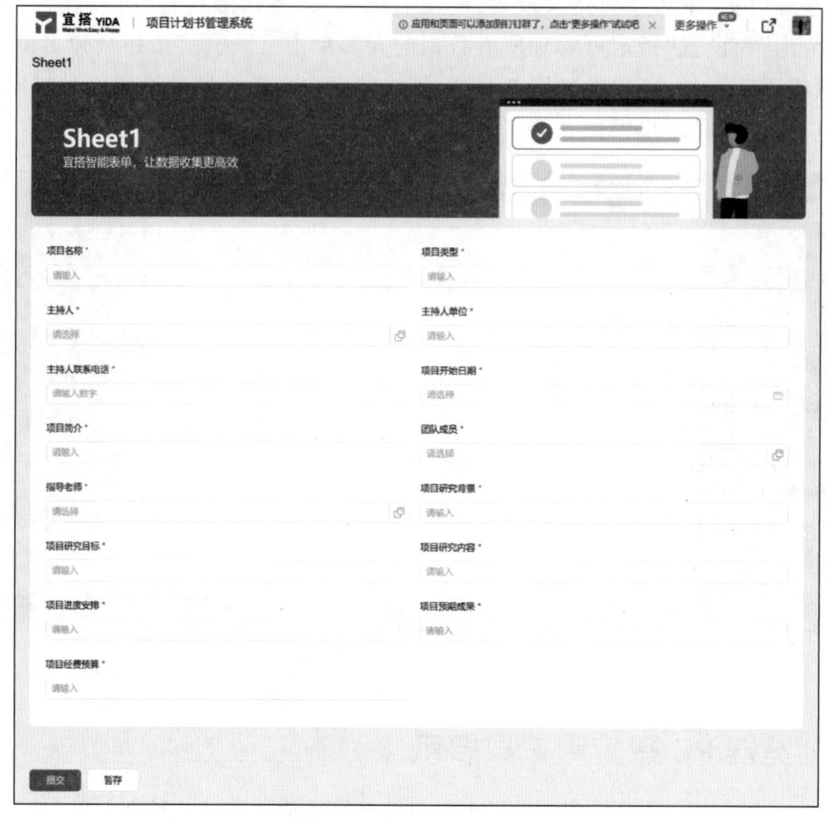

图 3-19　项目计划书提交界面

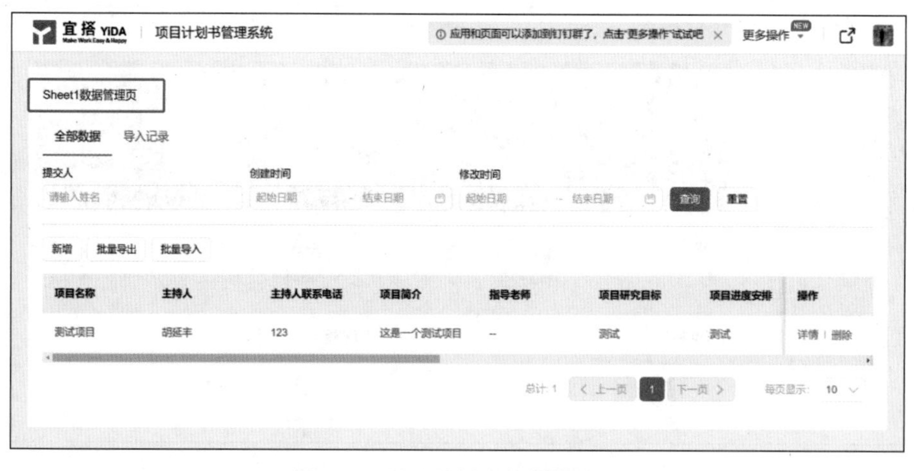

图 3-20　项目计划书数据管理页

在宜搭官方网站"我的应用"界面可以查看到开发的"项目计划书管理系统"宜搭应用，用户也可以在"我的应用"界面中单击"从 Excel 创建应用"按钮，参考 3.1.1 节的步骤从 Excel 开发宜搭应用，如图 3-21 所示。

当"项目计划书管理系统"创建成功后，在钉钉客户端可以收到宜搭消息推送，在该推送中可以通过"打开应用"按钮快速打开应用访问页面，可以通过"编辑应用"按钮快速进入应用开发界面，如图 3-22 所示。

图 3-21　“我的应用”界面展示“项目计划书管理系统”效果

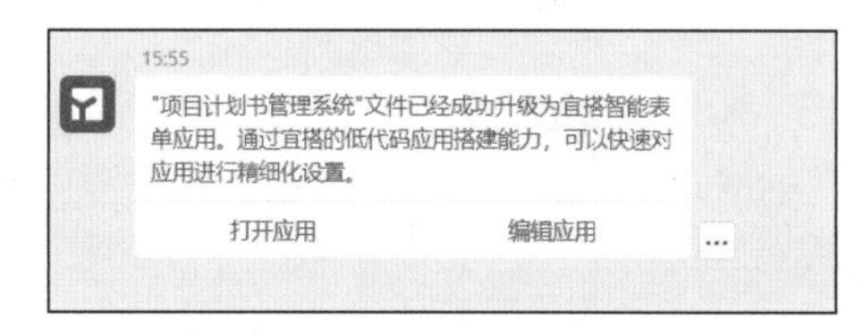

图 3-22　“宜搭”应用创建成功消息推送效果

3.2　钉钉 PC 端从 Excel 创建应用

视频讲解

本节主要讲解如何在 PC 端通过钉钉软件从 Excel 创建宜搭应用，并且通过 Excel 表创建一个项目计划书管理系统。

3.2.1　钉钉 PC 端选择 Excel

实验操作

首先打开 PC 端上的“钉钉”软件，在左侧工具栏中选择“工作台”，打开“工作台”后，选择需要创建宜搭应用的组织，在“OA 工作台”页面中选择“宜搭”应用，如图 3-23 所示。

图 3-23　钉钉 PC 端“工作台”操作示意

单击“宜搭”按钮后，进入钉钉 PC 端“宜搭”界面，如图 3-24 所示。

图 3-24　钉钉 PC 端“宜搭”界面示意

在“宜搭”界面中单击“从 Excel 创建应用”按钮后，在“宜搭-云钉低代码”新开页面中有“从 Excel 模板中选择”“从钉盘中选择”“从本地上传”三种方式上传 Excel 文件，如图 3-25 所示。

图 3-25　钉钉 PC 端“宜搭-云钉低代码”新开页面示意

其中，“从 Excel 模板中选择”和“从本地上传”方式与 3.1 节中的方式相同，本节介绍“从钉盘中选择”方式上传 Excel，参考图 3-25，单击“单击选择文件”区域，在弹出的“选择文件”设置界面中选择Excel文件，单击“发送”按钮，如图3-26所示。

图3-26 选择“项目计划书管理系统”Excel文件操作示意

3.2.2 钉钉PC端其他设置

在钉钉PC端字段设置、流程设计和应用设置的步骤和在浏览器PC端基本相同，可以参考3.1节。

3.2.3 钉钉PC端应用效果展示

创建完成应用后，进入PC端“项目计划书管理系统”新开页面，如图3-27所示。在PC端“宜搭”应用和网页端“宜搭”应用使用方法基本相同。

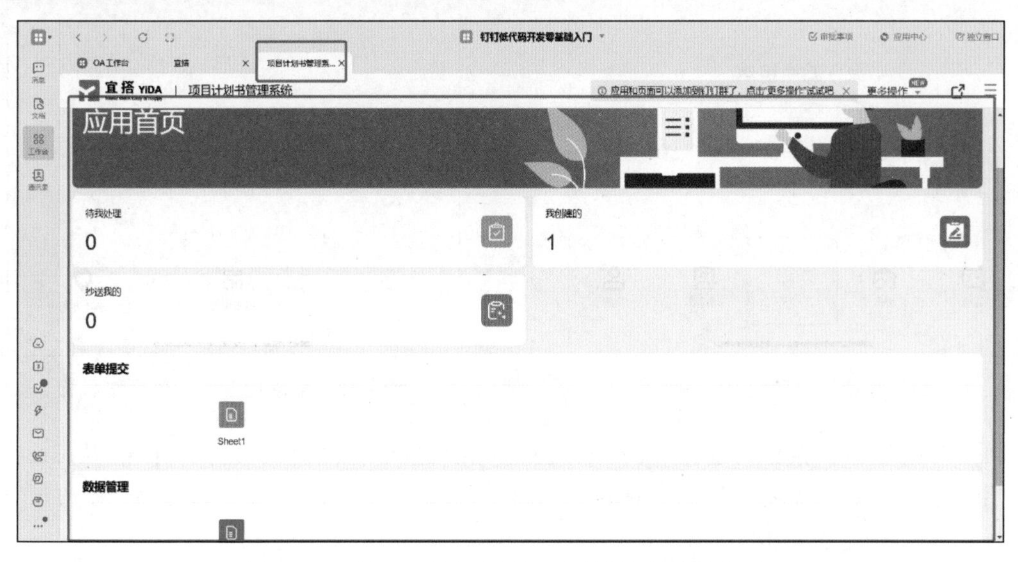

图3-27 钉钉PC端“项目计划书管理系统”首页效果

视频讲解

3.3 钉钉移动端从 Excel 创建应用

本节主要讲解如何在移动端即手机端从 Excel 创建宜搭应用，并且通过 Excel 表创建一个项目计划书管理系统。

实验操作

3.3.1 钉钉移动端选择 Excel

首先打开手机上的“钉钉”软件，在底端菜单栏中选择“工作台”，打开“工作台”后选择“宜搭”应用，如图 3-28 所示。单击“宜搭”后进入宜搭界面。单击“创建应用”按钮，如图 3-29 所示。

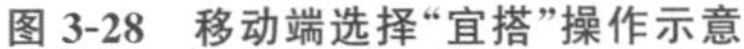

图 3-28 移动端选择“宜搭”操作示意

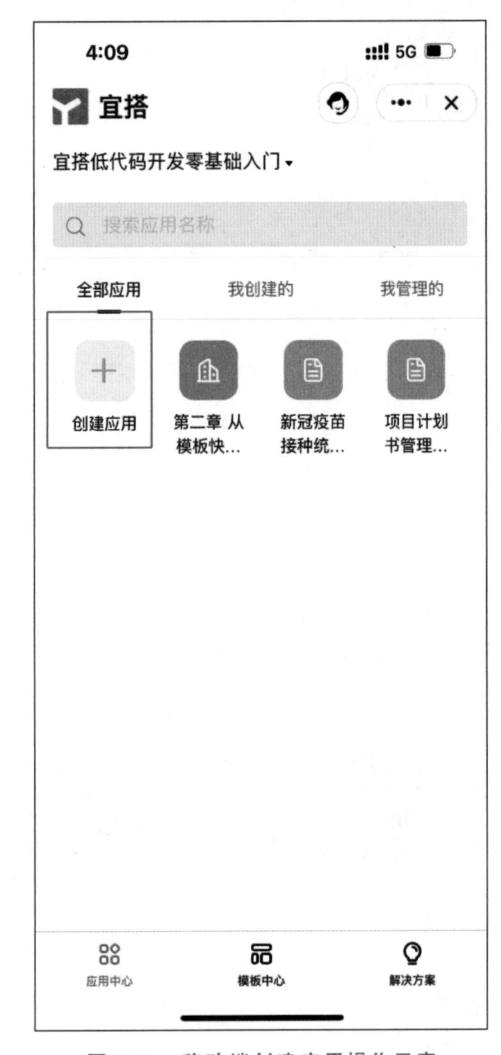

图 3-29 移动端创建应用操作示意

单击“创建应用”按钮后选择“从 Excel 创建应用”选项，如图 3-30 所示。单击“从 Excel 创建应用”按钮后，选择需要创建应用的 Excel 表，如图 3-31 所示。可以单击“预览”按钮预览该 Excel 表内容，确定后单击“下一步”按钮。

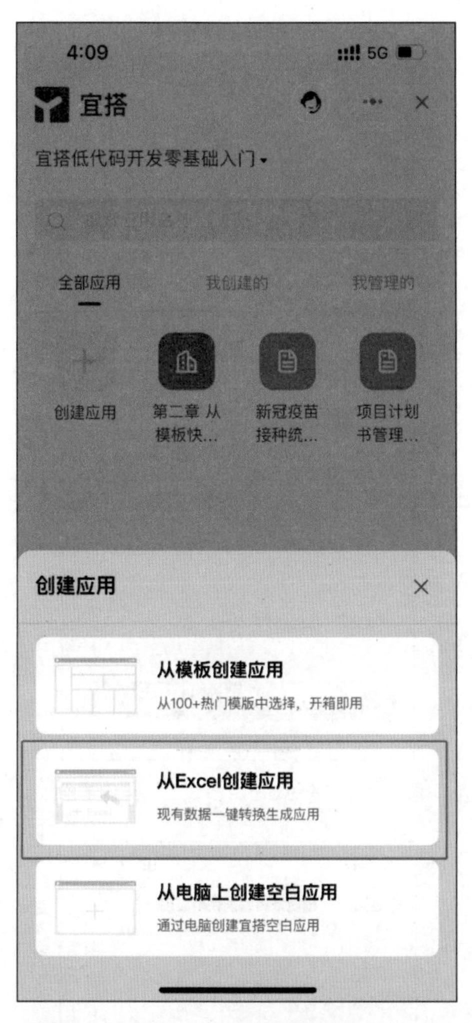

图 3-30　“从 Excel 创建应用”操作示意

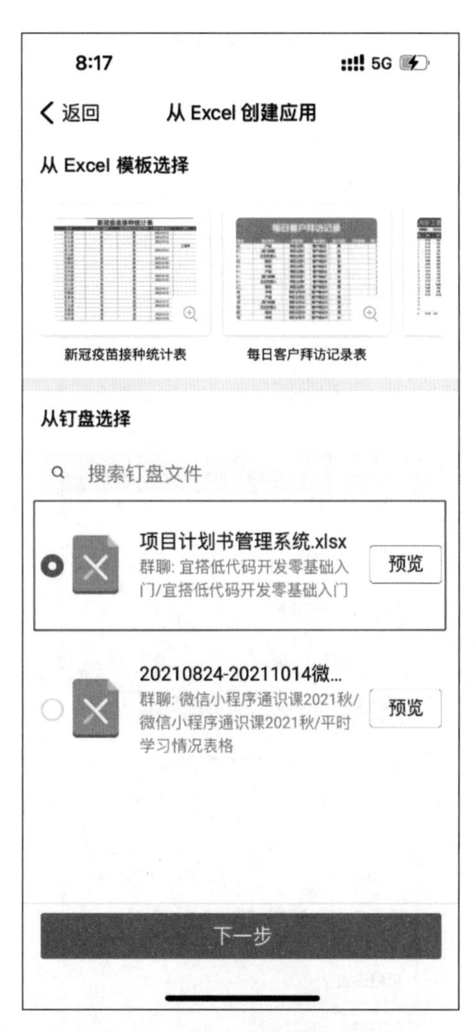

图 3-31　选择 Excel 表操作示意

3.3.2　钉钉移动端字段设置

参考 3.3.1 节的内容，确定 Excel 表后，创建应用需要设置字段，选择菜单栏中“表单字段设置”选项进入如图 3-32 所示的界面。其中，选中字段名称左侧符号即可将字段添加至应用中，单击字段右侧齿轮状符号进入“字段设置”界面，如图 3-33 所示。

其中，可以选择该字段是否必填，可以在“字段标题”单行文本输入框内设置该字段标题，可以在“字段类型”选项下选择输入字段类型。以“字段标题”为“主持人”的字段为例，设置“是否必填”属性开启，设置“字段类型”为“成员选择框”，如图 3-34 所示。完成“字段设置”后单击“确定”按钮保存，回到图 3-32 所示的界面。此处需要注意的是，部分字段设置界面中“字段类型”具有多个选项，部分“字段设置”界面中“字段类型”只有唯一选项。选择菜单栏中“数据预览”选项进入如图 3-35 所示的界面。

图 3-32 移动端“表单字段设置”界面示意

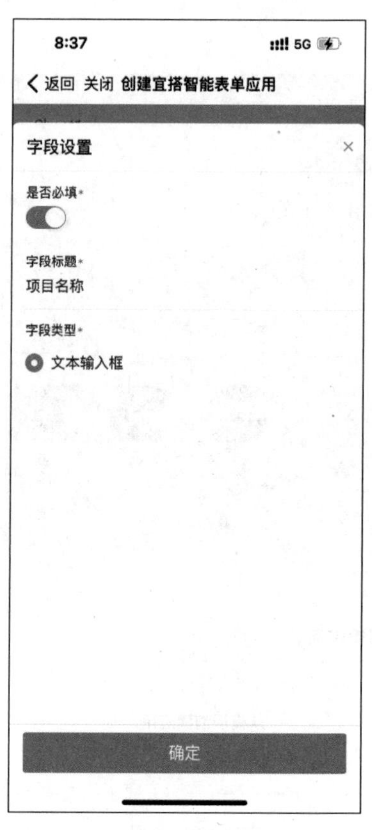

图 3-33 移动端“字段设置”操作界面

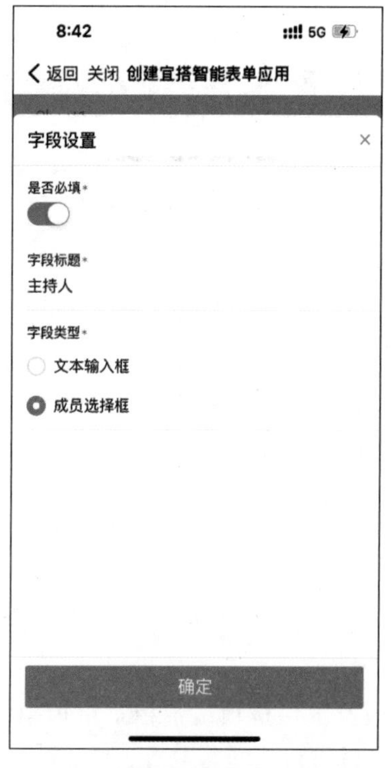

图 3-34 设置“字段类型”操作示意

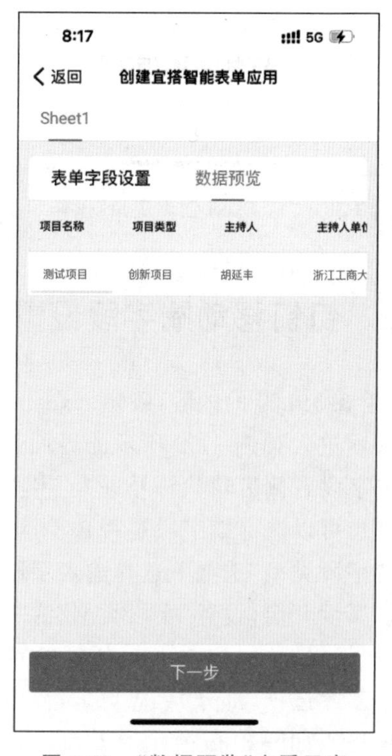

图 3-35 “数据预览”查看示意

3.3.3 钉钉移动端应用设置

参考 3.3.2 节的内容,完成字段设置后,在图 3-35 所示界面中单击“下一步”按钮进入“应用设置”界面,如图 3-36 所示。其中,可以设置“仅指定人可查看数据”“限定用户可查看的数据范围”“新增数据需要审批”功能,本项目计划书管理系统无须其他设置,直接单击“确定”按钮即可完成开发。使用“新增数据需要审批”功能即可将本表做成流程单进行使用。

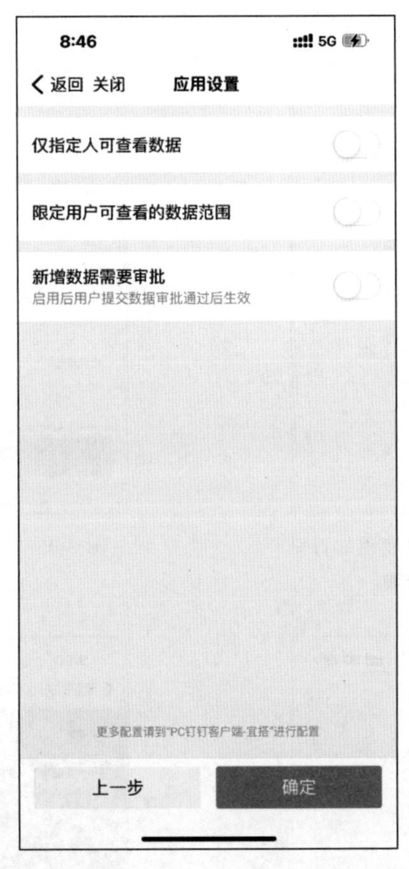

图 3-36 移动端从 Excel 创建应用“应用设置”界面

3.3.4 钉钉移动端应用效果展示

完成设置后,即可进入创建好的“项目计划书管理系统”宜搭应用程序的钉钉移动端首页,如图 3-37 所示。其中,单击“表单提交”栏下 Sheet1 按钮即可进入表单提交界面,如图 3-38 所示。用户填写完成后,可以单击“提交”按钮提交该信息表单,也可以单击“暂存”按钮实现表单暂存,即不提交暂时保存。

其中,单击“数据管理”栏下“Sheet1 数据管理页”按钮即可进入数据管理界面,如图 3-39 所示。单击“新增”按钮即可进入图 3-38 所示界面新增信息。在图 3-39 所示界面中单击右上角的“…”按钮,即可进入数据操作界面,如图 3-40 所示。可以单击“详情”按钮查看数据详情,也可以单击“删除”按钮删除该条数据。

在图 3-39 所示界面中单击右上角的“筛选”按钮,进入数据筛选界面,选择筛选条件后单击“查询”按钮即可完成数据筛选,单击“重置”按钮即可重置筛选条件。

图 3-37 创建好的宜搭应用的钉钉移动端首页效果

图 3-38 移动端表单提交界面

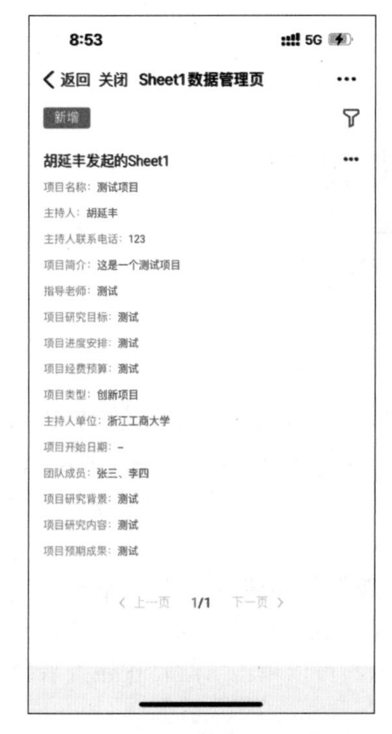

图 3-39 移动端数据管理界面

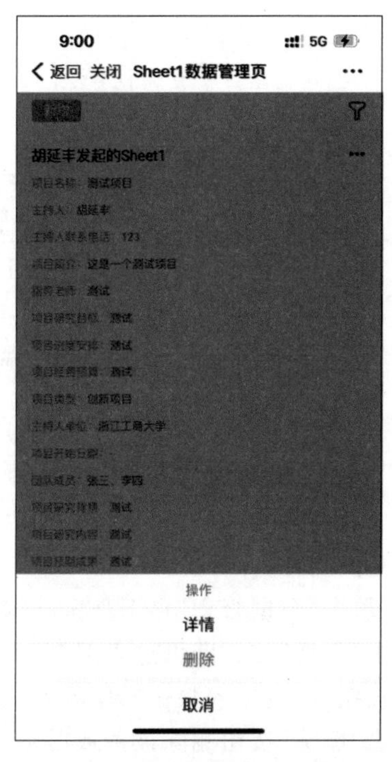

图 3-40 移动端数据操作界面

第 4 章

通过普通表单开发“调查问卷系统”

日常工作中涉及需要填写数据的场景，如数据上报、报名、申请、信息收集等，都可以通过普通表单来实现。本章将开发一个匿名调查问卷系统，通过二维码或链接形式可以投放到钉钉、微信等渠道收集调查问卷。“调查问卷系统”思维导图如图 4-1 所示。

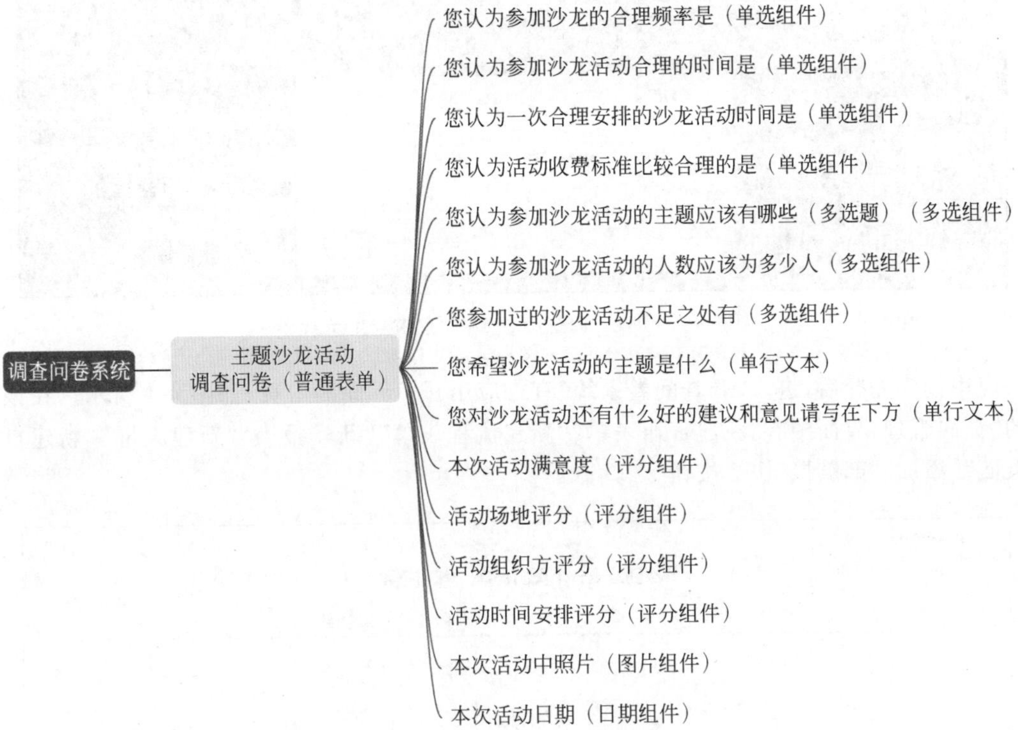

调查问卷系统
主题沙龙活动 调查问卷（普通表单）
- 您认为参加沙龙的合理频率是（单选组件）
- 您认为参加沙龙活动合理的时间是（单选组件）
- 您认为一次合理安排的沙龙活动时间是（单选组件）
- 您认为活动收费标准比较合理的是（单选组件）
- 您认为参加沙龙活动的主题应该有哪些（多选题）（多选组件）
- 您认为参加沙龙活动的人数应该为多少人（多选组件）
- 您参加过的沙龙活动不足之处有（多选组件）
- 您希望沙龙活动的主题是什么（单行文本）
- 您对沙龙活动还有什么好的建议和意见请写在下方（单行文本）
- 本次活动满意度（评分组件）
- 活动场地评分（评分组件）
- 活动组织方评分（评分组件）
- 活动时间安排评分（评分组件）
- 本次活动中照片（图片组件）
- 本次活动日期（日期组件）

图 4-1 “调查问卷系统”思维导图

4.1 创建空白应用

视频讲解

本节将介绍通过“创建空白应用”方式开发调查问卷类系统，本节将介绍两种方式创建空白应用。

4.1.1 创建应用方式一

实验操作

参考 1.4.1 节的图 1-22，在“开始”界面中“创建应用”栏下选择“创建空白应用”方式，单击

“开始创建”按钮即可通过空白应用方式创建应用，如图 4-2 所示。

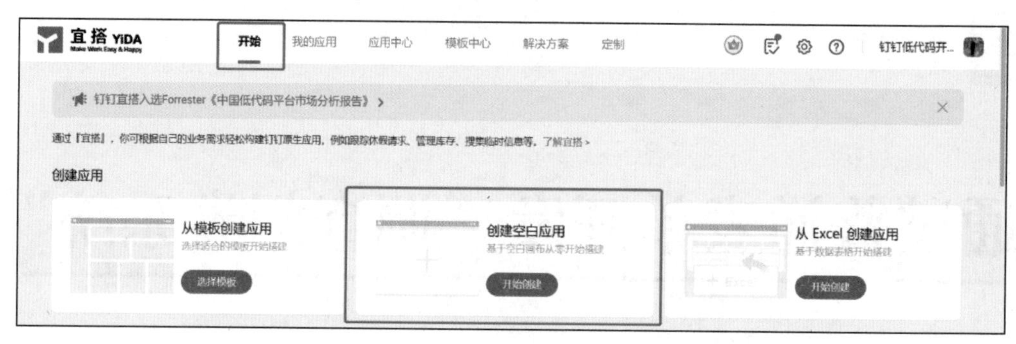

图 4-2　从“开始”界面“创建空白应用”操作示意

单击“开始创建”按钮后，在弹出的“创建应用”设置界面中“应用名称”栏下输入“调查问卷系统”，如图 4-3 所示，单击“取消”按钮即可取消创建应用，单击“确定”按钮即可创建应用。

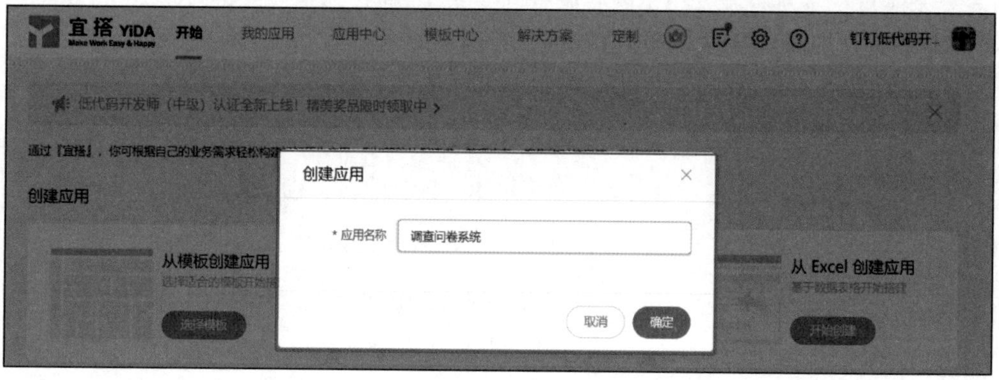

图 4-3　创建“调查问卷系统”宜搭应用示意

应用创建完成后，进入“调查问卷系统”宜搭应用开发界面提示页，如图 4-4 所示。在该界面的“页面管理”界面中有“新建普通表单”“新建流程表单”“新建报表”“新建大屏”“新建自定义页面”“添加外部链接”快捷按钮。

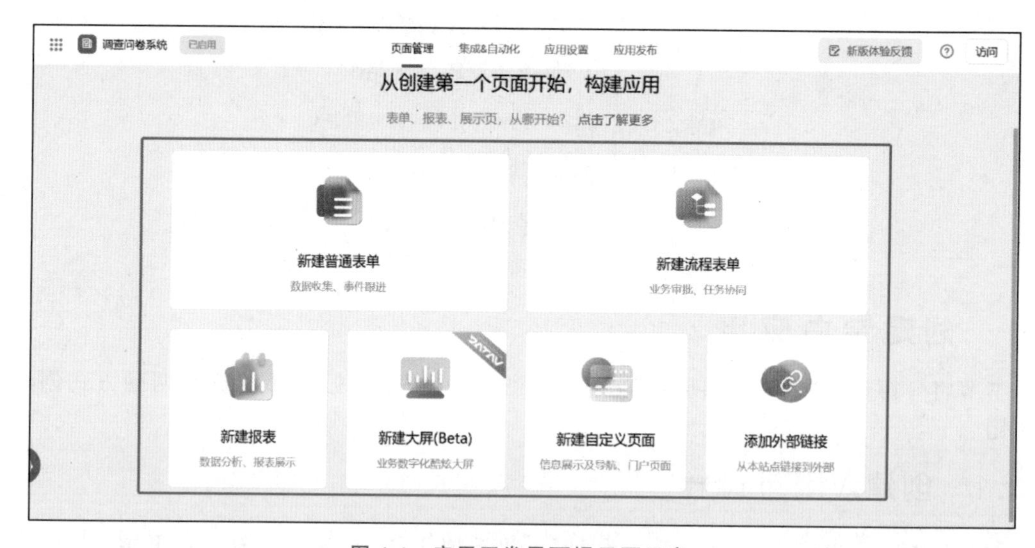

图 4-4　应用开发界面提示页示意

4.1.2　创建应用方式二

参考 1.4.2 节的图 1-24，在“我的应用”界面中单击“创建空白应用”按钮即可创建空白宜搭应用，如图 4-5 所示。

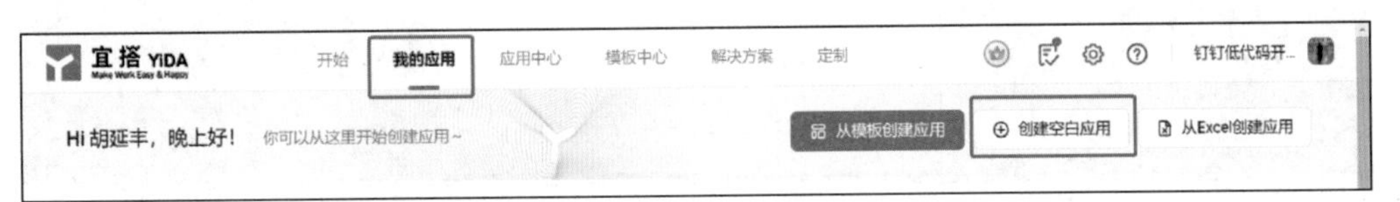

图 4-5　在“我的应用”界面中“创建空白应用”操作示意

单击“创建空白应用”按钮后，在弹出的“创建应用”设置界面“应用名称”栏中可以自定义名称，在“应用图标”栏中选择该应用图标，设置“应用描述”信息，设置“应用主题色”，如图 4-6 所示。其中单击“取消”按钮即可取消创建应用，单击“确定”按钮即可创建应用。在图 4-6 所示界面中单击“确定”按钮后，进入如图 4-4 所示的界面，则表示应用创建完成。

图 4-6　弹出的“创建应用”设置界面示意

4.2　普通表单设计器介绍

视频讲解

本节将在“调查问卷系统”内创建“主题沙龙活动调查问卷”表。首先用户确定好需要收集的数据后，即可开始新建表单，设计满足需求的个性化表单。普通表单带有协作功能，可以对数据进行分权限管理。本节主要介绍普通表单、应用界面。

4.2.1　从空白表单新建普通表单

参考 4.1 节的操作步骤进入如图 4-4 所示的界面。在此界面中，单击“页面管理”界面中的“新建普通表单”按钮，在弹出的“新建表单”设置界面中单击“从空白表单新建”按钮创建普通表单，如图 4-7 所示。

单击“从空白表单新建”按钮后，如图 4-8 所示，在“页面名称”单行文本输入框内设置“页面名称”为“主题沙龙活动调查问卷”，“选择分组”可以不填写，单击“确定”按钮完成普通表单的创建。

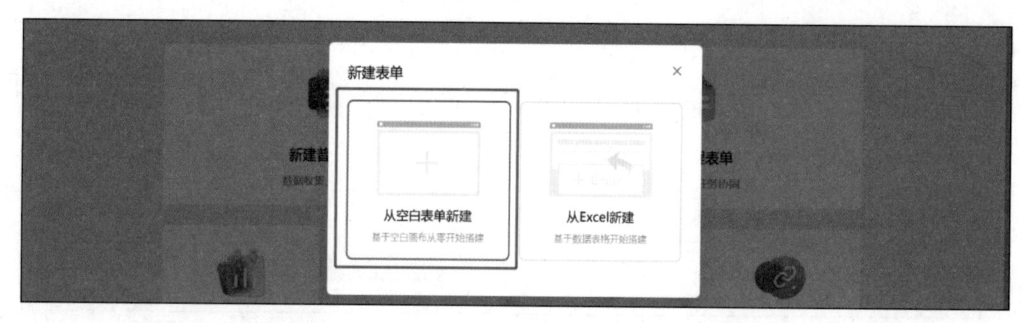

图 4-7　单击“从空白表单新建”按钮操作示意

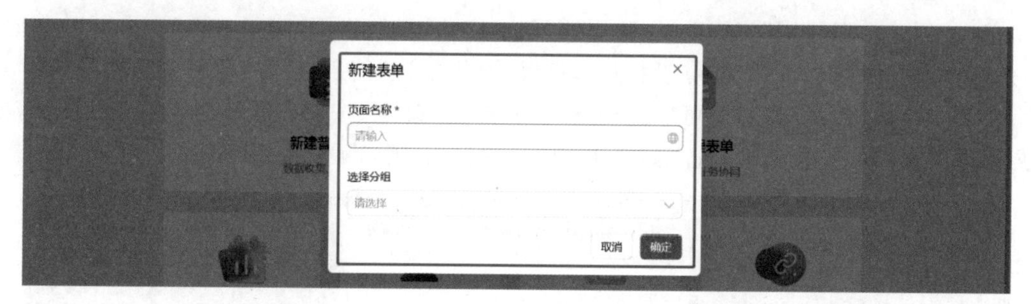

图 4-8　在弹出的“新建表单”设置界面中输入页面名称操作示意

创建完成普通表单后会自动跳转至“主题沙龙调查问卷”表单设计器界面。普通表单设计器界面分为“顶部操作栏”“左侧工具栏”“中间画布”“右侧属性配置面板”四个区域，如图 4-9 所示。

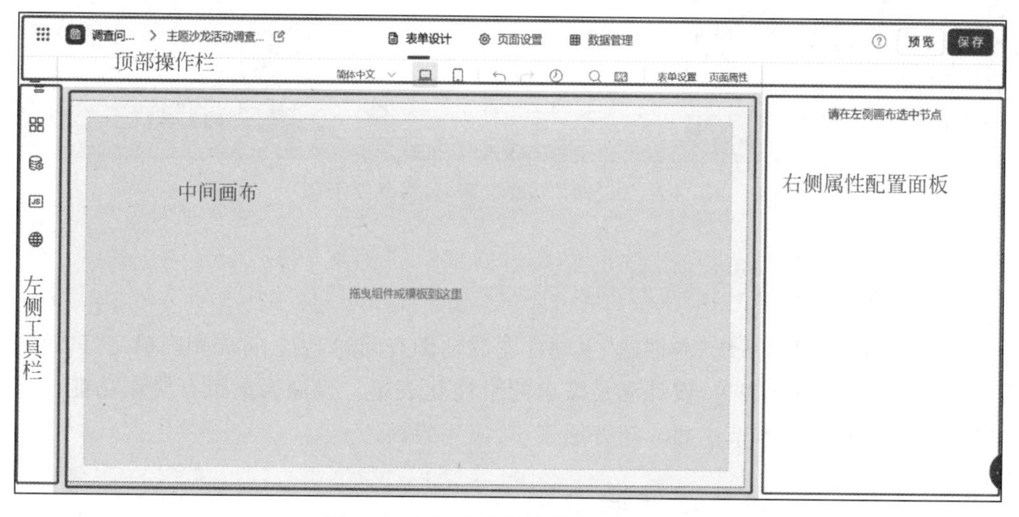

图 4-9　普通表单设计器操作区介绍

4.2.2　从 Excel 新建普通表单

在图 4-7 所示界面中选择“从 Excel 新建”选项或者在宜搭应用开发界面单击左侧工具栏中“新建表单”按钮，在弹出的“新建表单”设置界面中单击“从 Excel 新建”按钮，如图 4-10 所示。

在图 4-10 中单击“从 Excel 新建”按钮后，在弹出的“新建表单”设置界面中出现第一步

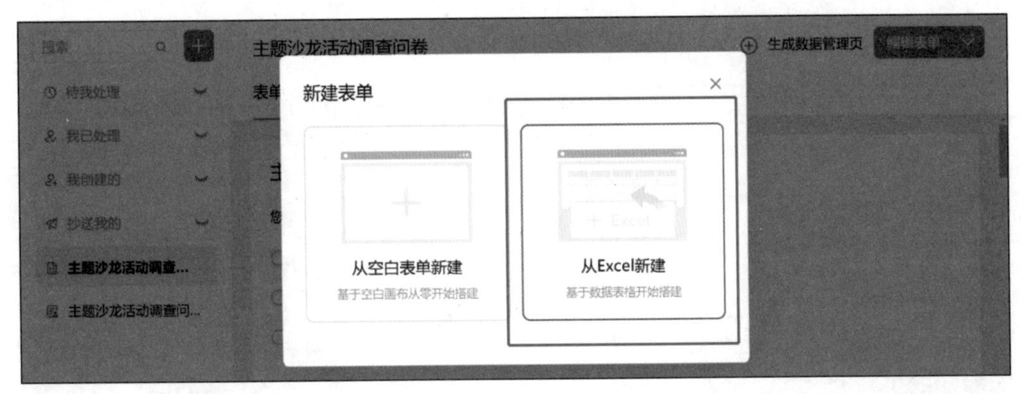

图 4-10　“从 Excel 新建”普通表单操作示意

“选择 Excel 表”界面，如图 4-11 所示。单击上传区域上传 Excel 文件，上传的 Excel 表符合如下规范。

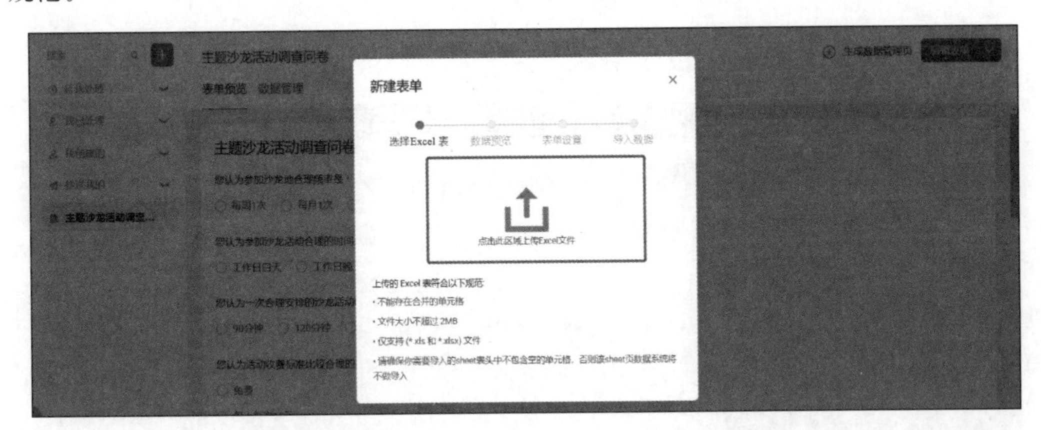

图 4-11　“选择 Excel 表”操作示意

(1) 不能存在合并的单元格；

(2) 文件大小不能超过 2MB；

(3) 仅支持(* . xls 和 * . xlsx)文件；

(4) 确保需要导入的 Sheet 表头中不包含空的单元格，否则 Sheet 页数据系统将不做导入。

在图 4-11 所示界面中单击“单击区域上传 Excel 文件”区域，打开本地文件夹选择 Excel 表，如图 4-12 所示。

在图 4-12 所示界面中选择 Excel 表完成后进入第二步“数据预览”界面，预览完成后单击“下一步”按钮，如图 4-13 所示。

在图 4-13 所示界面中单击“下一步”按钮进入第三步“表单设置”界面。在本界面中可以设置“表单名称”，可以在每个字段下拉菜单中将字段的组件设置为“单行输入框”“多行输入框”“单项选择框”“下拉单选框”“多项选择框”“下拉多选框”“日期选择框”等；设置完成后单击“导入”按钮，如图 4-14 所示。

导入成功后在宜搭应用开发界面左侧表单列表栏中可以选择导入的表单，在右侧表单操作界面可以预览表单，如图 4-15 所示。

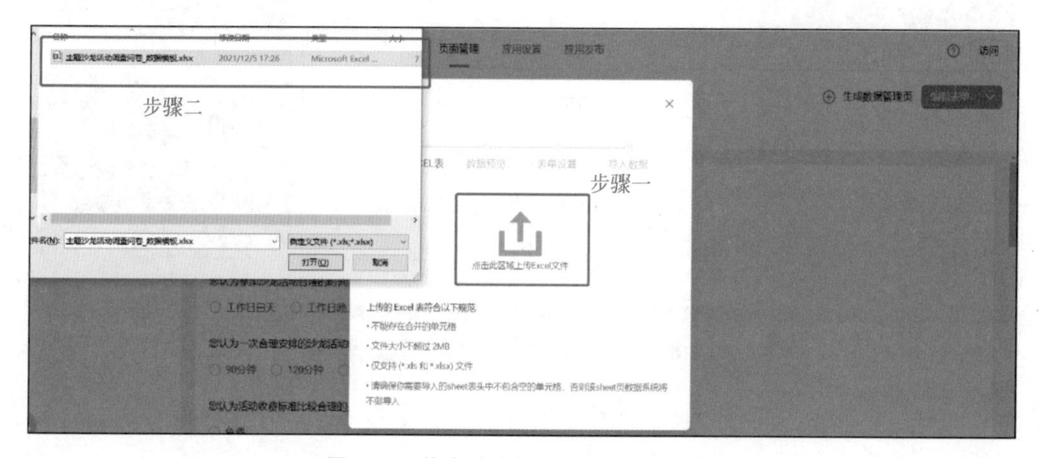

图 4-12　从本地选择 Excel 表操作示意

图 4-13　“数据预览”操作示意

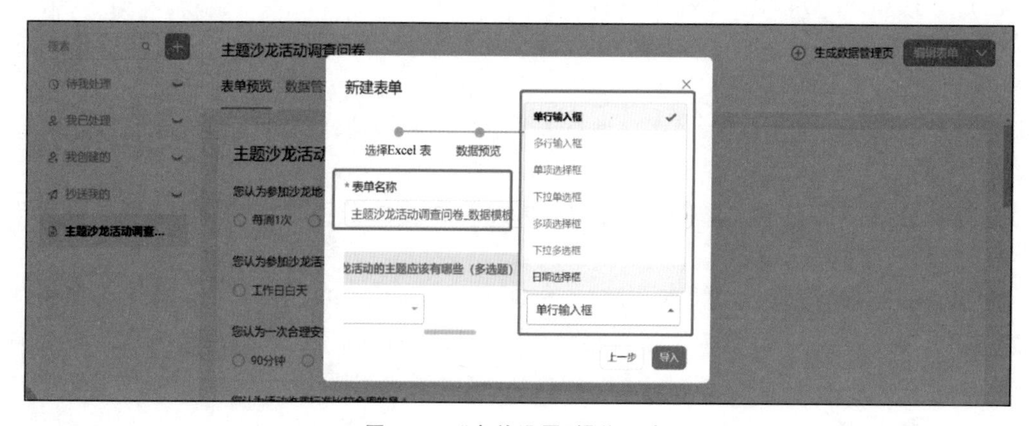

图 4-14　“表单设置”操作示意

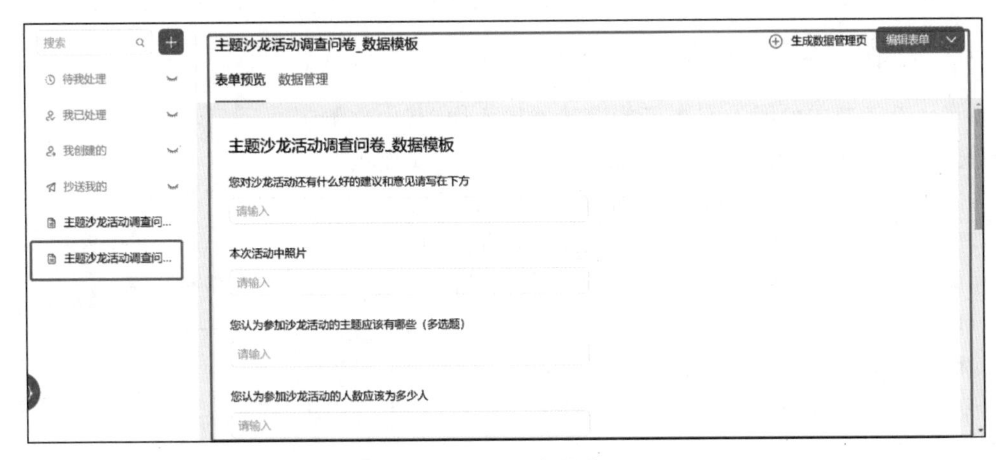

图 4-15　成功导入表单效果展示

4.2.3　如何进入表单设计器

在“调查问卷系统”宜搭应用开发界面左侧菜单中，选择“主题沙龙活动调查问卷”表单，右侧界面显示该表单界面内容，如图 4-16 所示。

图 4-16　开发界面中“主题沙龙活动调查问卷”预览界面

在图 4-16 所示界面中单击“编辑表单”或单击向下小箭头，通过“表单设计”快捷入口，一键直达该表单设计器界面，如图 4-17 所示。

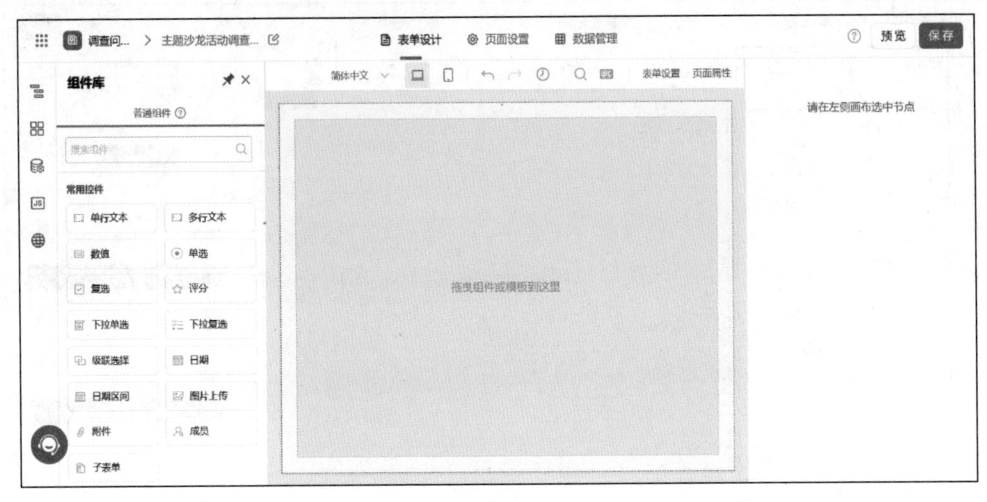

图 4-17　“主题沙龙活动调查问卷”设计器界面

4.2.4 左侧工具栏介绍

参考 4.2.1 节中的图 4-9，在表单设计器界面中，其中左侧工具栏从上到下依次为“大纲树”“组件库”“数据源”“动作面板”“多语言文案管理”五个选项，如图 4-18 所示。

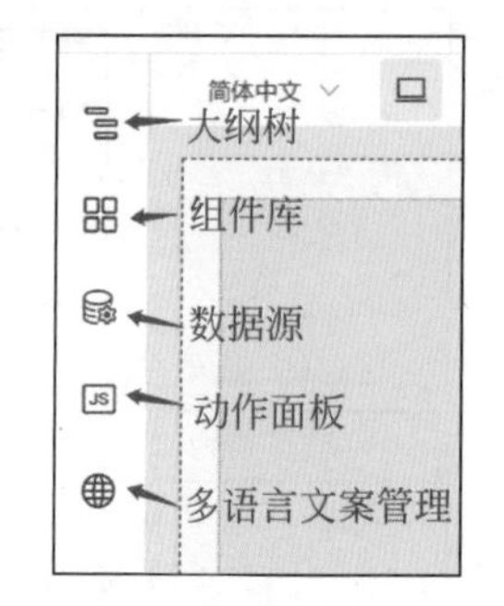

图 4-18 普通表单设计器界面工具栏示意

其中，“大纲树”可以让用户更清晰地查看页面的整体布局，可以在大纲树上对组件进行批量拖曳、批量删除，如图 4-19 所示。其中，可以双击“大纲树”更改别名，区分多个相同的控件；可以单击“大纲树”界面中“固定”按钮将该窗口固定在左侧界面；可以单击“关闭”按钮关闭该窗口；可以按住 CMD/Ctrl 键，在大纲树上进行多选操作。

图 4-19 普通表单设计器界面中“大纲树”界面

“组件库”提供“常用控件”和“高级控件”等组件，用户可将组件拖曳至画布中或大纲树中的指定位置，用户也可以单击组件直接将组件插入画布中，如图 4-20 所示。“组件库”中的组

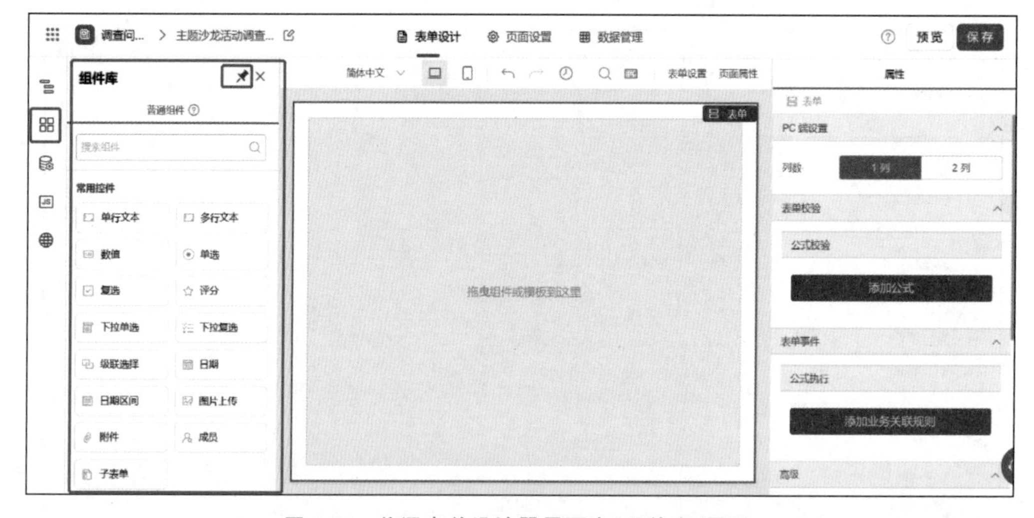

图 4-20 普通表单设计器界面中“组件库”界面

件将在案例开发和实战中介绍，此处不全部展开介绍。“组件库”同“大纲树”一样可以单击“固定”按钮将“组件库”固定在设计器界面左侧。

“数据源”可以声明一个变量，用于动态展示一些数据。在控件的属性配置上可以对数据源的数据进行绑定，此处不展开详细的介绍，会在后面的章节中陆续涉及。“数据源”界面如图 4-21 所示。

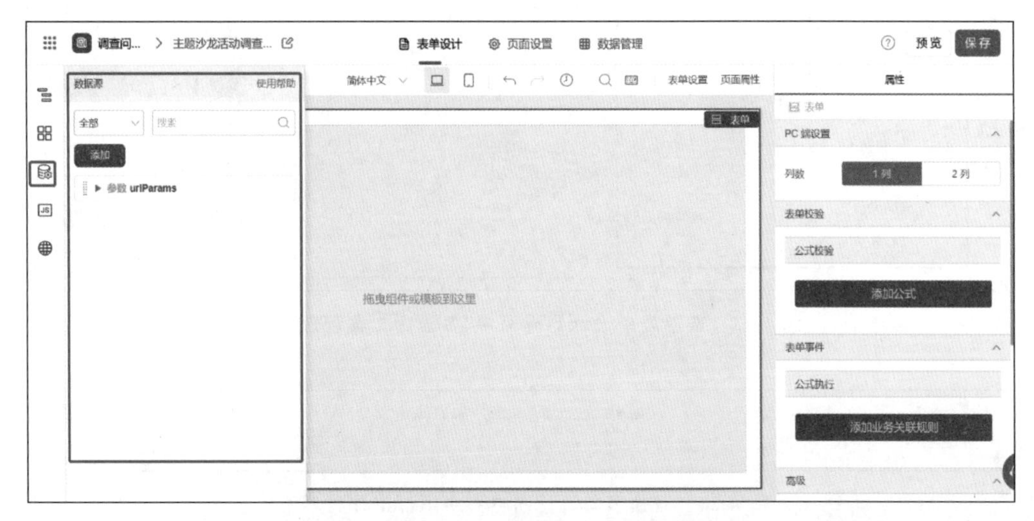

图 4-21　普通表单设计器界面中“数据源”界面

“动作面板”可以用来编写 JavaScript 代码，实现一些定制化的需求，本节暂不介绍。“动作面板”界面如图 4-22 所示。

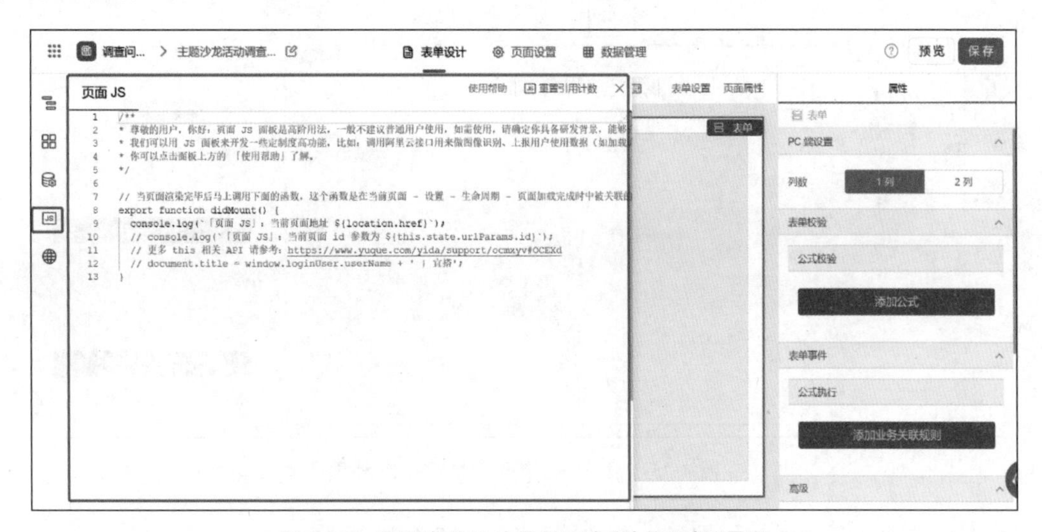

图 4-22　普通表单设计器界面中“动作面板”界面

“多语言文案管理”可以用来配置多语言文案的管理，在控件的属性配置上可以对多语言数据进行数据绑定。“多语言文案管理”界面如图 4-23 所示。

4.2.5　顶部操作栏介绍

参考 4.2.1 节中的图 4-9，在表单设计器界面中顶部操作栏如图 4-24 所示。

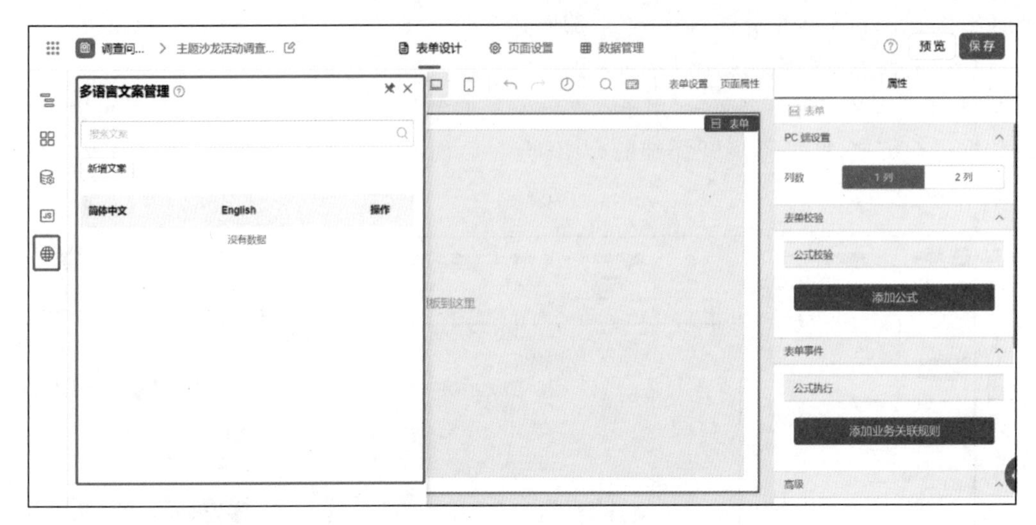

图 4-23　普通表单设计器界面中“多语言文案管理”界面

图 4-24　普通表单设计器界面中顶部操作栏示意

在顶部操作栏中单击 PC 端画布设置按钮即显示 PC 端画布，如图 4-25 所示。

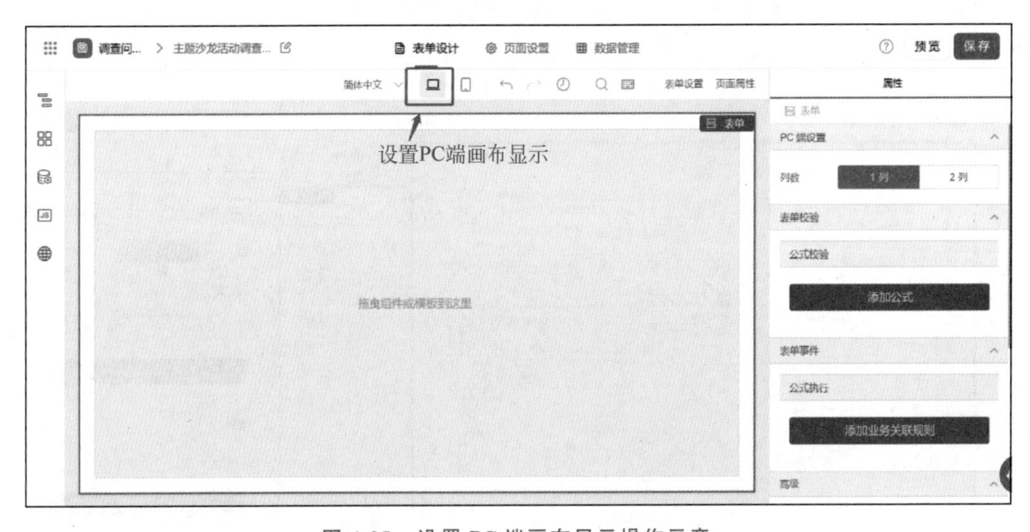

图 4-25　设置 PC 端画布显示操作示意

单击移动端画布设置按钮即显示移动端画布，如图 4-26 所示。

“表单设置”可以对表单的布局、表单提交校验、表单的一些规则进行配置，单击“表单设置”按钮，在右侧属性配置面板中将显示表单“属性”界面，如图 4-27 所示。

在图 4-27 中单击“表单设置”按钮，在右侧属性配置面板中可以设置“PC 端设置”“表单校验”“表单事件”“高级”栏中的属性。

“PC 端设置”属性主要用于设置表单分栏布局。此处设置“列数”为“2 列”，在中间画布区表单将会显示 2 列，如图 4-28 所示。

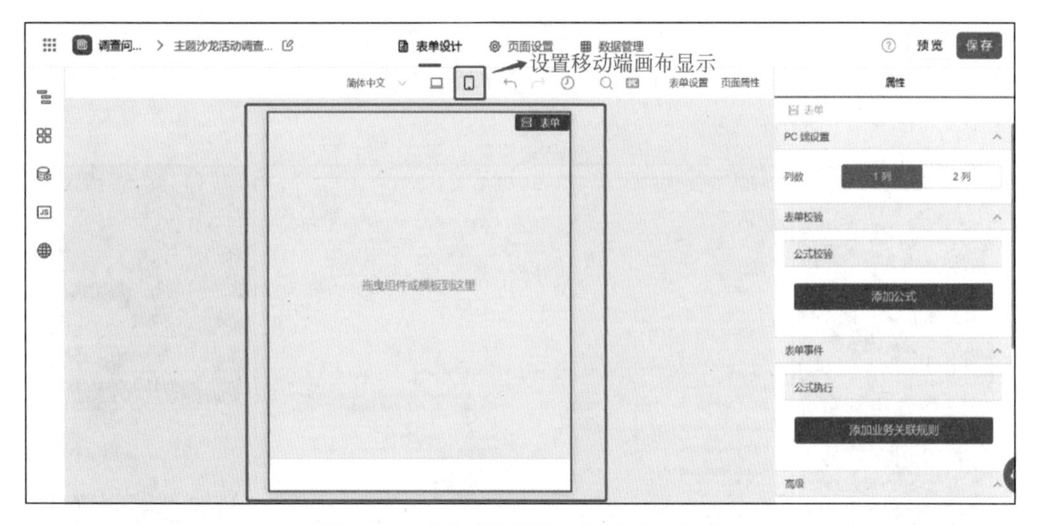

图 4-26　设置移动端画布显示操作示意

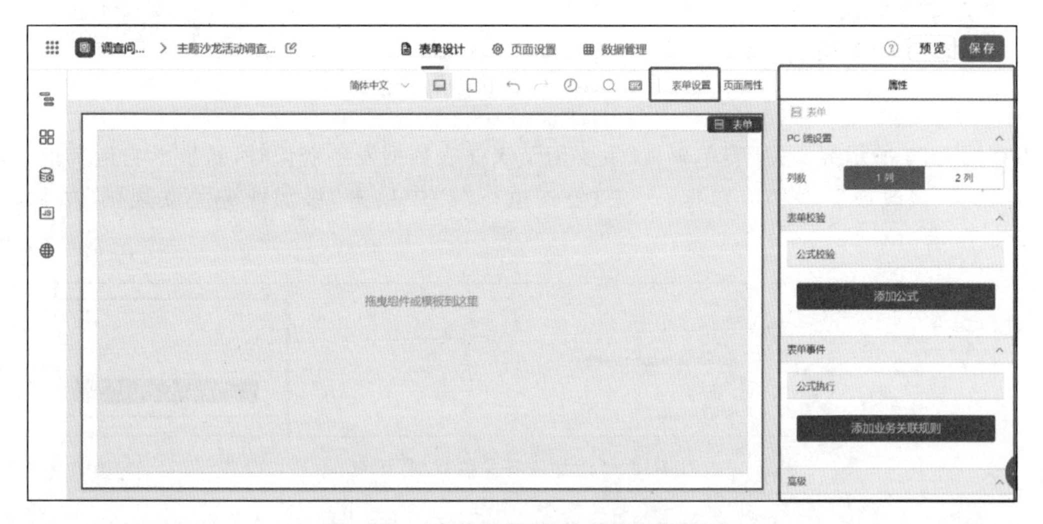

图 4-27　“表单设置”属性配置面板界面

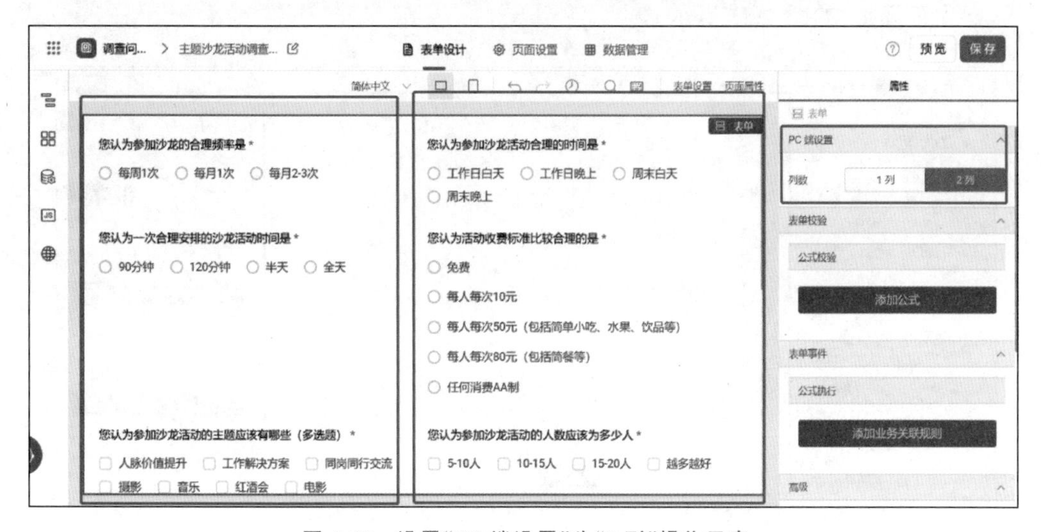

图 4-28　设置“PC 端设置”为“2 列”操作示意

在图 4-27 所示界面中“表单校验”主要用于校验表单中数据是否满足规则，可根据校验规则阻断提交。在“公式校验”栏中单击“添加公式”按钮，可以在弹出的“提交校验”中设置界面配置公式，如图 4-29 所示。

图 4-29　设置“公式校验”操作示意

在图 4-27 所示界面中“表单事件”主要用于当前表数据发生变化时，同步影响到其他表数据（如删除、修改或新增相应数据）。在“公式执行”栏中单击“添加业务关联规则”按钮，如图 4-30 所示。

图 4-30　“添加业务关联规则”示意

在图 4-30 所示界面中单击“添加业务关联规则”按钮后，可以在弹出的“业务关联规则”中设置界面配置规则，如图 4-31 所示。

图 4-31　设置“业务关联规则”操作示意

在图 4-27 所示界面的“高级”中可以设置“提交文案”“表单提交前”“表单提交后”“表单数据源”属性，如图 4-32 所示。

图 4-32　“高级”属性配置界面示意

在图 4-32 所示界面中“提交文案”可自定义提交按钮显示内容，若将“提交文案”设置为“测试”，在访问该界面时，会显示“测试”，如图 4-33 所示。

在图 4-32 所示界面中，在默认情况下，“表单提交前”表单数据在校验和设置完成后，会提交给宜搭的后端接口，将表单数据保存；“表单提交后”宜搭的表单会在提交后跳转，具体跳转地址可能为提示成功页(PC 端)、详情页(移动端)，或用户设置的指定页面。以“表单提交前”为例，单击“表单提交前”按钮，在弹出的“表单提交前”设置界面中可以添加动作，在该界面中可以设置“动作名称”“响应动作”“参数设置”，如图 4-34 所示。

在图 4-34 所示界面中单击“确定”按钮，进入弹出的“页面 JS”设置界面，在此处可以通过编写 JavaScript 代码实现动作功能，通过配置动作事件，在“页面 JS”中书写相关代码执行对应内容，如图 4-35 所示。

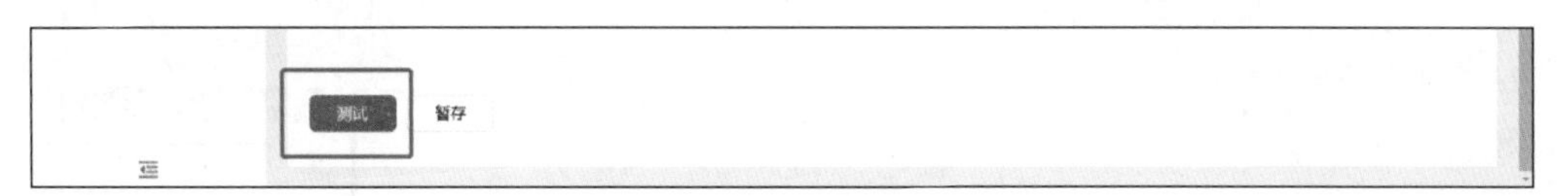

图 4-33　“提交文案”示意

图 4-34　弹出的“表单提交前”设置界面示意

在图 4-32 所示界面中“表单数据源”提供了一个整体控制表单值的方式，目前有两种用途：

(1) 提供初始值，即表单内各个字段的默认值；

(2) 修改表单数据源时，对应表单字段的值也会同步修改。

单击“编辑代码”按钮，可以在右侧弹出的设置界面中编辑代码，如图 4-36 所示。

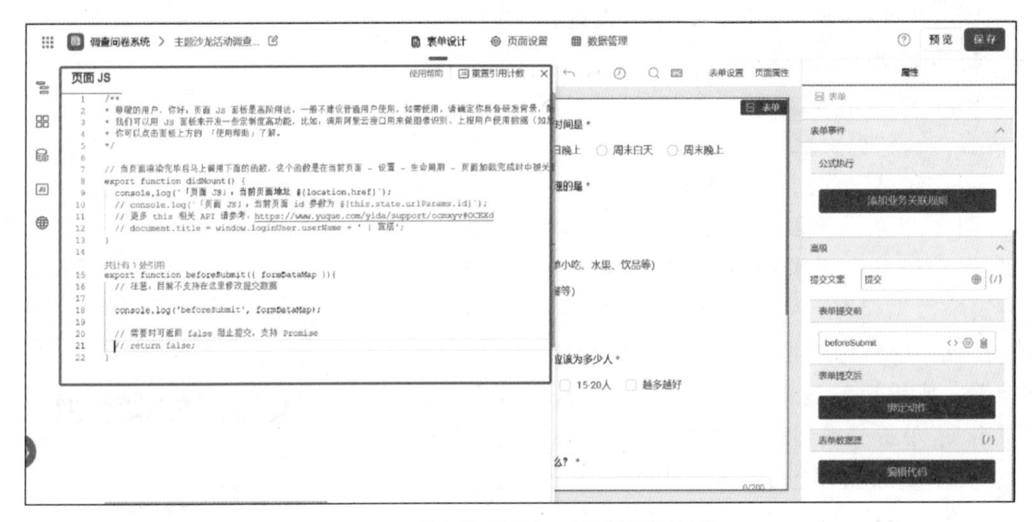

图 4-35　弹出的“页面 JS”设置界面示意

图 4-36　单击“编辑代码”按钮弹出的设置界面示意

其中,“页面属性”可以对表单自定义页面布局和设置页面生命周期的事件回调配置,单击“页面属性”按钮,在右侧属性配置面板中将显示表单“属性”界面,如图 4-37 所示。其中“页面内容设置”是对 PC 端及移动端样式进行简单设置;“生命周期”在单击绑定动作后,在 JS 中会自动生成名称为 didMount 的动作函数,在该函数中,可以处理页面加载完成时的业务逻辑。

“快捷键”提供了对应的快捷键操作,可快捷完成设置。“快捷键”按钮所在位置如图 4-38 所示。

单击“快捷键”按钮在页面中会弹出“快捷键”信息提示界面,如图 4-39 所示。

“帮助”针对整个页面设计器的基本构造讲解,创建应用之后可以先单击“帮助”按钮 ? 在新打开页面中对普通表单页面设计器的基础进行了解和学习,然后进行开发和搭建。其中“修改历史”按钮提供了查看历史记录的功能,每次保存时会自动存储一次记录,最多保存 50 次,即用户可以查看最近 50 次的保存记录,并可以进行回滚操作、查看变更操作,如图 4-40 所示,其中单击“返回编辑”按钮即可返回普通表单设计器界面。

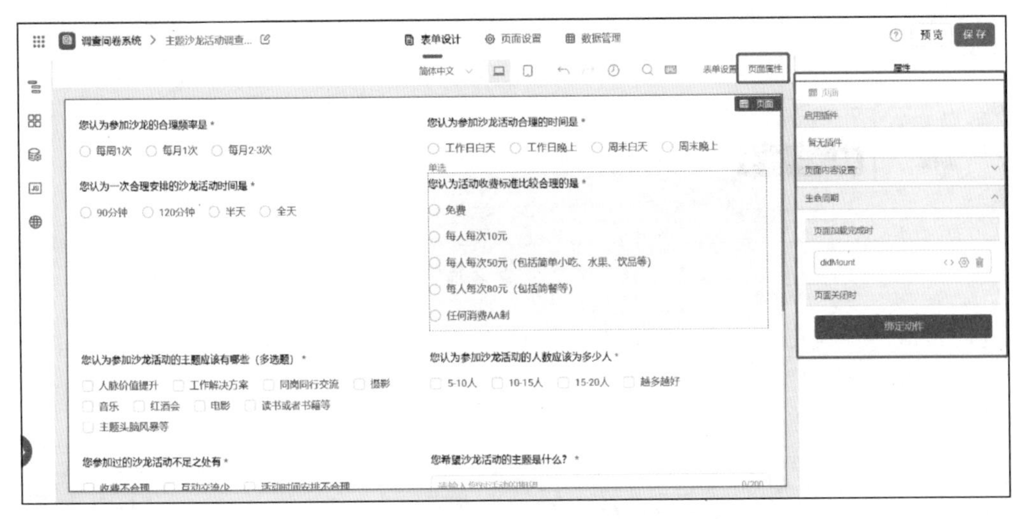

图 4-37　“页面设置”属性配置面板界面

图 4-38　“快捷键”按钮示意

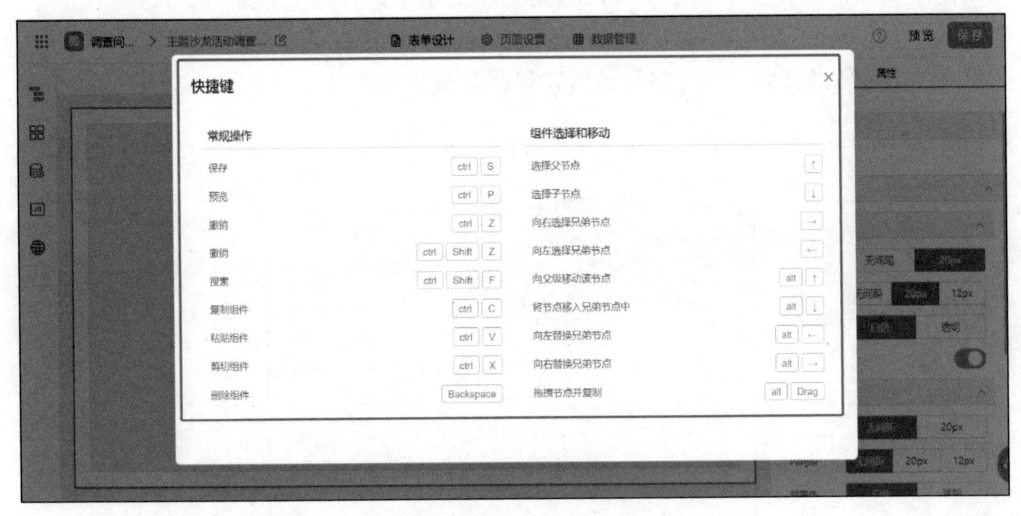

图 4-39　“快捷键”信息提示界面

图 4-40　“修改历史”按钮示意

在“顶部操作栏”中单击本表单名称右侧“修改”按钮可以修改本表单名称，如图 4-41 所示。

图 4-41 修改“表单名称”操作示意

其中，“预览”按钮能够进入该表单用户界面预览表单功能，“保存”按钮能够保存当前对表单的编辑操作；“页面设置”“数据管理”“工作台快捷入口”功能分别与 2.4.1 节、2.5 节和 2.7 节中介绍功能相同；“简体中文”按钮下拉可以切换为 English，如图 4-42 所示。

图 4-42 设置“简体中文”操作示意

4.2.6 中间画布介绍

参考 4.2.1 节中图 4-9 所示，在表单设计器界面中，“中间画布”用来将控件进行排布、配置，从而完成页面的搭建。在画布中可以根据光标提示来进行拖曳布局，也可以对控件进行复制、删除操作，复制和删除操作可以直接使用快捷键，可参考图 4-38。“中间画布”可以通过如图 4-43 所示的按钮改变画布 PC 端展示形式和移动端展示形式。

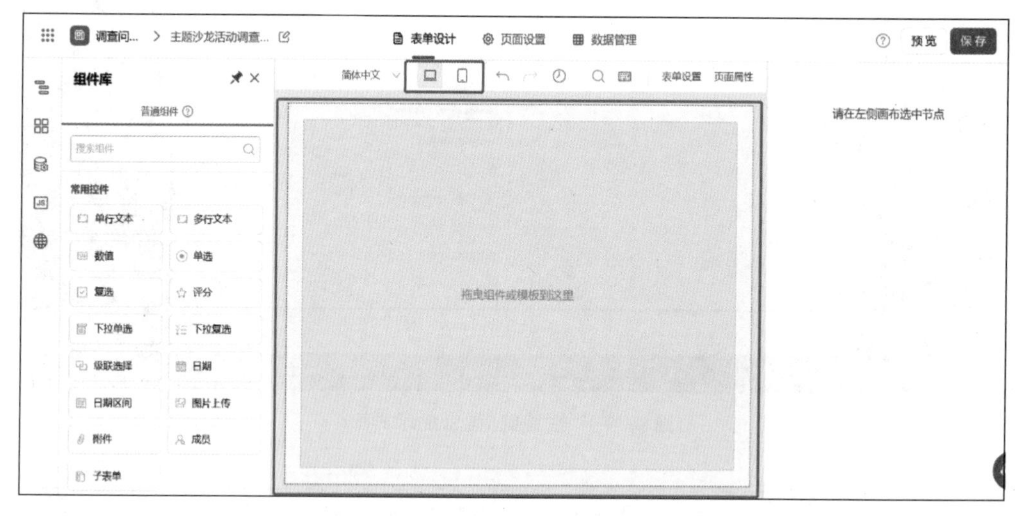

图 4-43 改变画布展示形式按钮示意

4.2.7 右侧属性配置面板介绍

参考 4.2.1 节中图 4-9 所示，在表单设计器界面中，“右侧属性配置面板”用来对常用控件的一些属性进行配置,配置后在画布中的控件会实时随着配置变化而产生变化,每个控件的属性面板不同,以单行文本控件为例,如图 4-44 所示。属性面板中的具体配置将在案例开发和实战中介绍。

在单行文本的“右侧属性配置面板”中有“高级”栏可以设置,“高级”主要用来配置控件的一些特殊需求,具体设置将在开发和实战中展开介绍,如图 4-45 所示。

图 4-44　单行文本控件属性配置面板界面

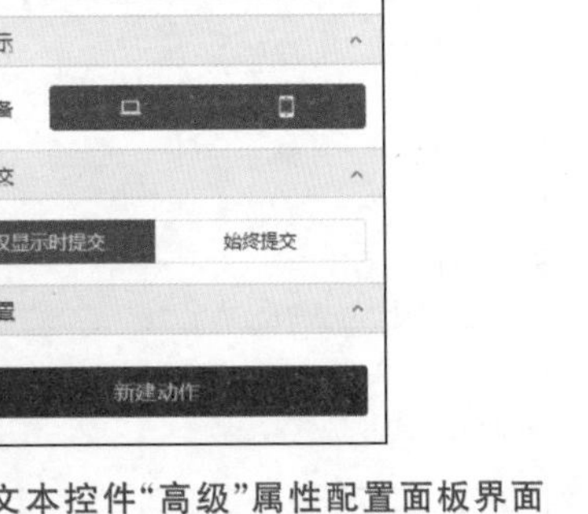

图 4-45　单行文本控件“高级”属性配置面板界面

4.3　通过普通表单创建“主题沙龙活动调查问卷”页面

视频讲解

本节主要介绍如何通过普通表单开发“主题沙龙活动调查问卷”系统,在实战开发“主题沙龙活动调查问卷”系统时,介绍“常用控件”的功能及“组件属性”的设置等。

4.3.1　常用控件之“单选”

实验操作

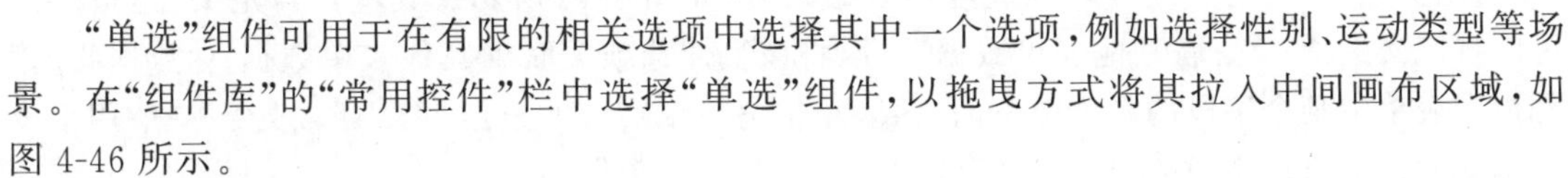

“单选”组件可用于在有限的相关选项中选择其中一个选项,例如选择性别、运动类型等场景。在“组件库”的“常用控件”栏中选择“单选”组件,以拖曳方式将其拉入中间画布区域,如图 4-46 所示。

选择中间画布中“单选”组件,在右侧属性配置面板中选择“属性”栏,如图 4-47 所示。

其中,“标题”指该组件的名称,标题的默认名称为该组件类型的名称,标题用于更好地识别需要填报的内容,根据“主题沙龙活动调查问卷”业务需求将该“单选”组件标题设置为“您认为参加沙龙的合理频率是”,当右侧属性配置面板中“标题”属性发生改变时,中间画布中“单选”组件展示效果会实时进行更新,如图 4-48 所示。

图 4-46 在中间画布中添加“单选”组件操作示意

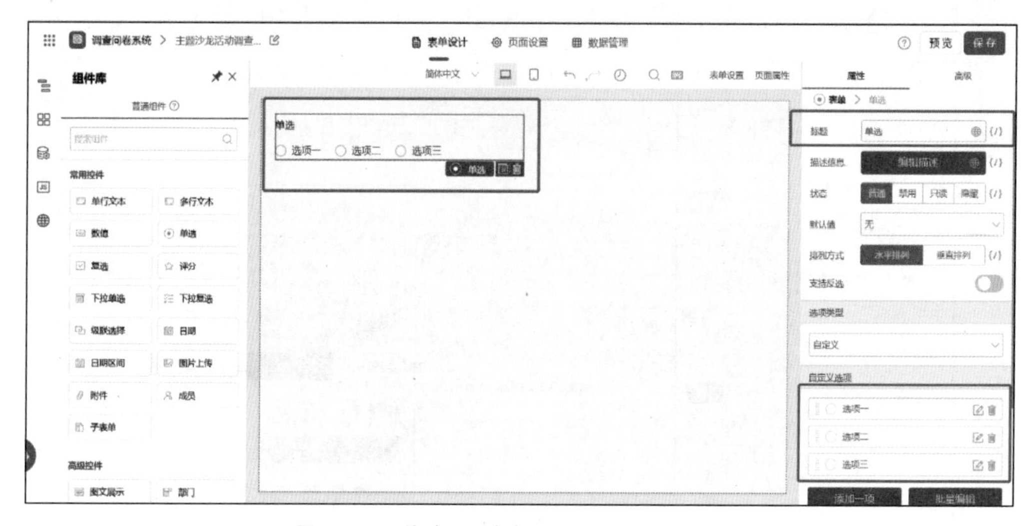

图 4-47 “单选”组件右侧属性配置面板界面

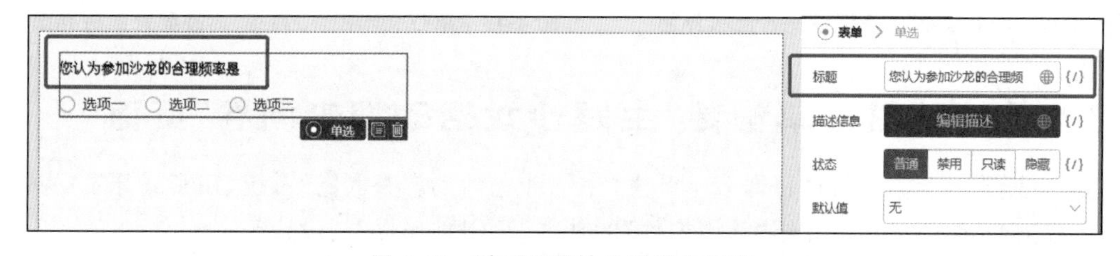

图 4-48 “标题”属性设置操作示意

设置“选项类型”属性可以设置选项数据来源，如图 4-49 所示。其中，“自定义”是指用户可以自定义选项；“关联其他表单数据”可以将该组件选项关联到其他表单数据；“数据联动”是指当表单中某个字段的数据改变时，该表单中另一个字段的数据也会随之改变，一般用于设置组件的默认值；“网关数据”可以设置 URL 链接获取数据。

本调查问卷“选项类型”选择“自定义”选项，因此“选项类型”栏下会出现“自定义选项”栏，如图 4-50 所示。以名称为“选项一”的选项为例，自左向右依次是“选项排序”符号（按住该符号上下拖动可以改变选项出现的次序）、“是否默认选中”符号（可以设置该选项的默认状态）、“选项显示值”展示栏（展示该选项的“显示值”）、“编辑”按钮、“删除”按钮（单击“删除”按钮后直接会删除该选项）。

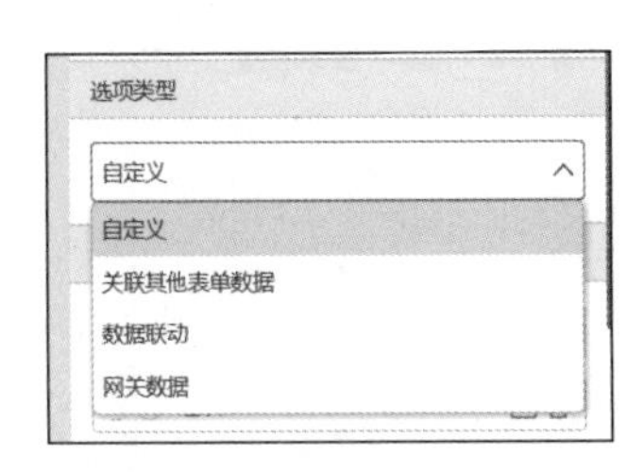

图 4-49　“选项类型”操作示意

图 4-50　“自定义选项”操作示意

单击“编辑”按钮后，可以设置该选项的“显示值”“选项值”“默认选中”属性，设置“显示值”和“选项值”，“显示值”和“选项值”可以不同，用户可以自定义设置“显示值”和“选项值”，如图 4-51 所示。

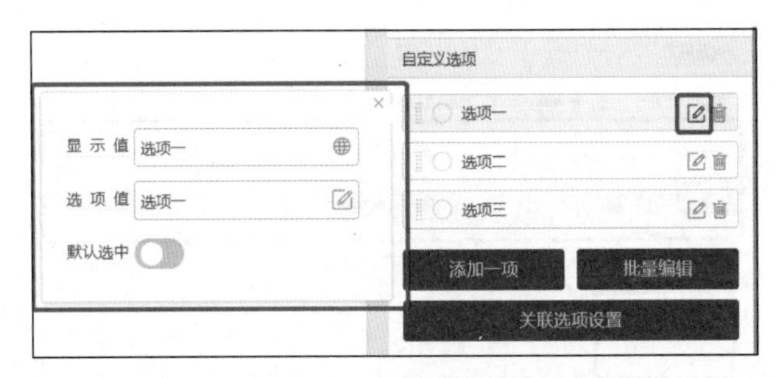

图 4-51　“自定义选项”编辑按钮操作示意

单击“添加一项”按钮，弹出的对话框如图 4-52 所示。该设置与图 4-51 所示操作相同。

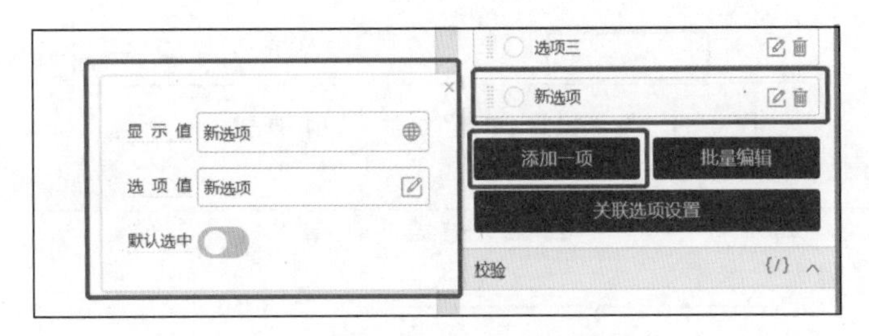

图 4-52　“添加一项”按钮操作示意

单击“批量编辑”按钮，弹出的“批量编辑”设置界面如图 4-53 所示，其中，参考提示按行输入选项显示值，完成后单击“确定”按钮即可批量设置选项值。

将“标题”为“您认为参加沙龙的合理频率是”的单选控件“选项一”“选项二”“选项三”分别设置为“每周 1 次”“每月 1 次”“每月 2-3 次”，如图 4-54 所示。

单击“确定”按钮完成选项设置，创建完成后如图 4-55 所示。

通过“关联选项设置”按钮可以设置其他组件的显示和隐藏。单击“关联选项设置”按钮，进入如图 4-56 所示的界面。当用户想要实现选择某一选项后，展示该选项所对应的组件时，可以使用选项关联。它适用于合同管理、物品领用、采购等场景。本系统目前不需要设置该功能。

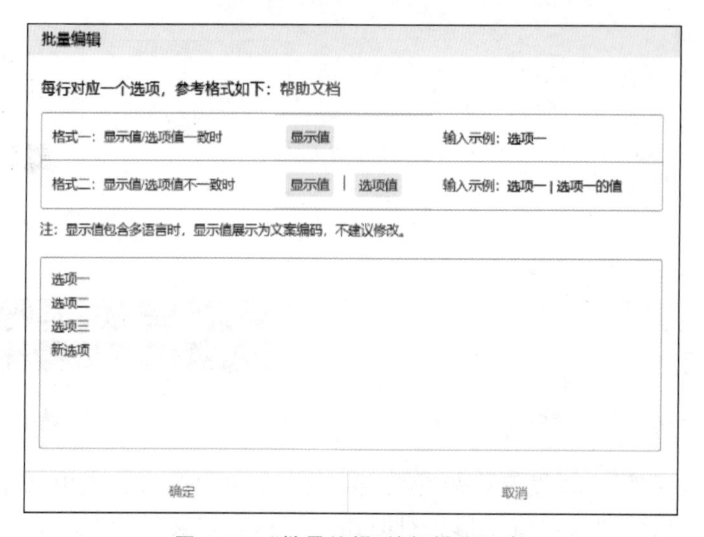

图 4-53 “批量编辑”按钮操作示意

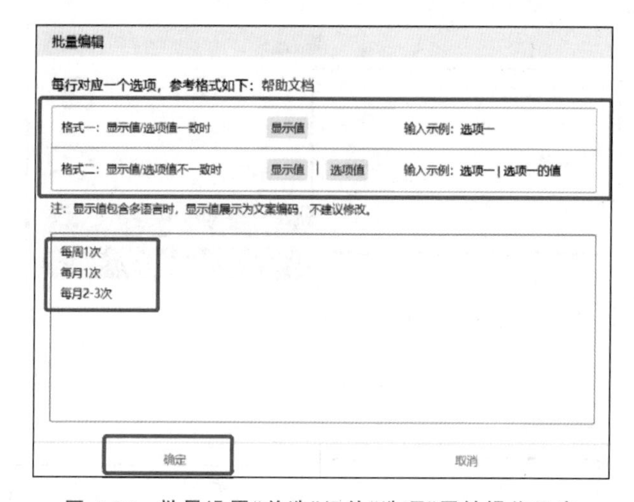

图 4-54 批量设置“单选”组件“选项”属性操作示意

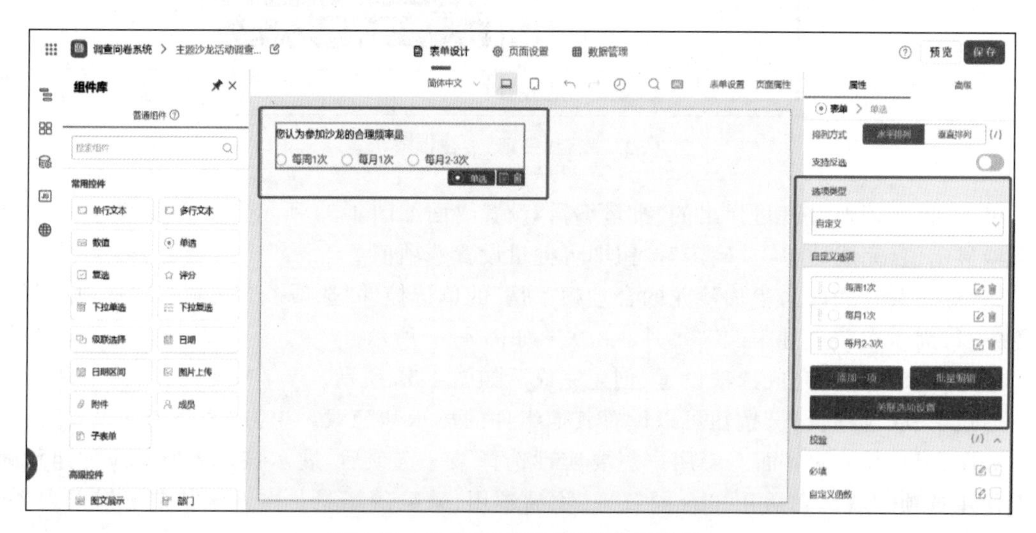

图 4-55 完成“自定义选项”设置效果

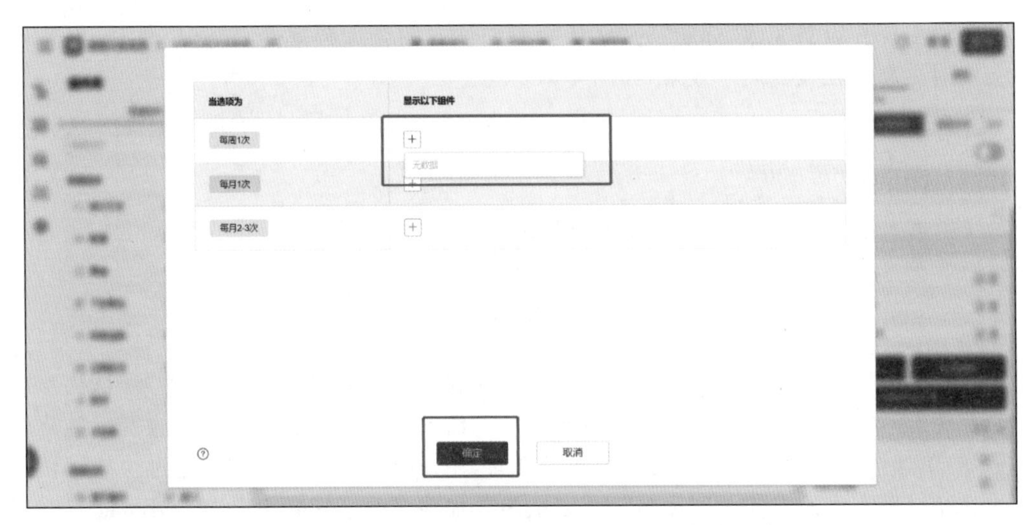

图 4-56　设置“单选”组件“关联选项设置”操作示意

设置完成“自定义选项”后，可以将选项“排列方式”设置为“水平排列”和“垂直排列”两种形式，如图 4-57 所示。本系统将采用“垂直排列”方式。

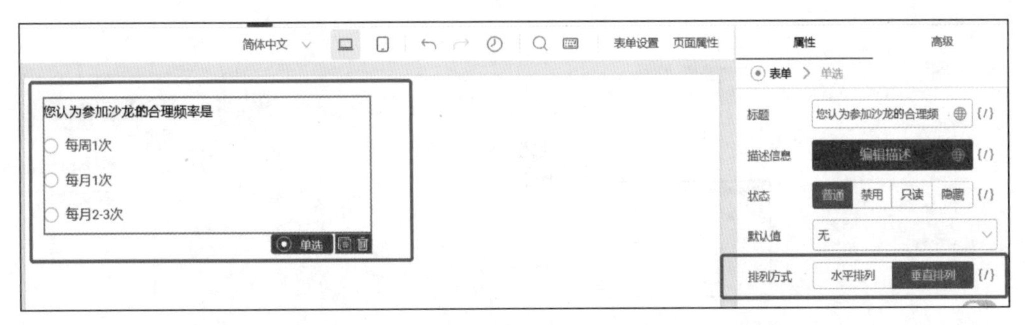

图 4-57　“排列方式”属性设置为“垂直排列”操作示意

设置“默认值”属性如图 4-58 所示，其中“默认值”下拉菜单中有“无”和“数据联动”选项，本系统选择“无”选项。

设置“校验”栏中“必填”和“自定义函数”属性，如图 4-59 所示。

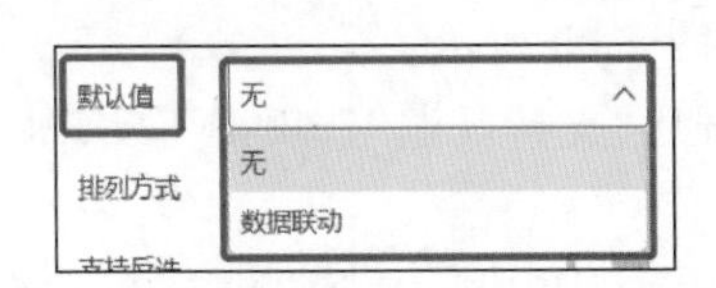

图 4-58　设置“默认值”属性操作示意

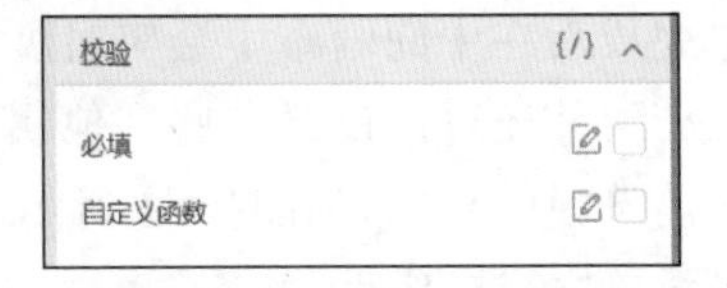

图 4-59　设置“校验”栏中属性示意

选中“必填”属性右侧复选框即启用该功能，单击“编辑”按钮可以在弹出的设置界面中设置“错误提示”信息，如图 4-60 所示。

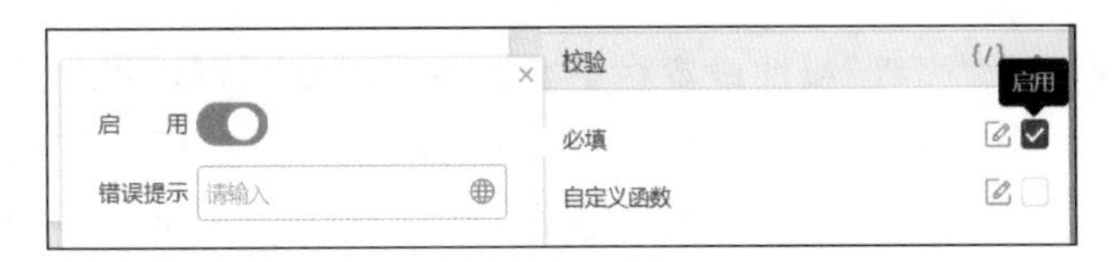

图 4-60　启用“单选”组件“必填”属性操作示意

根据以上操作设置完成“标题”为“您认为参加沙龙的合理频率是”单选组件后，在中间画布中会实时更新属性设置展示效果，如图 4-61 所示。

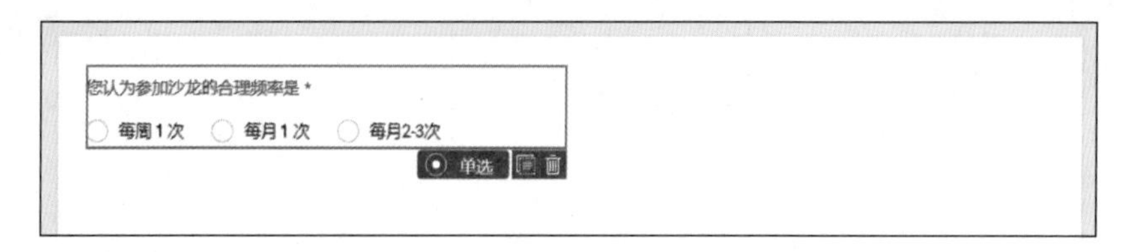

图 4-61　“单选”组件“标题”属性效果展示

参考本节对“单选”组件的介绍，在“主题沙龙活动调查问卷”中设置标题为“您认为参加沙龙活动合理的时间是”“您认为一次合理安排的沙龙活动时间是”“您认为活动收费标准比较合理的是”的单选组件属性。当需要设置相同组件时，用户可以在中间画布中通过快捷键快速复制当前已经设置完成的组件，以“标题”为“您认为参加沙龙的合理频率是”单选组件为例，用鼠标选中中间画布待复制组件，并单击“复制”按钮即可在该待复制组件下方快速复制出一个具有相同属性设置的组件，如图 4-62 所示。

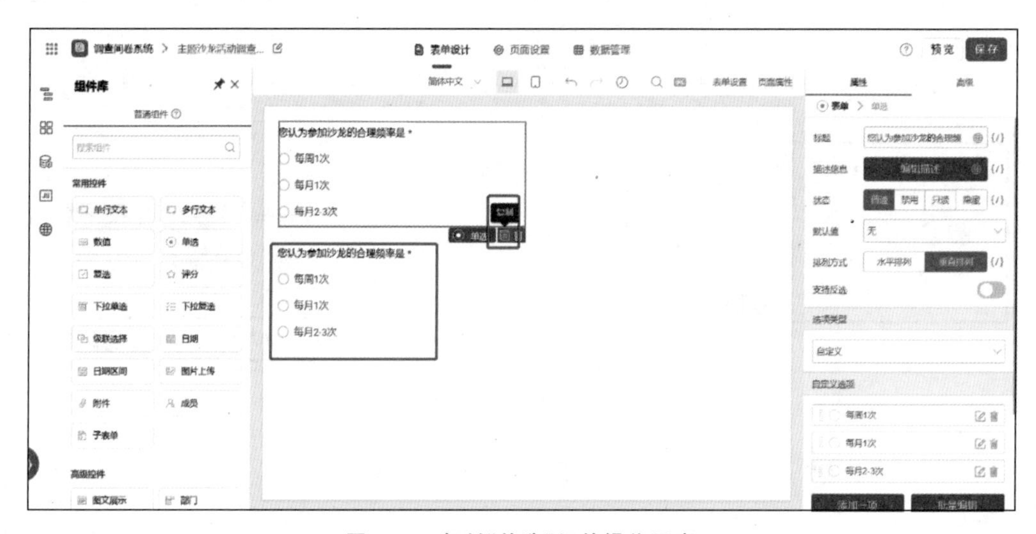

图 4-62　复制“单选”组件操作示意

设置完成后在中间画布中会实时展示效果，如图 4-63 所示。

“单选”组件还可以设置一些其他属性，其中，开启“支持反选”选项即可实现再次单击该选项时就取消选择的功能，如图 4-64 所示。

可以设置“单选”组件“状态”属性，如图 4-65 所示。其中，“普通”状态表示控件的基本功能均可操作；“禁用”状态表示呈现 UI 禁用效果的特定样式；“只读”状态表示仅显示控件的预置数据的内容，控件不可编辑；“隐藏”状态表示运行态时不显示。

对应表单数据默认不会提交，可将“高级”栏的“数据提交”属性配置为“始终提交”，让隐藏的组件数据提交。

在右侧属性配置面板“高级”属性设置栏下“数据提交”选项可以设置表单数据提交情况，可以设置为“仅显示时提交”或“始终提交”；可以在“多端显示”栏中设置“PC 端显示”和“移动端显示”；在“动作设置”栏中单击“新建动作”按钮可以通过编写 JavaScript 代码实现更多功能；可以查看该“单选”组件“唯一标识”是 radioField_kwqh4jq9，如图 4-66 所示。

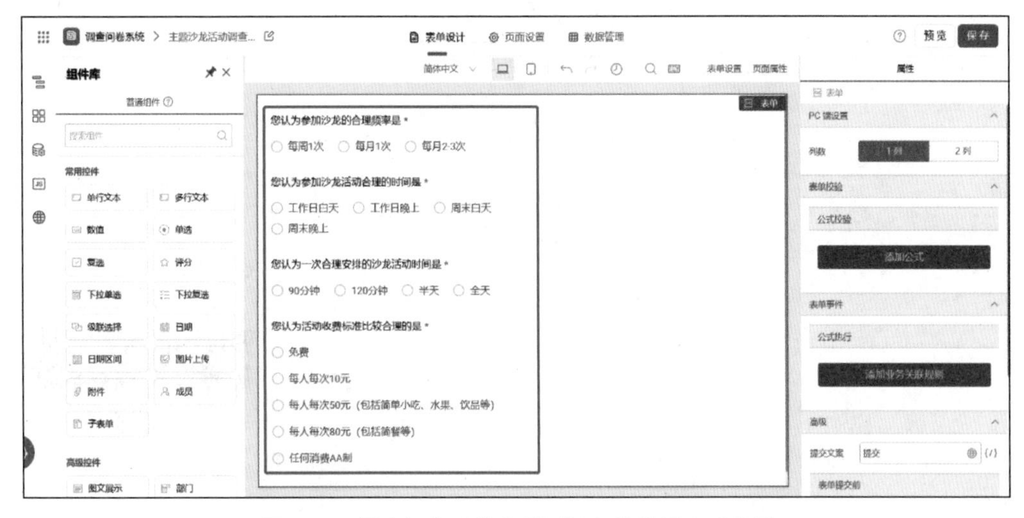

图 4-63　调查问卷系统中“单选”组件设置完成效果

图 4-64　“支持反选”属性设置操作示意

图 4-65　“状态”属性设置操作示意

图 4-66　“高级”属性设置界面

4.3.2　常用控件之“复选”

“复选”组件可用于一次性选择多个选项，例如在采购等场景中可以使用该组件，也可以在调查问卷系统中实现一题多选的功能。在“组件库”的“常用控件”栏中选择“复选”组件，以拖曳方式将其拉入中间画布区域，选择中间画布中“复选”组件，在右侧属性配置面板中选择“属性”栏。其中，“标题”指该组件的名称，标题的默认名称为该组件类型的名称，标题用于更好地识别需要填报的内容，该属性与“单选”组件“标题”属性设置相同。根据“主题沙龙活动调查问卷”业务需求将该“复选”组件标题设置为“您认为参加沙龙活动的主题应该有哪些(多选题)”，当右侧属性配置面板中“标题”属性发生改变时，中间画布中“复选”组件展示效果实时进行更新。在“复选”组件的右侧属性配置面板中“标题”“描述信息”“状态”“排列方式”“选项类型”等属性的设置操作相同。在“校验”栏中多了属性“最大长度”，单击“最大长度”属性中的“编辑”按钮，在弹出的设置界面中可以设置“最大长度”“错误提示”“启用”属性，根据“主题沙龙活动调查问卷”业务需求，将“标题”为“您认为参加沙龙活动的主题应该有哪些(多选题)”的“复选”组件选项批量设置为如图 4-67 所示。

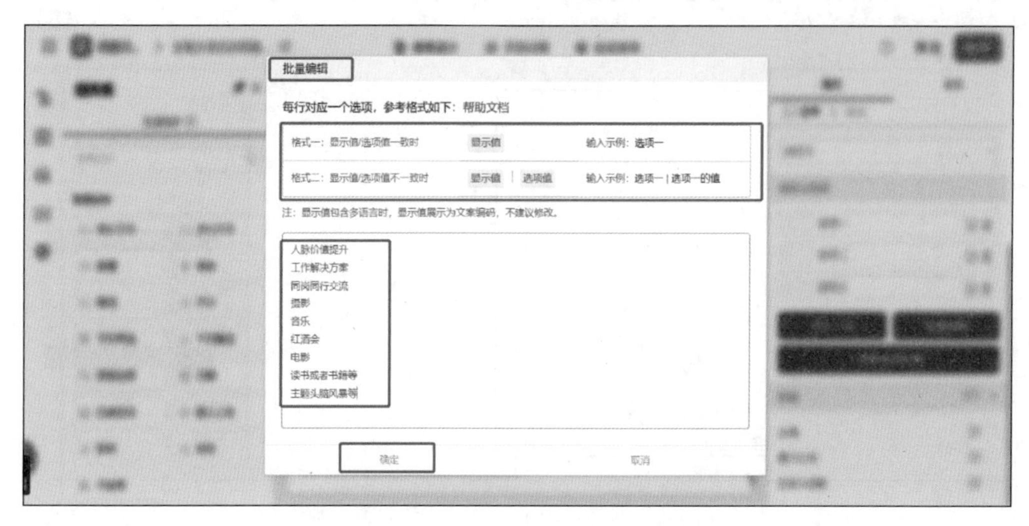

图 4-67　批量设置“复选”组件选项操作

参考本节对“复选”组件的介绍，在“主题沙龙活动调查问卷”中设置标题为“您认为参加沙龙活动的人数应该为多少人”“您参加过的沙龙活动不足之处有”的复选组件属性。当需要设置相同组件时，用户可以在中间画布中通过快捷键快速复制当前已经设置完成的组件，设置完成后在中间画布中会实时展示效果，如图 4-68 所示。

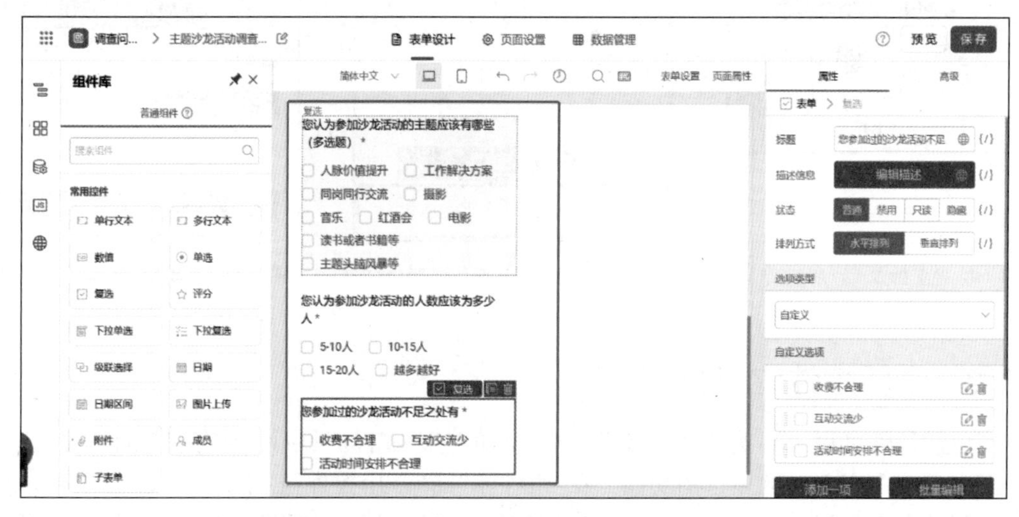

图 4-68　调查问卷系统中“复选”组件设置完成效果

4.3.3　常用控件之“单行文本”

“单行文本”组件可用于录入数字，例如身份证号、手机号、学号、员工编号、银行卡号、会员编号等；也可用于输入普通的文字。在“组件库”的“常用控件”栏中选择“单行文本”组件，以拖曳方式将其拉入中间画布区域，选择中间画布中的“单行文本”组件，在右侧属性配置面板中选择“属性”栏，其具有扫码模式、格式、校验、显示计数器、清除按钮等高级功能，可以通过 JavaScript 实现页面跳转等功能。

其中，“标题”指该组件的名称，根据“主题沙龙活动调查问卷”业务需求将该“单行文本”组件标题设置为“您希望沙龙活动的主题是什么?”,当右侧属性配置面板中“标题”属性发生改变时,中间画布中“单行文本”组件展示效果实时进行更新;“占位提示”属性描述该组件需要输入的内容提示信息,该信息仅用于提示,不会影响字段的值;“状态”属性与 4.3.1 节中设置操作相同,此处不赘述,将此“单行文本”组件“状态”设置为“普通”,如图 4-69 所示。

图 4-69　设置“单行文本”组件属性操作示意

“格式”属性可以设置为“无”“手机”“邮箱”“网址”“身份证号码”“密码”选项之一,如图 4-70 所示。本“单行文本”组件设置为“无”即可。

图 4-70　“格式”属性设置操作示意

“格式”选项对比如表 4-1 所示。

表 4-1　“格式”选项对比

“格式”选项	介　　绍
无	无任何设置,可以输入任何文本
手机	可以输入 11 位数字的手机号码,格式会验证 1 开头的 11 位数字
邮箱	当需要收集邮箱信息时,可以开启邮箱格式,参考格式:xxxx@xxx.com
网址	当需要输入网址时,可以开启网址格式,系统会进行网址校验
身份证号码	长度为 18,前 17 位为数字,最后一位可以是数字也可以是字母 X,如果最后一位是 X 之外的其他字母,则不符合身份证号码校验规则
密码	开启密码格式后,填写页面展示会是保密状态

"清除按钮"功能开启后，如果在"访问"或者"预览"界面中输入内容有误，可直接使用"清除"按钮一键清除，如图 4-71 所示。

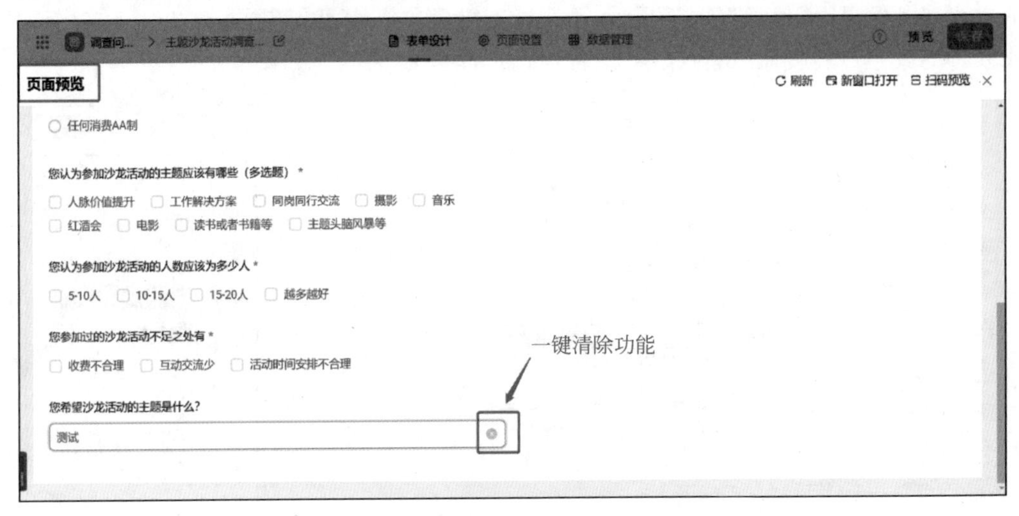

图 4-71　开启"清除按钮"功能后的界面效果

"显示计数器"功能开启后可设置该组件的字数上限，超出设置的字数上限后，会进行校验提示，如图 4-72 所示。

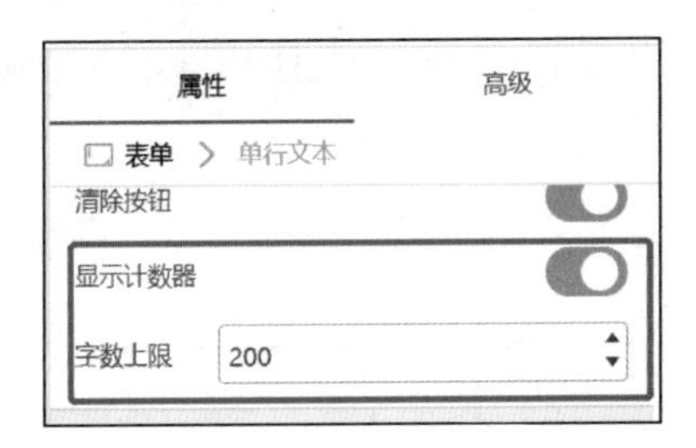

图 4-72　开启"显示计数器"功能设置操作示意

此处设置"字数上限"为 200，在中间画布中会实时更新展示效果，如图 4-73 所示。

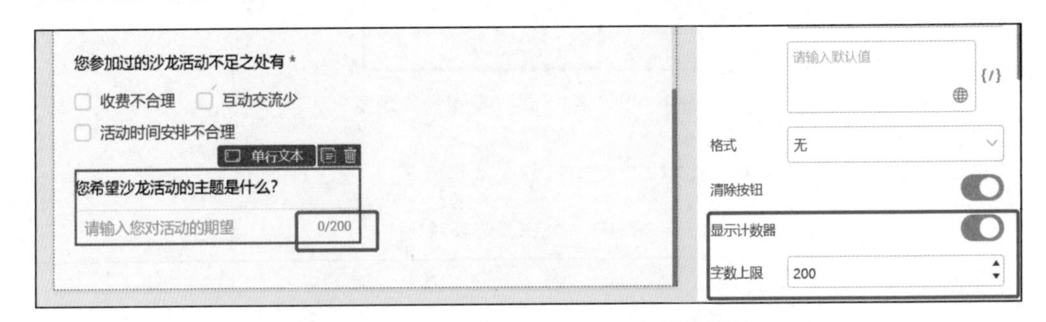

图 4-73　"显示计数器"在中间画布展示效果

"扫码模式"功能开启后用户可以调用钉钉的扫码功能，快速将"二维码""条形码"的信息输入到"单行文本"组件，常用于设备巡查、资产盘点等需要扫码输入的场景。如图 4-74 所示，开启"扫码模式"功能后可以设置"扫码类型"，"扫码类型"有"全部""仅条形码""仅二维码"三种；可以设置"允许修改扫码结果"选项。本"单行文本"组件无须开启"扫码模式"。

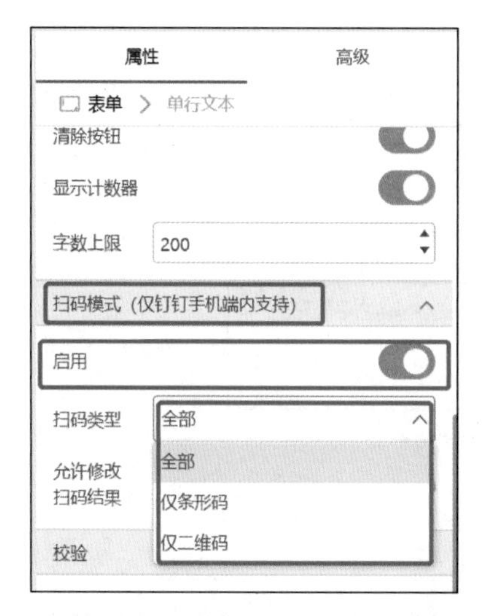

图 4-74　设置“扫码模式”功能操作示意

“校验”属性栏下可以设置“必填”“最小长度”“最大长度”“自定义函数”，如图 4-75 所示。本例中“单行文本”组件需要设置为“必填”。

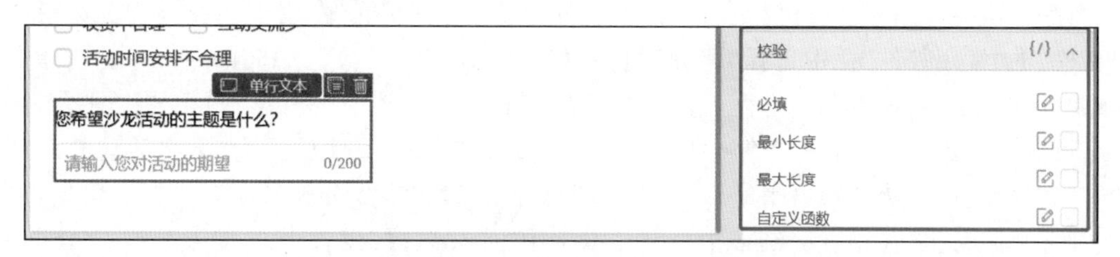

图 4-75　“单行文本”组件“校验”属性设置操作示意

4.3.4　常用控件之“多行文本”

“多行文本”组件可用于输入较长、较为复杂的内容，可任意录入多行内容，输入更多的信息，比如意见反馈等场景。在“组件库”的“常用控件”栏中选择“多行文本”组件，以拖曳方式将其拉入中间画布区域，选择中间画布中“多行文本”组件，在右侧属性配置面板中选择“属性”栏，其具有“多行文本高度”“校验”“显示计数器”等功能。其中，“标题”指该组件的名称，根据“主题沙龙活动调查问卷”业务需求，将该“多行文本”组件“标题”设置为“您对沙龙活动还有什么好的建议和意见请写在下方”；“占位提示”属性设置为“请写下您的建议谢谢”；“状态”属性与 4.3.3 节中图 4-69 所示的操作相同，此处不赘述，将此“多行文本”组件“状态”设置为“普通”；“多行文本高度”属性可以设置为自定义高度或“多行文本自动高度”，只有其中一个功能会生效，用户可以自定义高度，设置“多行文本高度”属性为 10 或开启“多行文本自动高度”功能，开启后，多行文本的高度可以随着输入内容的增多而自动增加多行文本输入框的高度。本例中“多行文本”自定义设置“多行文本高度”为 10；“校验”属性栏下可以设置“必填”“最小长度”“最大长度”“自定义函数”，将此“多行文本”组件“校验”属性中“必填”功能开启；“显示计时器”功能参考 4.3.3 节中图 4-72，将此“多行文本”组件“显示计数器”功能开启，并设置“字数上限”属性值为 500，在中间画布实时更新效果展示如图 4-76 所示。

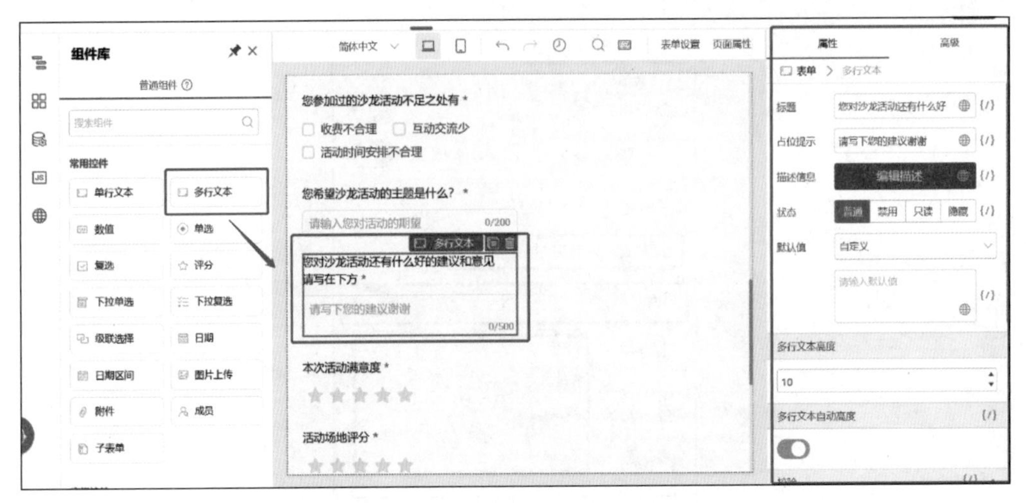

图 4-76　设置完成“多行文本”组件属性效果

4.3.5　常用控件之“评分”

“评分”组件可用于打分进行评价，比如事件评价、人物评价，多用于问卷调查等场景。在“组件库”的“常用控件”栏中选择“评分”组件，以拖曳方式将其拉入中间画布区域；选择中间画布中“评分”组件，在右侧属性配置面板中选择“属性”栏；其中可以设置“标题”“评分总数”“半星评分”“显示分数”“校验”等属性。将“评分”组件“标题”属性设置为“本次活动满意度”；“状态”属性设置为“普通”；“评分总数”属性即总分值，设置多少分就对应多少颗五角星，可以设置评分上限，通常采用五分制或十分制。本例中“评分总数”设置为 5，即五分制；“校验”属性栏下可以设置“必填”或“自定义函数”选项，此处选择“必填”，如图 4-77 所示。

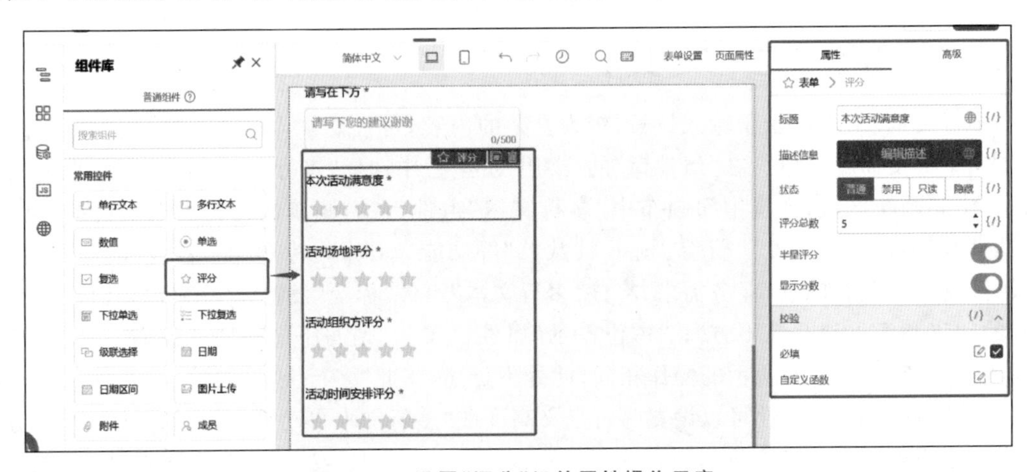

图 4-77　设置“评分”组件属性操作示意

“半星评分”属性可以获得更详细的评分，使评分更加准确，此“评分”组件设置“半星评分”功能开启，单击“预览”按钮进入该页面的预览界面；“显示分数”功能开启后，在打分时，将鼠标指针放在对应五角星上，下方会自动显示对应的分数，可以帮助提交人了解具体分值，此处“评分”组件设置开启“显示分数”功能，效果如图 4-78 所示。单击“预览”按钮进入该页面的预览界面。

在“主题沙龙活动调查问卷”中设置四个“评分”组件并设置它们的“标题”属性分别为“本次活动满意度”“活动场地评分”“活动组织方评分”“活动时间安排评分”。由于需要设置四个“评分”组件，用户可以在中间画布中通过快捷键快速复制当前已经设置完成的组件，设置完成后在中间画布中会实时展示效果，如图 4-79 所示。

图 4-78　“评分”组件“显示分数”功能开启后效果展示

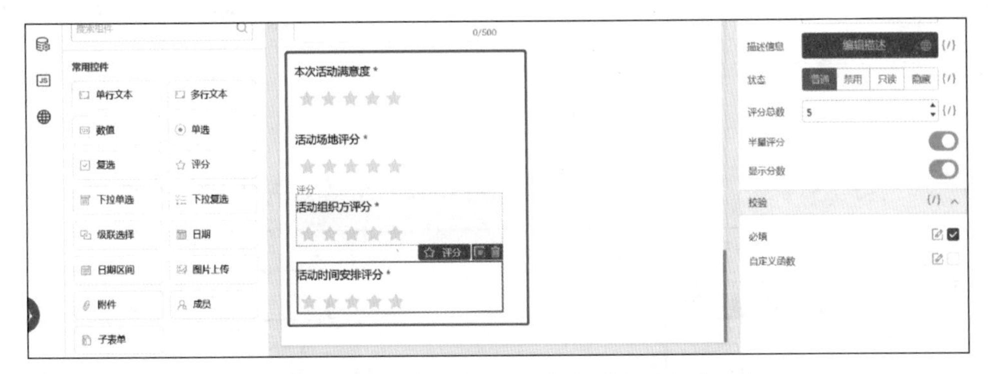

图 4-79　调查问卷系统中“评分”组件设置完成效果

4.3.6　常用控件之“图片上传”

“图片上传”组件可用于记录当前提交表单所需要的图片，例如上传身份证、发票等。在“组件库”的“常用控件”栏中选择“图片上传”组件，以拖曳方式将其拉入中间画布区域；选择中间画布中“图片上传”组件，在右侧属性配置面板中选择“属性”栏，其中可以设置标题、状态、默认值、上传类型、列表样式、按钮内容、按钮类型、多选和校验等属性。本节中“图片上传”组件“标题”属性设置操作过程与前面相同，将此“图片上传”组件“标题”属性设置为“本次活动中照片”；“状态”属性设置为“普通”；“默认值”属性设置为“无”，“上传类型”属性设置为“单击”；“校验”属性栏下可以设置“必填”和“自定义函数”，将此“图片上传”组件“校验”属性中“必填”功能开启，如图 4-80 所示。

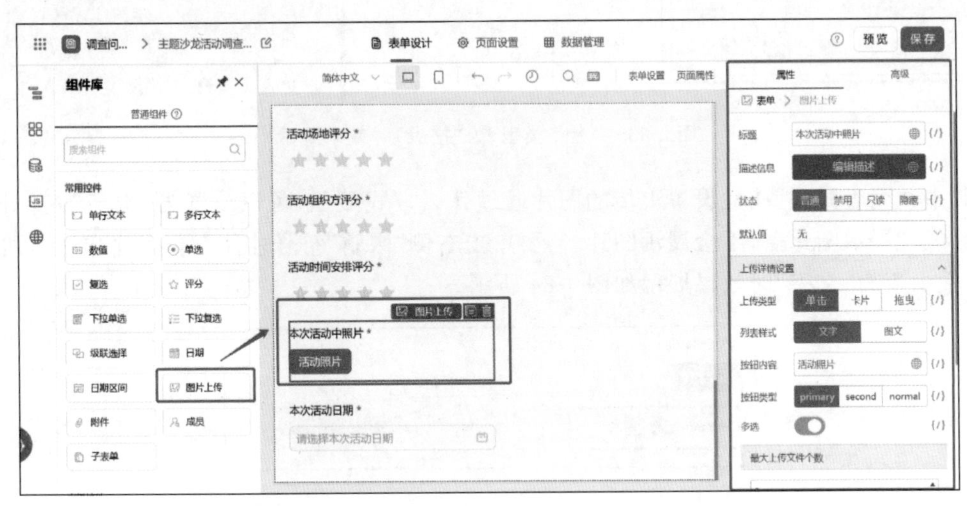

图 4-80　设置“图片上传”组件属性操作示意

其中,若“上传类型”设置为“单击”,在中间画布中该组件效果展示如图 4-81 所示。

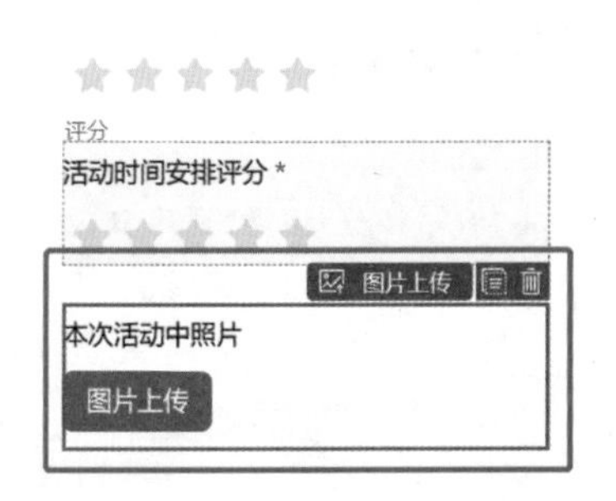

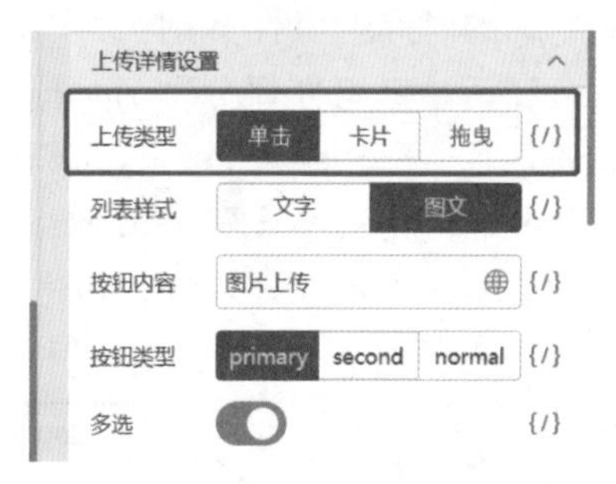

图 4-81 “上传类型”为“单击”时效果展示

若“上传类型”设置为“卡片”,在中间画布中该组件效果展示如图 4-82 所示。

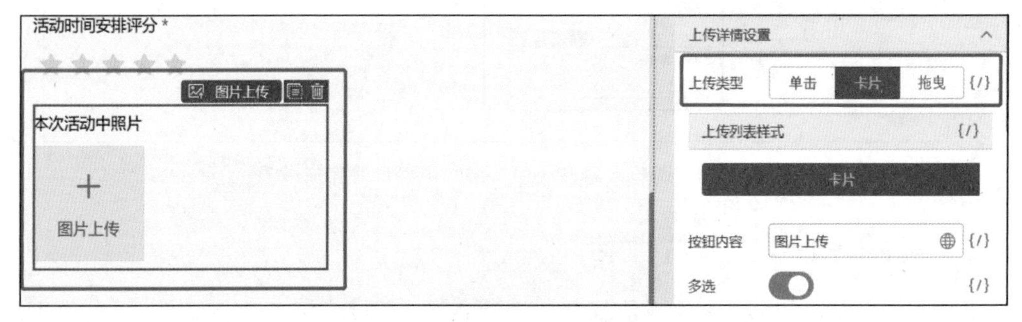

图 4-82 “上传类型”为“卡片”时效果展示

若“上传类型”设置为“拖曳”,在中间画布中该组件效果展示如图 4-83 所示。

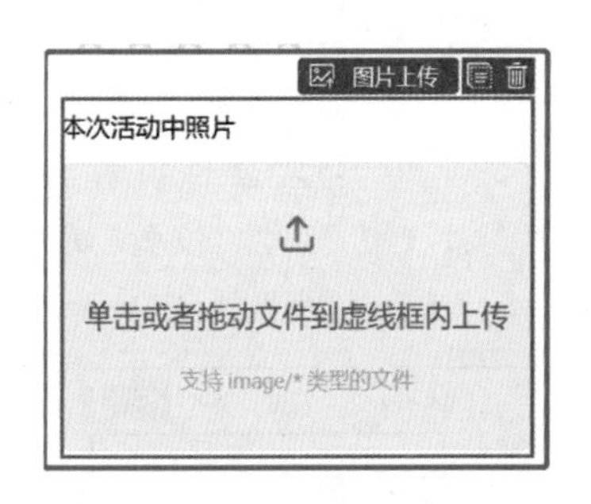

图 4-83 “上传类型”为“拖曳”时效果展示

其中,“列表样式”属性设置上传的图片通过什么方式显示,可以设置为“文字”或“图文”,其中“文字”展示图片名,不会展示图片,需要单击右侧“眼睛”符号才能查看图片详情,“列表样式”属性设置为“文字”时效果展示如图 4-84 所示。

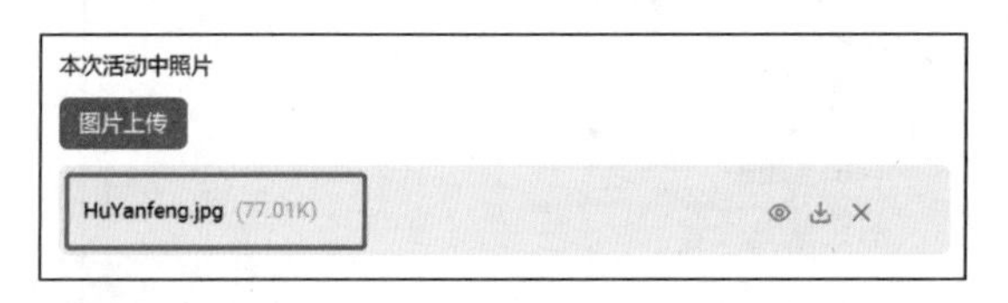

图 4-84 “列表样式”属性设置为“文字”效果展示

“图文”展示图片名和图片详情,如图 4-85 所示。

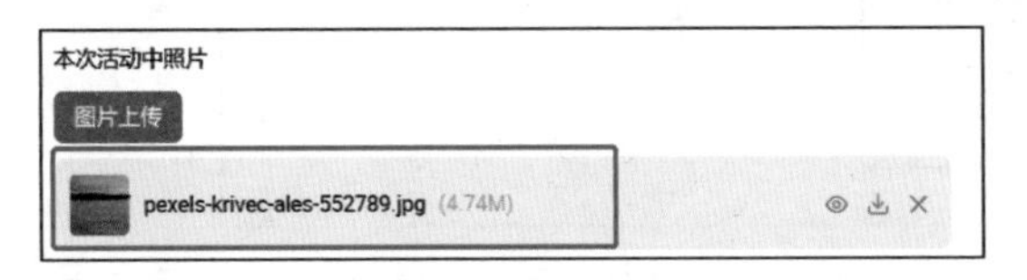

图 4-85　“列表样式”属性设置为“图文”效果展示

本例中“图片上传”组件“列表样式”设置为“图文”,如图 4-86 所示。

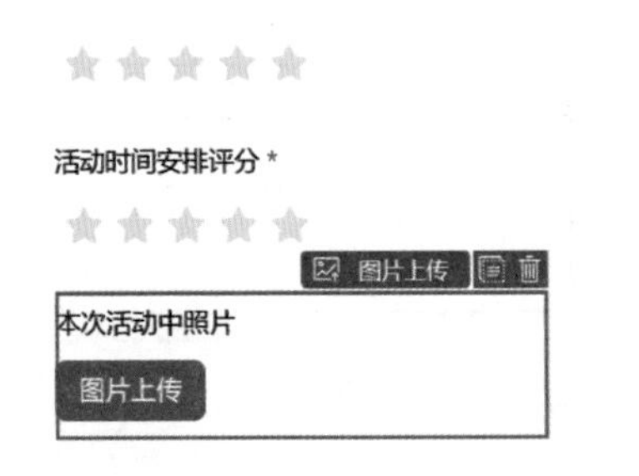

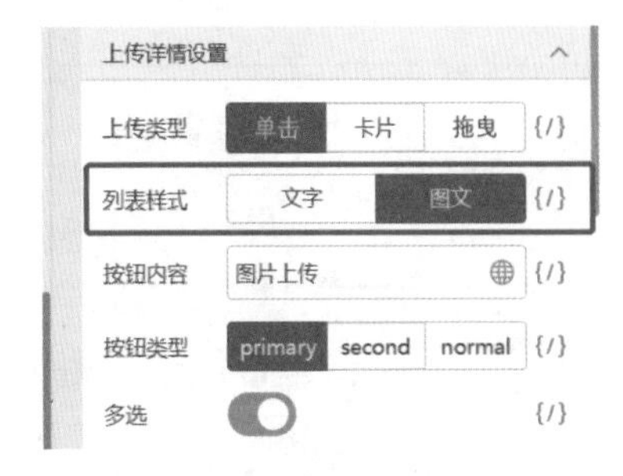

图 4-86　“图片上传”组件“列表样式”设置为“图文”操作示意

“按钮内容”属性可以修改按钮显示的名称,本例中“图片上传”组件“按钮内容”设置为“活动照片”,如图 4-87 所示。

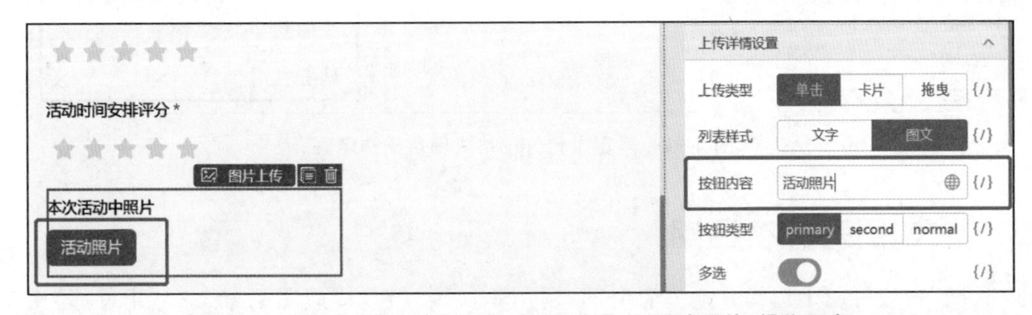

图 4-87　“图片上传”组件“按钮内容”设置为“活动照片”操作示意

“按钮类型”属性可以自定义按钮颜色,系统默认为 primary 选项,本例中“图片上传”组件采用默认设置 primary 选项,如图 4-88 所示。若设置“按钮类型”属性为 primary,该按钮变成蓝色背景,白色文字;若设置“按钮类型”属性为 second,该按钮变成蓝色边框,白色背景色;若设置“按钮类型”属性为 normal,该按钮变成灰色边框,灰色文字。

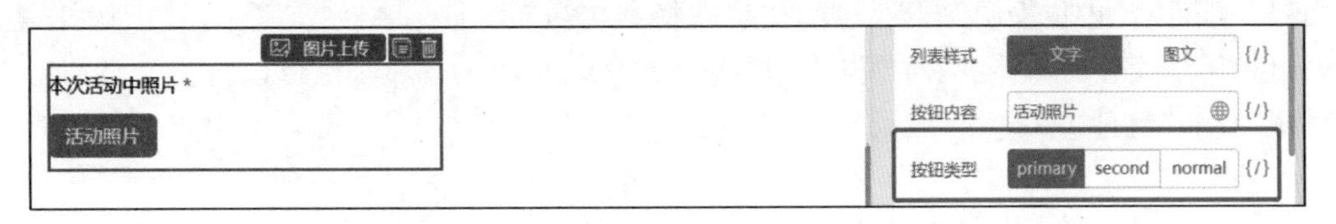

图 4-88　“图片上传”组件“按钮类型”属性设置为 primary 操作示意

“多选”功能关闭后一次就只能上传一张图片,开启该功能后一次可以上传多张照片,本例中“图片上传”组件“多选”功能设置为开启,并设置“最大上传文件个数”为“9”,如图 4-89 所示。

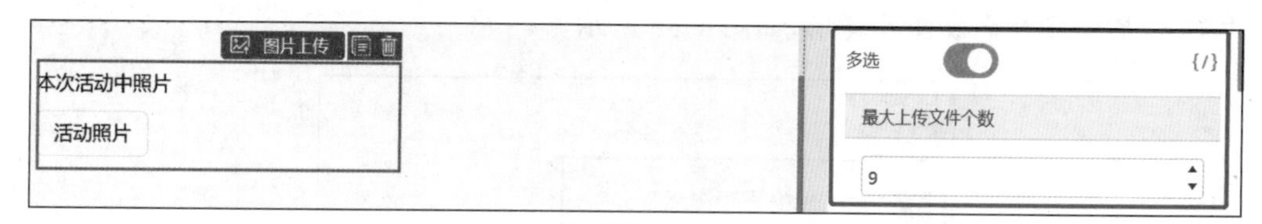

图 4-89 “图片上传”组件“多选”功能开启操作示意

“上传文件类型(多个以英文逗号,分隔)”属性自定义图片上传的文件类型,系统默认为 image/ * ,表示所有图片都可以上传,本例中“图片上传”组件采用默认设置,如图 4-90 所示。

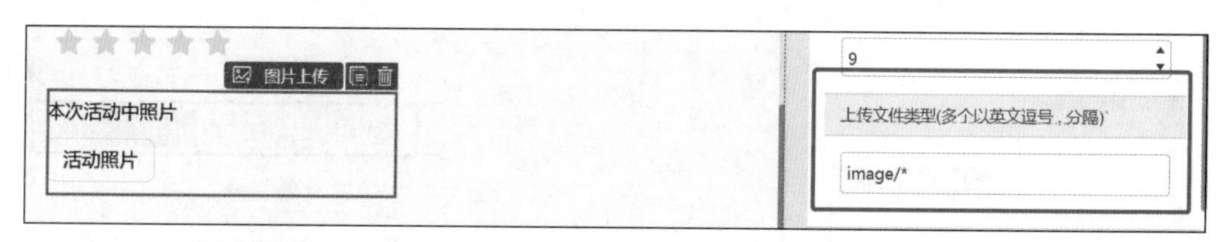

图 4-90 “图片上传”组件“上传文件类型”设置为 image/ * 操作示意

若只需要上传固定格式图片类型,可以输入具体的图片类型,以英文逗号隔开,可以设置为仅支持上传.jpg 格式,如图 4-91 所示。

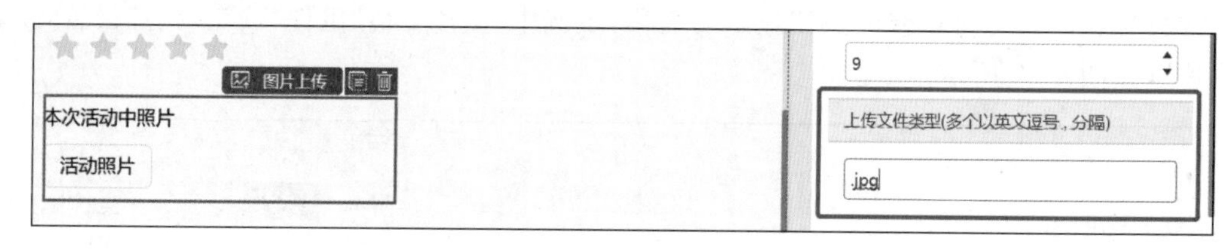

图 4-91 固定上传.jpg 格式图片操作示意

4.3.7 常用控件之“日期”

“日期”组件可用于选择日期或者时间,适用于加班、出差等应用场景。在“组件库”中“常用控件”栏中选择“日期”组件,以拖曳方式将其拉入中间画布区域;选择中间画布中“日期”组件,在右侧属性配置面板中选择“属性”菜单栏,其中可以设置“标题”“占位提示”“状态”“默认值”“格式”“清除按钮”“可选时间区间”“类型”“校验”等属性。本节中“日期”组件“标题”属性设置操作过程与前面相同,本例中“日期”组件“标题”属性设置为“本次活动日期”;“占位提示”属性是描述该组件需要输入的内容提示信息,该信息仅用于提示,不会影响字段的值,本例中“日期”组件将“占位提示”属性设置为“请选择本次活动日期”;“状态”属性设置为“普通”;“默认值”属性设置为“自定义”;“格式”属性默认格式为“年-月-日”,也可以自定义日期格式,本例中“日期”组件“格式”属性设置为“年-月-日”,在“格式”属性下拉菜单中有“年”“年-月”“年-月-日”“年-月-日 时:分”“年-月-日 时:分:秒”选项;开启“清除按钮”功能后在“访问”或者“预览”界面如果输入内容有误,可直接使用“清除”按钮一键清除,本例中“日期”组件“清除按钮”属性选择“开启”;“类型”属性下拉菜单中可以设置为“无限制”“可选今天之后(含今天)”“可选今天之前(含今天)”“不可选区间(含开始和结束)”“自定义”;本例中“日期”组件“类型”设置为“无限制”;“校验”属性栏下可以设置“必填”和“自定义函数”,将“日期”组件“校验”属性中“必填”功能开启,如图 4-92 所示。

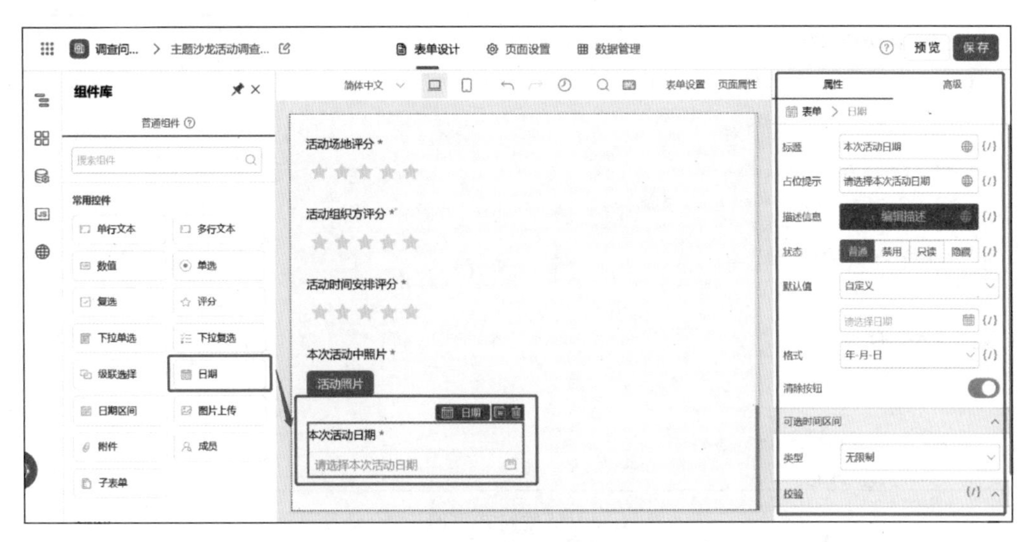

图 4-92　设置“日期”组件属性操作示意

4.3.8 “预览”功能

参考 4.3.1 节～4.3.7 节介绍与操作演示基本完成“主题沙龙活动调查问卷”的开发，在表单设计器界面单击“预览”按钮，进入“页面预览”界面，如图 4-93 所示。

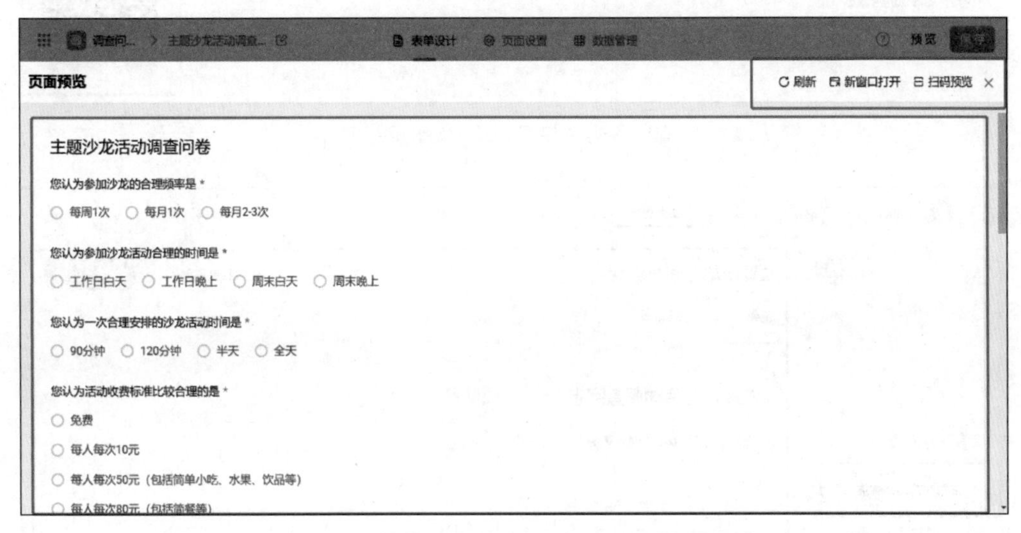

图 4-93　单击“预览”按钮弹出的界面操作示意

在图 4-93 所示界面中右上角设置有三个按钮：“刷新”“新窗口打开”“扫码预览”，其中“刷新”按钮可以重置该弹出的对话框中已修改内容。单击“新窗口打开”按钮，在新开界面中打开“主题沙龙活动调查问卷”预览界面，如图 4-94 所示。预览完成后，在表单开发界面单击“保存”按钮。

在图 4-93 所示界面中单击“扫码预览”按钮，会显示该页面二维码，如图 4-95 所示。

刷新“调查问卷系统”开发界面，在左侧表单列表栏选择“主题沙龙调查问卷”，右侧界面会进入该表单的预览界面，如图 4-96 所示。

主题沙龙活动调查问卷

您认为参加沙龙的合理频率是 *

○ 每周1次 ○ 每月1次 ○ 每月2-3次

您认为参加沙龙活动合理的时间是 *

○ 工作日白天 ○ 工作日晚上 ○ 周末白天 ○ 周末晚上

您认为一次合理安排的沙龙活动时间是 *

○ 90分钟 ○ 120分钟 ○ 半天 ○ 全天

您认为活动收费标准比较合理的是 *

○ 免费

○ 每人每次10元

○ 每人每次50元（包括简单小吃、水果、饮品等）

○ 每人每次80元（包括简餐等）

图 4-94　预览新开界面示意

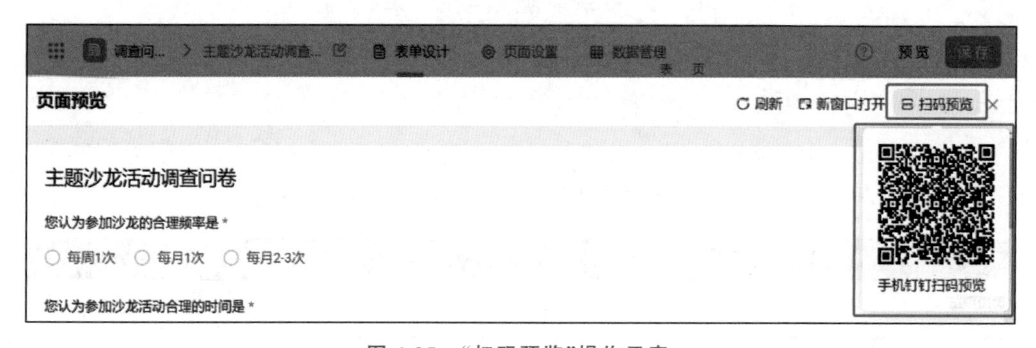

图 4-95　“扫码预览”操作示意

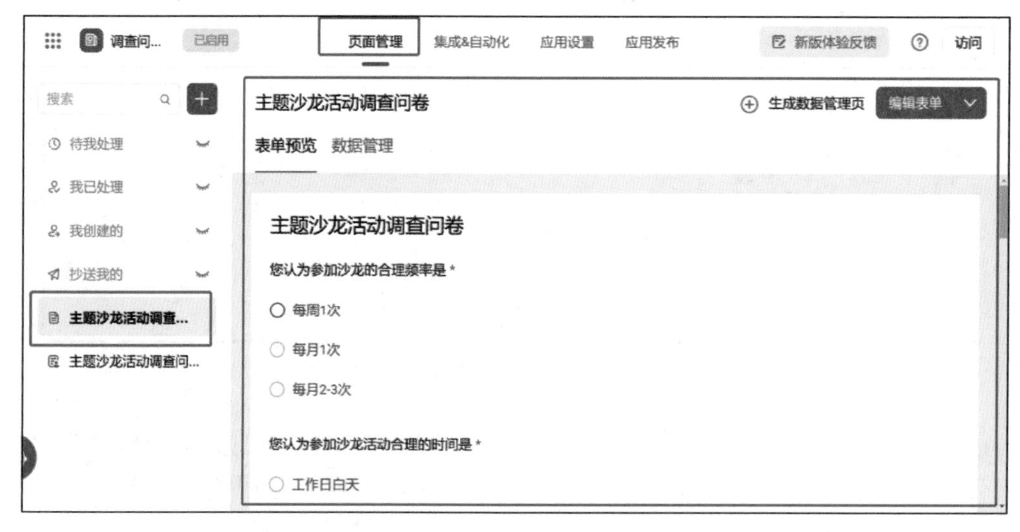

图 4-96　开发界面中表单预览界面

4.3.9　应用发布与访问

在“调查问卷系统”开发界面中顶部菜单栏选择“应用发布”分栏，在“应用发布”分栏界面中启用应用，参考 2.8.1 节内容完成启用“调查问卷系统”宜搭应用。“启用”功能使该应用启用，如图 4-97 所示。

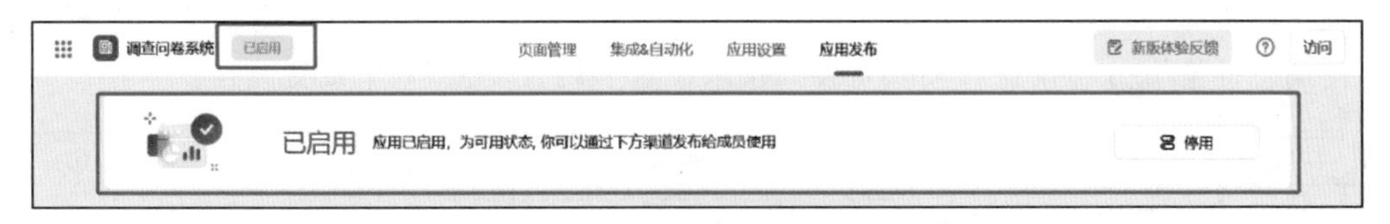

图 4-97　“启用”功能操作示意

应用启用后，单击顶部菜单栏中“访问”按钮进入该应用，如图 4-98 所示。

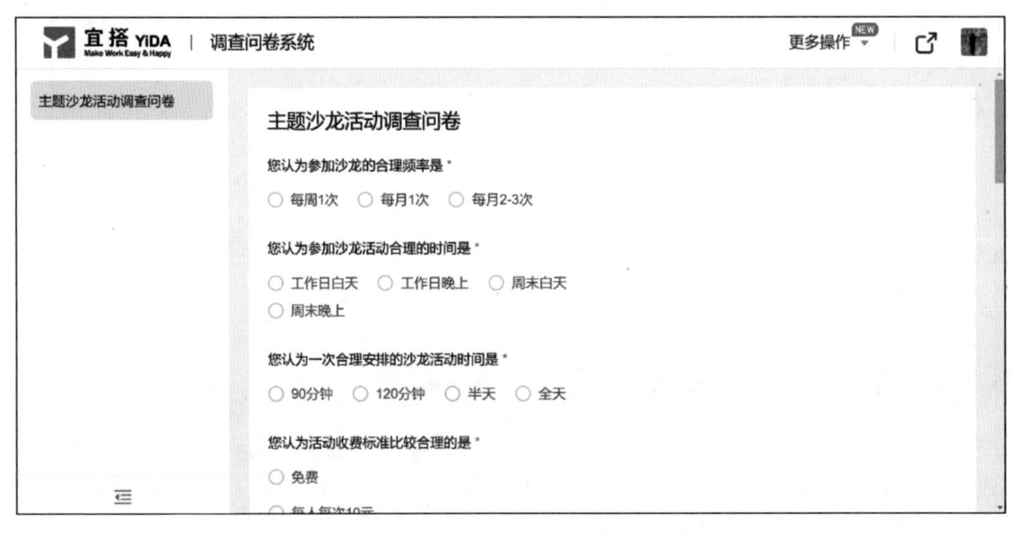

图 4-98　在应用中填写表单操作示意

4.4　普通表单页面设置

视频讲解

实验操作

本节以“调查问卷系统”宜搭应用为例介绍普通表单页面设置。在该宜搭应用开发界面左侧表单列表栏选择“主题沙龙调查问卷”，在右侧该操作界面中打开“编辑表单”按钮右侧下拉菜单，该菜单中有“表单设计”“页面设置”“数据管理”三个表单设置界面快捷入口按钮，如图 4-99 所示。

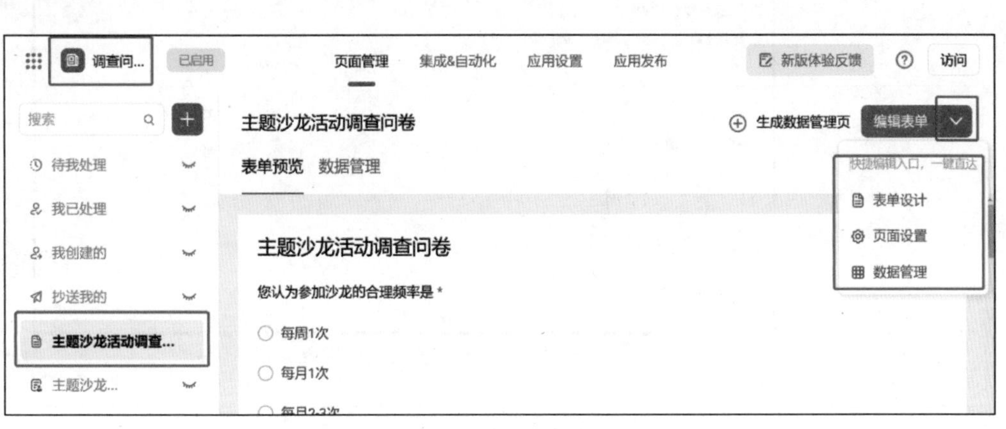

图 4-99　普通表单页面设置快捷入口示意

单击“页面设置”按钮，进入“主题沙龙调查问卷”的“页面设置”分栏界面，如图 4-100 所示。页面设置主要用于表单类型页面的设置。在“页面设置”分栏界面左侧菜单栏中有“基础设置”“消息通知”“分享设置”“关联列表”“权限设置”“内置变量”六个设置分栏。

图 4-100 “页面设置”分栏界面示意

视频讲解

4.5 页面设置之“基础设置”

参考图 4-100，在“页面设置”分栏界面左侧设置菜单栏中选择“基础设置”设置分栏，右侧界面进入“基础设置”设置分栏界面，如图 4-101 所示。在该界面中可设置“常用设置”和“高级设置”，设置完成后单击“保存”按钮完成基础设置。

实验操作

图 4-101 “基础设置”设置分栏界面示意

4.5.1　修改页面名称

修改页面名称有两种方式，并且当前修改表单名称只对新提交的数据生效，之前已经提交的表单名称不会改变。其中，方式一是在“调查问卷系统”开发界面左侧列表栏中，选择要修改的页面，单击该页面齿轮图标，选择“修改名称”即可进行修改，如图 4-102 所示。

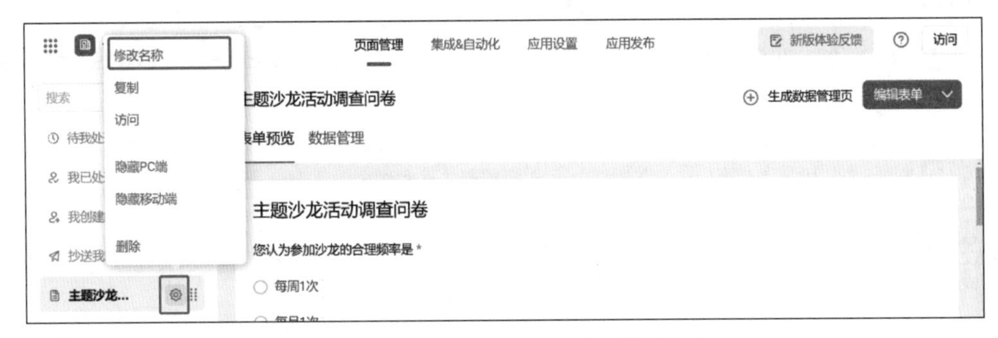

图 4-102　修改页面名称方式一操作示意

在图 4-102 所示界面中单击“修改名称”按钮后，在“页面名称”弹出的设置界面中修改该普通表单页面名称，如图 4-103 所示。

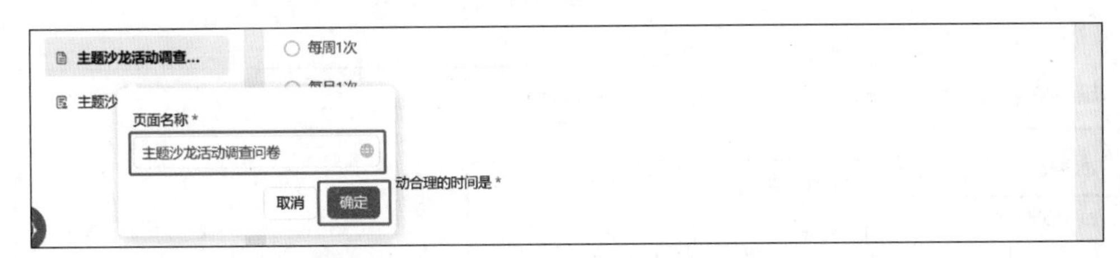

图 4-103　“页面名称”弹出的设置界面示意

方式二是在“主题沙龙调查问卷”编辑界面顶部操作栏单击“页面名称”右侧“修改”符号，即可以在“页面名称”栏中修改页面名称，如图 4-104 所示。

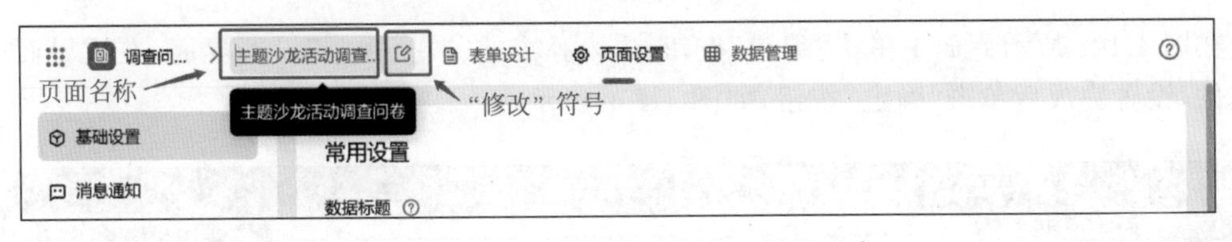

图 4-104　修改页面名称方式二操作示意

4.5.2　设置数据标题

设置数据标题的作用是，在详情页可以看到显示的数据标题，如图 4-105 所示；或者在数据管理页查看数据标题，如图 4-106 所示。

在“基础设置”设置分栏界面中“数据标题”功能可以设置为“默认标题”和“自定义”，如图 4-107 所示。其中，“默认标题”规则为“发起人”发起的“页面名称”。

用户可以自定义数据标题，自定义标题仅支持“单行文本”组件、“数字”组件、“单选”组件和“下拉单选”组件来拼接显示标题，并且被选中的组件需要设置开启“必选”功能。在图 4-107 所示界面中选择“自定义”选项，如图 4-108 所示。

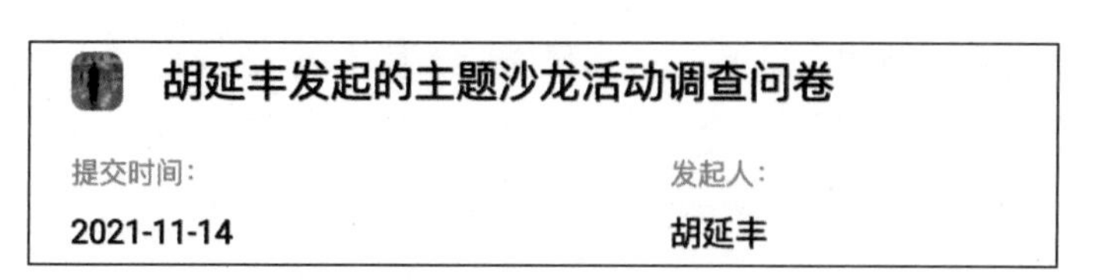

图 4-105　在详情页查看数据标题示意

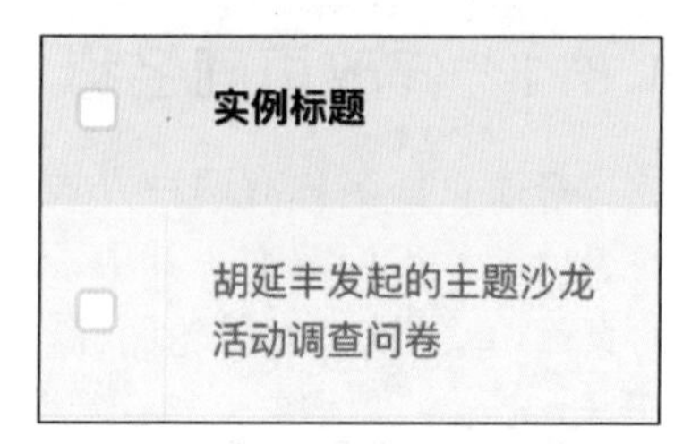

图 4-106　在数据管理页查看数据标题示意

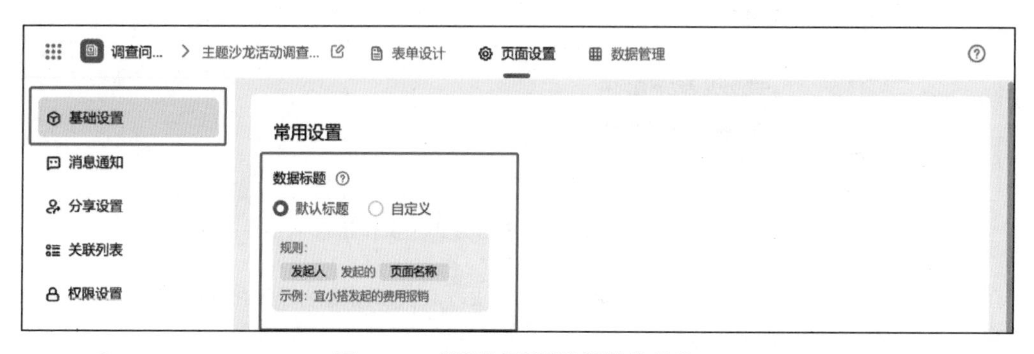

图 4-107　“默认标题”配置操作示意

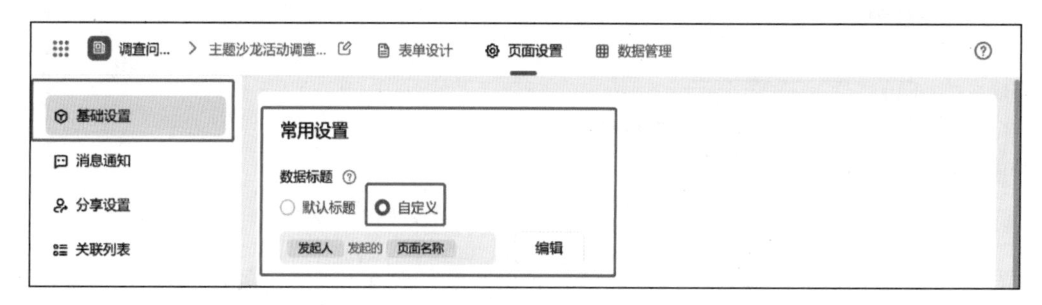

图 4-108　自定义“默认标题”配置操作示意

在图 4-108 所示界面中单击“编辑”按钮，进入弹出的“数据标题”设置界面，在该界面中选择组件，设置完成后单击“确定”按钮，如图 4-109 所示。

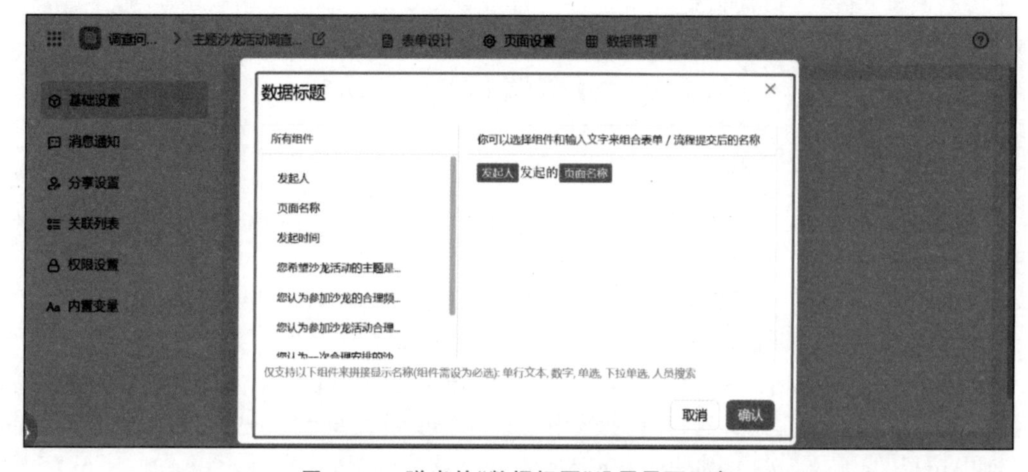

图 4-109　弹出的“数据标题”设置界面示意

4.5.3 设置页面提交后跳转的页面

设置页面提交后跳转的页面的作用是提交表单后将会跳转到指定页面。

在“基础设置”设置分栏界面中“页面提交后跳转的页面”功能可以设置为“默认页面”“应用内页面”“外部链接”，如图 4-110 所示。

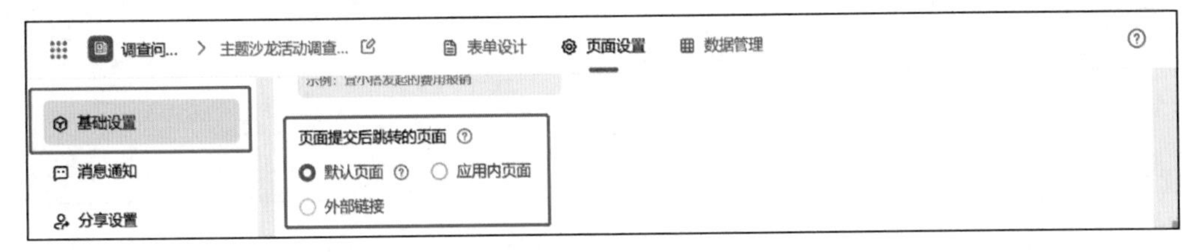

图 4-110　“页面提交后跳转的页面”设置操作示意

在图 4-110 所示界面中设置“页面提交后跳转的页面”为“默认页面”，效果如图 4-111 所示。本普通表单此处设置为“默认页面”。

图 4-111　“默认页面”效果展示

在图 4-110 所示界面中设置“页面提交后跳转的页面”为“应用内页面”，在“选择页面”下拉菜单中选择本宜搭应用内表单页面，如图 4-112 所示。

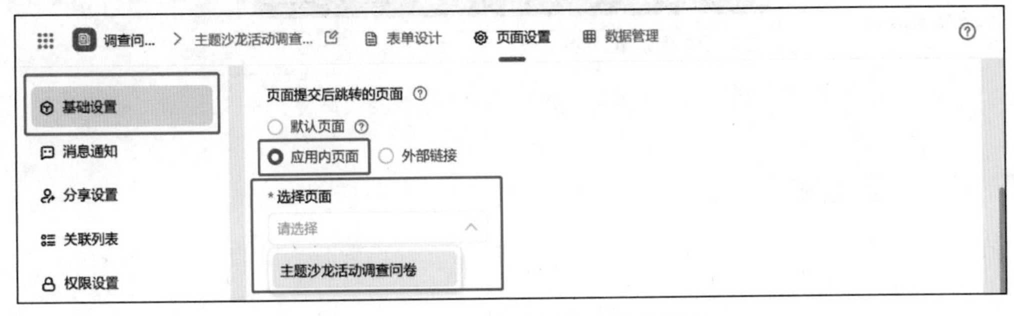

图 4-112　设置“应用内页面”操作示意

在图 4-110 所示界面中设置“页面提交后跳转的页面”为“外部链接”，在“外部链接”必填单行文本框内设置链接，如图 4-113 所示。

图 4-113　“外部链接”配置操作示意

4.5.4　设置提交规则

表单提交规则设置“同一账号仅能提交一次”的作用是同一账号不支持重复提交实例。

在“基础设置”设置分栏界面中“提交规则”功能可以设置是否开启“同一账号仅能提交一次”功能，设置开启后，同一账号则不支持重复提交实例。该“同一账号仅能提交一次”功能默认“关闭”，如图 4-114 所示。此处需要注意的是，提交规则对批量导入的 Excel 数据不生效。

图 4-114　“提交规则”设置操作示意

若开启“同一账号仅能提交一次”功能，当用户再次进入提交实例界面时，单击“提交”按钮，则会提示“不满足提交规则”无法提交，如图 4-115 所示。

图 4-115　“不满足提交规则”无法提交效果展示

4.5.5　设置隐藏导航

在“基础设置”设置分栏界面中“隐藏导航”功能可以设置是否开启“隐藏导航(不显示顶部)”功能，如图 4-116 所示。

本例中普通表单设置“隐藏导航”功能为“开启”，完成设置后单击“保存”按钮，该表单访问界面效果如图 4-117 所示。

若关闭“隐藏导航”功能，该表单访问界面效果如图 4-118 所示。

图 4-116 “隐藏导航”设置操作示意

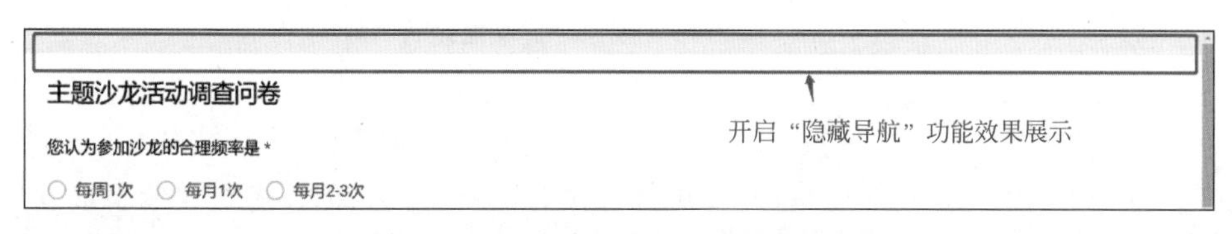

图 4-117 开启“隐藏导航”功能效果展示

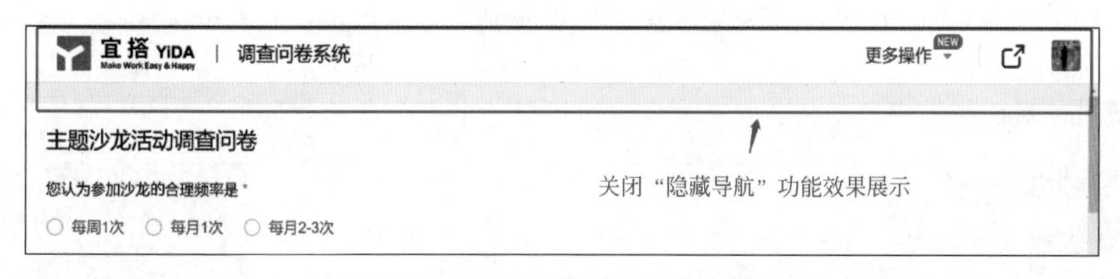

图 4-118 关闭“隐藏导航”功能效果展示

4.6 页面设置之“消息通知”

消息通知是在表单发起编辑等阶段或者流程开始、结束和流程节点操作后，通知给指定人员消息的功能。参考图 4-100，在“页面设置”分栏界面左侧设置菜单栏中选择“消息通知”设置分栏，右侧界面进入“消息通知”设置分栏界面，如图 4-119 所示。

图 4-119 “消息通知”设置分栏界面示意

在图 4-119 所示的“消息通知”设置分栏界面中单击“新建通知”按钮，在弹出的“新建通知”设置界面中可以设置“触发条件”“通知人员类型”“通知模板”，如图 4-120 所示。

图 4-120　弹出的“新建通知”设置界面示意

4.6.1　设置触发条件

在图 4-120 所示界面中“触发条件”为单选选项，可以设置为“创建成功”“编辑成功”“删除成功”“评论成功”“页面指定内容变化”，如图 4-121 所示。本节普通表单“触发条件”设置为“创建成功”。创建成功：表单实例发起完成后发送通知；编辑成功：表单实例进行编辑完成后发送通知；删除成功：表单实例被删除后发送通知；评论成功：表单实例有人添加评论时发送通知；页面指定内容变化：编辑时修改到指定的字段会发送消息。

图 4-121　“触发条件”设置操作示意

4.6.2　设置通知人员类型

在图 4-120 所示界面中“通知人员类型”为多选选项，可以设置为“按参与人通知”“按角色通知”“按指定人员通知”“按页面内组件通知”“发送到当前群”，如图 4-122 所示。本表单“通知人员类型”设置为“按指定人员通知”，在“按人员通知”栏中选择通知成员。

其中，“按参与人通知”是指发送消息通知给通知发起人；“按角色通知”是指发送消息通知给平台管理中配置的角色；“按指定人员通知”是指发送消息通知给指定成员；“按页面内组件通知”是指发送消息通知给表单的成员组件，通知表单中指定的人员；“发送到当前群”是指发送通知到有宜搭快捷栏入口的所有群。

图 4-122 “通知人员类型”设置操作示意

4.6.3 设置通知模板

在图 4-120 所示界面中“通知模板”下拉菜单中选择已经创建的消息通知模板，如图 4-123 所示。通过“消息通知”界面新建，单击“创建消息模板”按钮在新开页面进入如图 1-56 所示的界面。

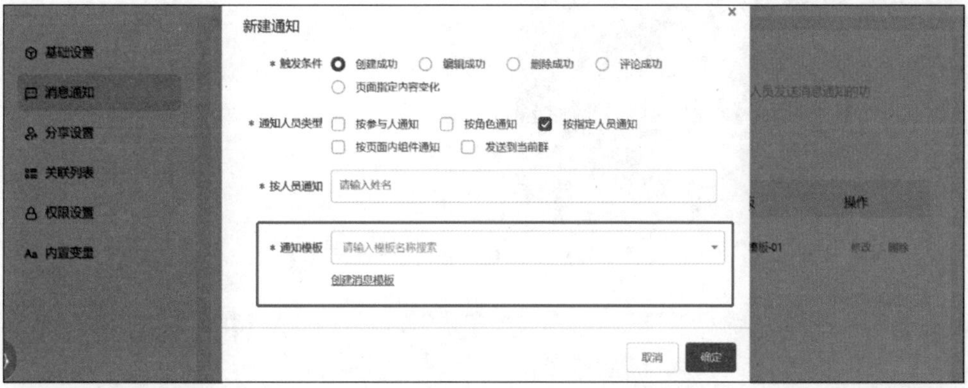

图 4-123 “通知模板”界面示意

本节普通表单在“通知模板”下拉菜单中选择已经创建完成的消息模板，单击“确定”按钮后，在“消息通知”设置分栏界面中可以查看到设置的消息通知，在“操作”栏中可以对该消息通知进行“修改”或“删除”，如图 4-124 所示。

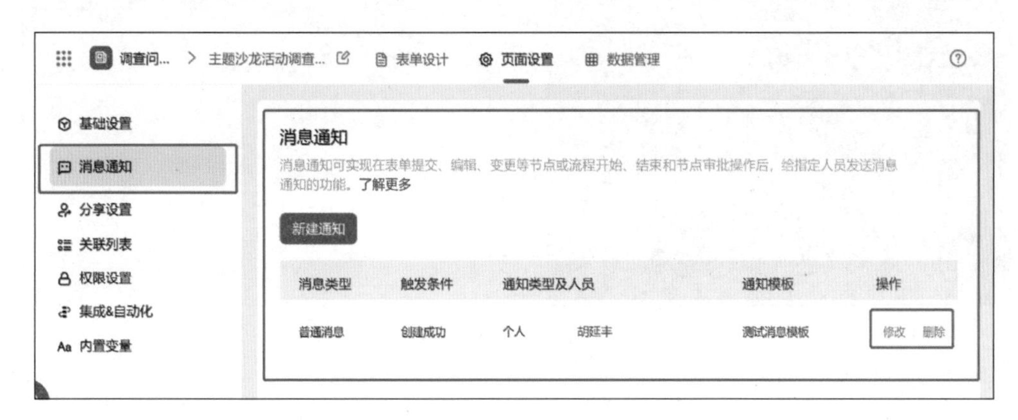

图 4-124 设置完成“通知模板”效果示意

4.6.4 创建消息模板

在图 4-123 所示界面中单击“创建消息模板”按钮进入如图 1-56 所示的“消息通知”分栏界面，在“消息通知”界面单击“新建模板”按钮进入如图 1-57 所示的界面。在该界面中设置“模板类型”为“普通消息”；设置“模板名称”为“测试消息模板 01”；在“管理员”下拉列表中选择组织中成员；设置“通知方式”栏中“消息标题”为“收到一张调查问卷”；设置“通知方式”栏中“消息内容”为“请单击下方查看详情”，单击“确定”按钮完成设置。设置完成后，单击“保存”按钮完成新建模板，如图 4-125 所示。

图 4-125 “新建模板”操作示意

设置完成后可以在“消息通知”分栏界面中单击“修改”按钮进入弹出的“编辑模板”设置界面对该消息模板修改，编辑完成后单击“保存”按钮保存编辑，如图 4-126 所示。

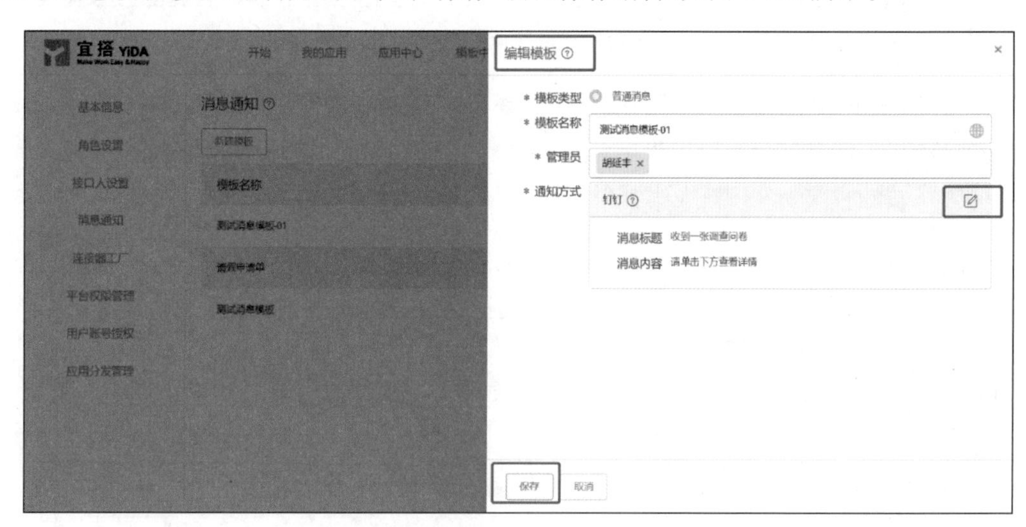

图 4-126 弹出的“编辑模板”设置界面示意

4.6.5 消息通知效果展示

参考 4.6.3 节和 4.6.4 节内容完成"主题沙龙活动调查问卷"消息通知设置，访问"调查问卷系统"提交"主题沙龙活动调查问卷"普通表单，在 4.6.2 节中设置的"通知人员类型"的成员在钉钉客户端会收到通知消息，如图 4-127 所示。

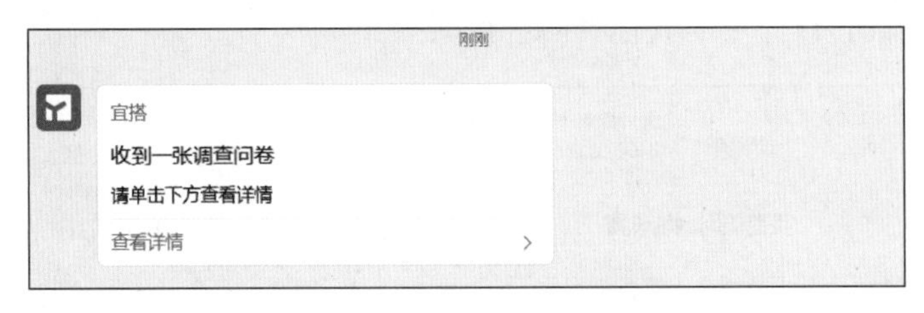

图 4-127 "消息通知"效果展示

4.7 页面设置之"分享设置"

视频讲解

实验操作

表单的分享设置是将当前页面通过链接的方式分享给其他人员，分享的链接分为长链接、短链接以及免登访问。在"页面设置"分栏界面左侧设置菜单栏中选择"分享设置"设置分栏，右侧界面进入"分享设置"设置分栏界面，如图 4-128 所示。

图 4-128 "分享设置"设置分栏界面

4.7.1 如何分享链接

参考图 4-128 中“默认访问地址”信息栏，单击该栏末端“复制”按钮即可复制分享链接，如图 4-129 所示，单击“访问”按钮即可进入该页面，此处主要是通过分享的链接地址进入该页面，默认只显示该页面，该应用的其他页面会被隐藏。

图 4-129　复制页面“访问地址”操作示意

4.7.2 自定义访问地址

自定义访问地址即可设置短链接，短链接在整个宜搭平台是唯一的，不可以重复，一旦设置永久有效。设置短链接可以让用户更好地记住表单的地址，也可以更好地分享。在“主题沙龙活动调查问卷”菜单栏“页面设置”中“分享设置”分栏的“自定义访问地址”中输入短链接，本例输入 share_link_01，单击该信息栏末端的“复制”按钮即可复制设置完成的短链接，如图 4-130 所示，单击“保存”按钮完成设置。

图 4-130　自定义访问地址设置操作示意

4.7.3 移动端访问地址

参考 4.7.1 节的方法，在“主题沙龙活动调查问卷”页面“页面设置”中“分享设置”分栏中“移动端访问地址”信息栏末端单击“复制”按钮即可复制该页面链接；也可以单击末端“二维码”按钮，生成分享二维码，可下载二维码或者直接将二维码截图分享到钉钉客户端，如图 4-131 所示，单击“保存”按钮保存设置。

图 4-131　移动端二维码访问分享操作示意

4.7.4　设置免登访问

“免登访问”功能可以让用户无须登录宜搭，直接单击链接或者扫描二维码去填写表单数据，适用于做匿名调查问卷等应用场景。在“主题沙龙活动调查问卷”菜单栏“页面设置”中“分享设置”分栏下，开启“免登访问”功能，可以自定义设置免登访问链接，本例中“主题沙龙活动调查问卷”开启“免登访问”功能，如图 4-132 所示，单击“保存”按钮完成设置。

图 4-132　设置“免登访问”操作示意

免登访问影响说明：通过免登链接访问时，页面提交人为“匿名”；页面提交的唯一性校验不可以用；在免登情况下，免登页面访问、变更当前应用其他表单数据，平台在配置上不做限制，由此可能会造成信息泄露的风险，由应用管理员自行承担该风险。免登访问由于无须登录，因此是脱离架构的，在表单中无法使用成员及部门等组件。

视频讲解

4.8 页面设置之“关联列表”

通过关联列表的配置，可实现在被关联的表单的相关页面的聚合展示，轻松完成数据关联的增加、删除、修改、查询。在“页面设置”分栏界面左侧设置菜单栏中选择“关联列表”设置分栏，右侧界面进入“关联列表”设置分栏界面，如图 4-133 所示。

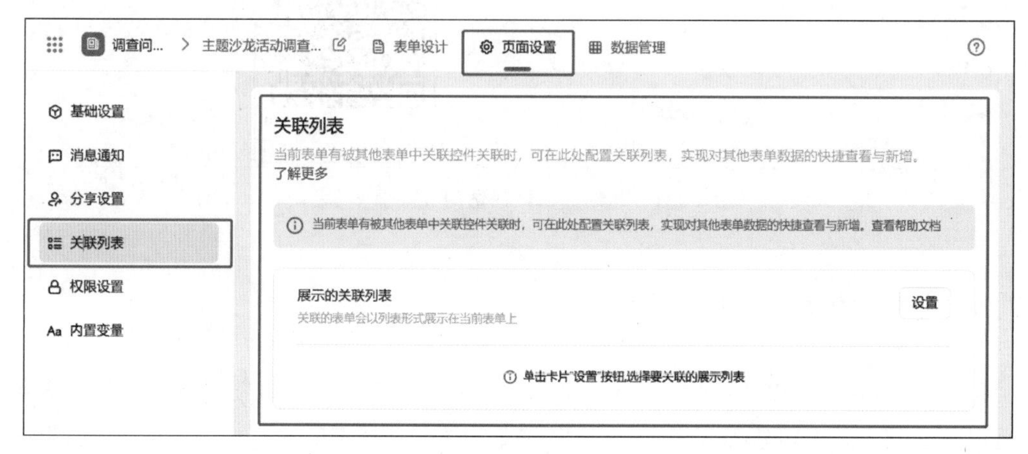

图 4-133 “关联列表”设置分栏界面

在“关联表单”设置分栏界面中“展示的关联列表”栏单击“设置”按钮可以设置关联的展示列表，设置完成后单击“保存”按钮，如图 4-134 所示。

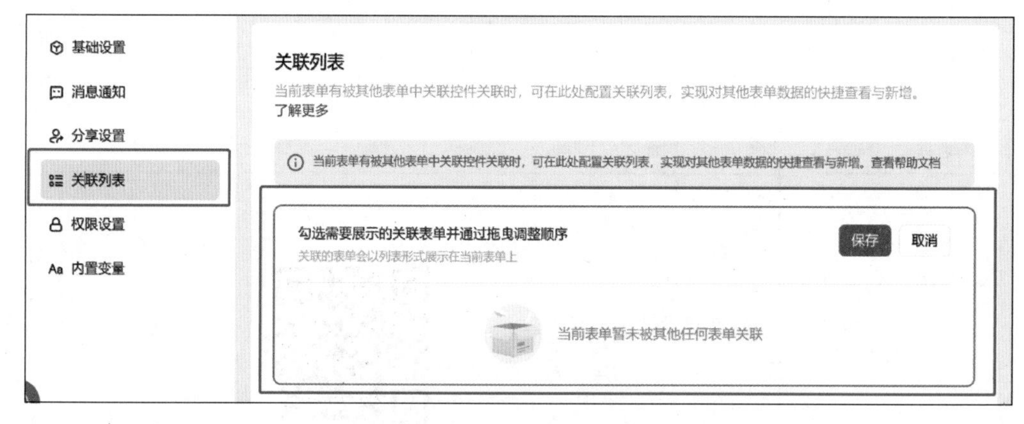

图 4-134 设置关联的展示列表操作示意

视频讲解

实验操作

4.9 页面设置之“权限设置”

进行数据收集或分析时，通常会要求员工填写数据或者发起流程，但是由于保密性，初级员工一般只允许查看自己提交的数据，部门主管只允许查看本部门的数据，高层领导则允许查看下级部门员工提交的数据，而负责问卷调查的员工则只可以看到匿名提交的数据。那么基于这些场景需要对表单进行权限设置，在“页面设置”分栏界面左侧设置菜单栏中选择“权限设置”设置分栏，右侧界面进入“权限设置”设置分栏界面，如图 4-135 所示。

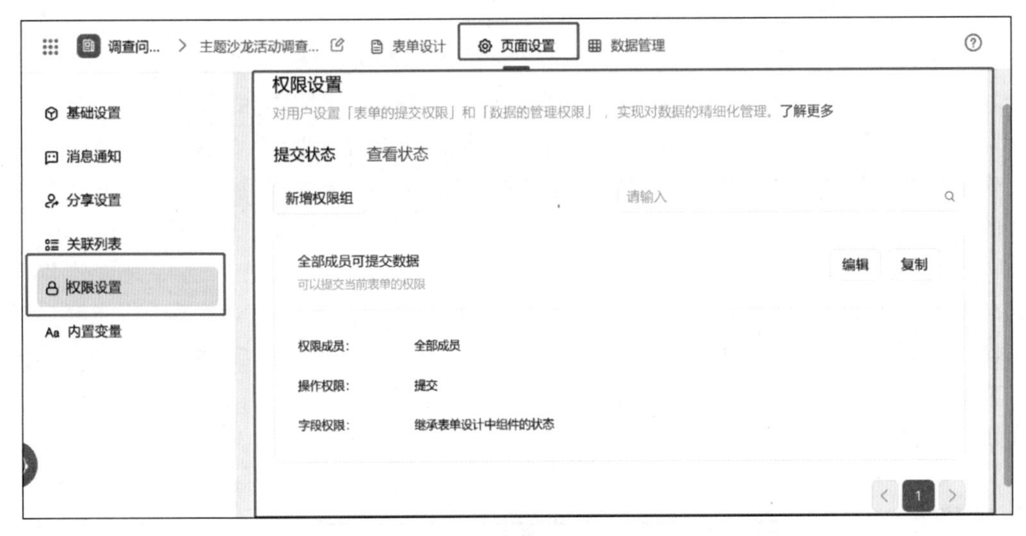

图 4-135　“权限设置”设置分栏界面

4.9.1　提交状态权限

在图 4-135 所示的“提交状态”栏中单击“编辑”按钮可以修改权限组，其中“名称”和“描述”可自定义；“权限成员”中“全部人员”指当前结构下所有成员，“自定义”选项可由管理员选择成员，默认管理员有提交权限且不能删除；“操作权限”可设置为“提交”或“暂存”，“提交”默认设置为开启并不可取消，“暂存”功能开启后，会在提交页面显示“暂存”按钮；“字段权限”有两种配置方式，“继承表单设计中组件的状态”指的是继承表单设计时组件的状态，如隐藏、禁用、普通等，“自定义”可以设置对应的配置提交权限，例如当前表单仅允许提交人填写 A 组件，其余组件隐藏，则只需在“自定义”中设置 A 组件为可操作，其余隐藏。在“提交状态”权限栏下单击“新增权限组”按钮，可以新增自定义“提交状态”权限，如图 4-136 所示。

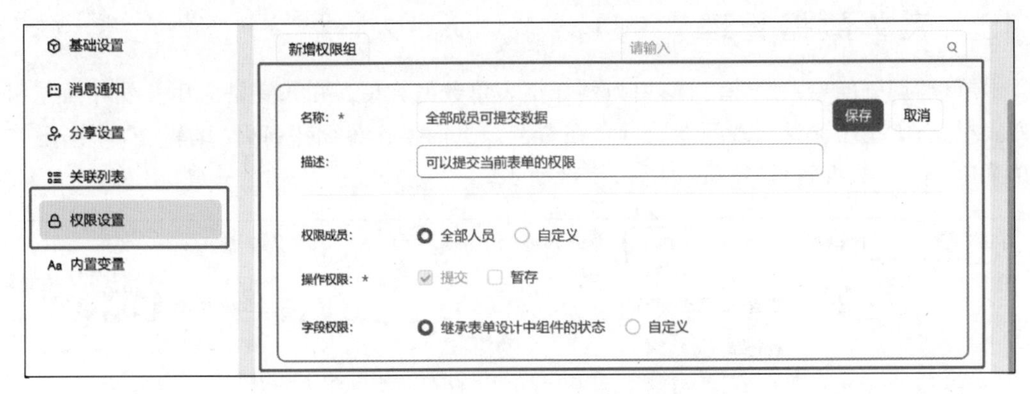

图 4-136　“提交状态”权限设置操作示意

4.9.2　查看状态权限

在“查看状态”权限栏中默认设置有“全部成员可查看本人提交数据”，单击权限栏中“编辑”按钮设置该权限，其中“名称”和“描述”可自定义；“权限成员”中“全部人员”指当前结构下所有成员，“自定义”可由管理员选择成员，默认管理员有提交权限且不能删除；“数据范围”可以设置为“全部数据”“本人提交”“本部门提交”“下级部门提交”“免登提交”“根据表单内容设置数据过滤条件”,“全部数据”功能开启后可以查看全部的数据,“本人提交”功能开启后,可以查看本人提交的数据,“本部门提交”功能开启后允许查看本部门提交的表单数据,“下级部门提交”功能开启后允许查看下级部门提交的表单数据,“免登提交”功能开启后允许查看免登提交的表单数据,“根据表单内容设置数据过滤条件”功能开启后允许查看表单内设置过的过滤条件的表单数据;“操作权限”可设置为“查看”“编辑”“删除”“变更记录”“评论”“打印”,“查看”功能默认开启不可取消,“编辑”功能开启后允许编辑,“删除”功能开启后允许删除,“变更记录”功能开启后允许查看变更记录,“评论”功能开启后允许评论,“打印”功能开启后允许打印;“字段权限”有两种配置方式,“继承表单设计中组件的状态”指的是继承表单设计时组件的状态,如隐藏、禁用、普通等,“自定义”可以设置对应的配置提交权限。权限设置界面示意如图 4-137 所示。

图 4-137　权限设置界面示意

4.10　表单数据管理

本节以“调查问卷系统”宜搭应用为例介绍表单数据管理。在该宜搭应用开发界面左侧表单列表栏选择“主题沙龙调查问卷”页面,在右侧该页面操作界面中打开“编辑表单”按钮右侧下拉菜单,单击“数据管理”按钮,如图 4-138 所示。

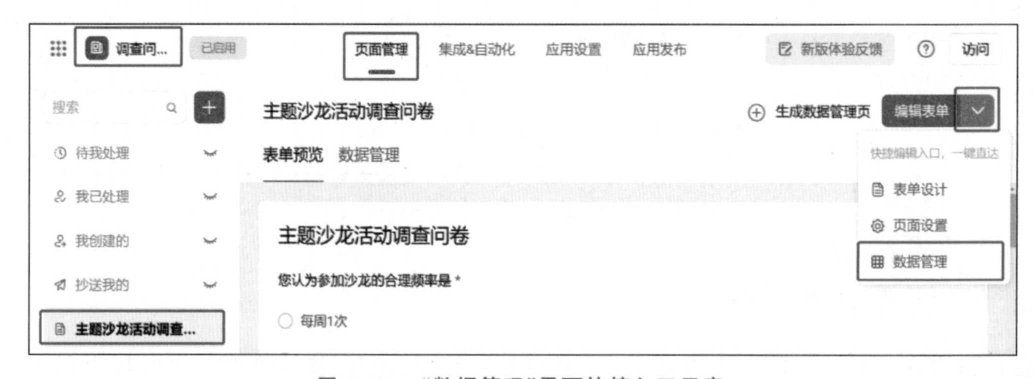

图 4-138　“数据管理”界面快捷入口示意

也可以在“调查问卷系统”宜搭应用开发界面左侧表单列表栏选择“主题沙龙活动调查问卷”页面，在右侧该表单操作界面中选择“表单预览”选项右侧“数据管理”选项，在下方展示“数据管理”界面，如图 4-139 所示。

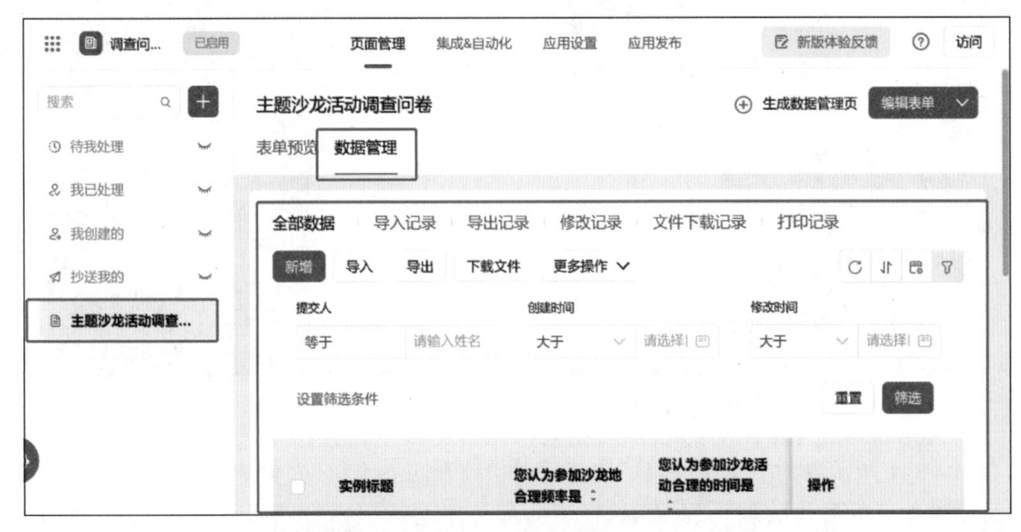

图 4-139　应用开发界面中“数据管理”界面示意

参考图 4-138，单击“数据管理”按钮后进入“主题沙龙调查问卷”数据管理分栏界面，该界面主要分为“数据菜单栏”“数据筛选区”“数据展示区”三个区域，如图 4-140 所示。数据管理主要用于对表单数据进行管理。在“数据管理”分栏界面顶部的数据菜单栏中有“全部数据”“导入记录”“导出记录”“修改记录”“文件下载记录”“打印记录”六个数据分栏。

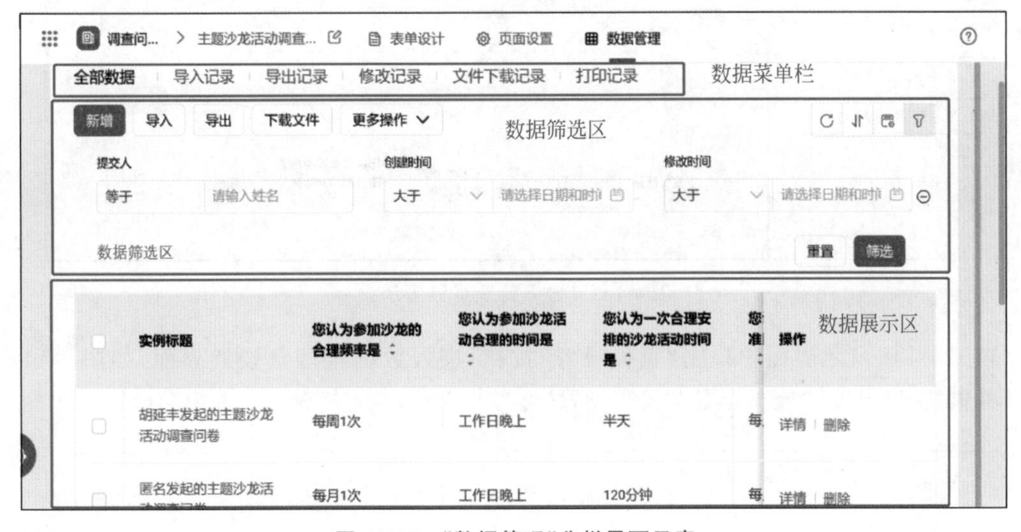

图 4-140　“数据管理”分栏界面示意

4.10.1　生成数据管理页

默认状态下，普通用户访问应用时无法看到数据管理页，只有管理员可在应用开发界面查看数据管理页。但通过“生成数据管理页”，普通用户也能够在访问页面中查看数据管理页；通过设置不同权限，普通用户可以查看的数据内容不同。在图 4-138 所示界面中单击“生成数据管理页"按钮，在弹出的"新建数据管理页面"设置界面可以设置"页面名称""选择分组""隐藏导航中表单页面"，如图 4-141 所示。

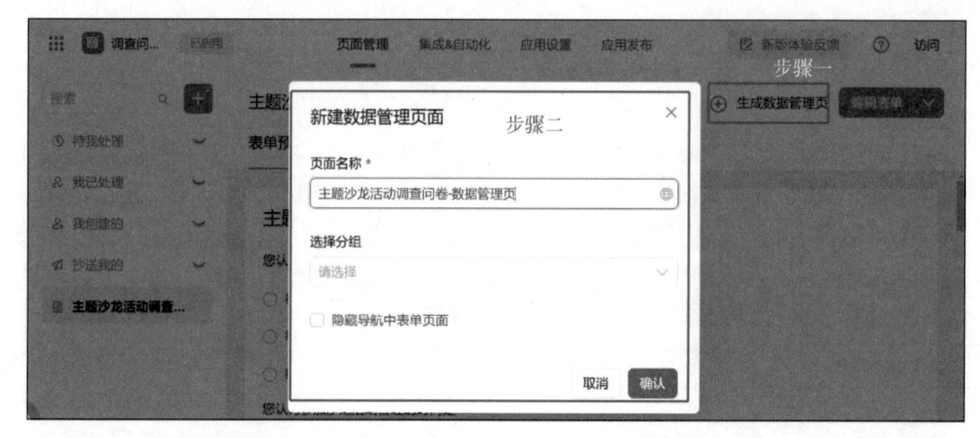

图 4-141　弹出的"新建数据管理页面"设置界面示意

在图 4-141 所示界面中单击"确认"按钮后，在"调查问卷系统"左侧表单列表栏中新增"主题沙龙活动调查问卷-数据管理页"页面，选择该页面，右侧界面显示管理页界面，如图 4-142 所示。

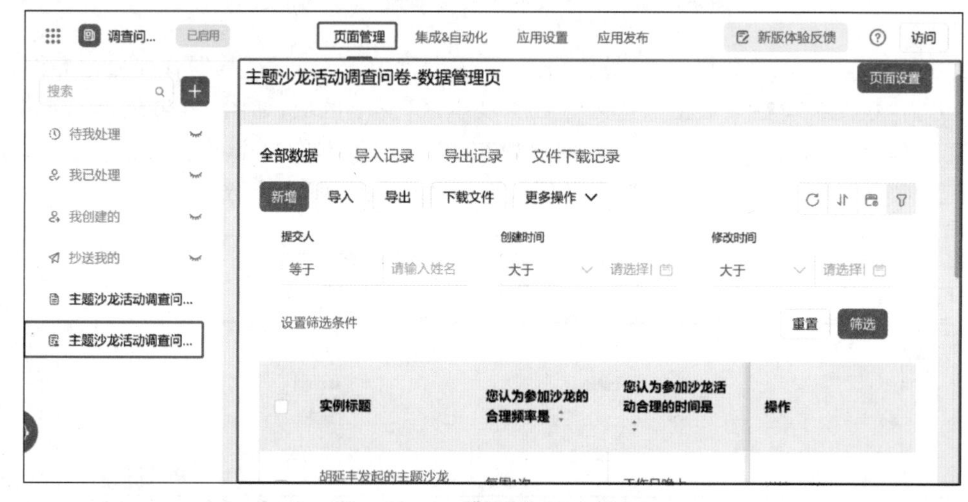

图 4-142　数据管理页界面示意

在图 4-142 所示界面中单击"页面设置"按钮，进入数据管理页设置界面，如图 4-143 所示。其中"基础设置""分享设置""权限设置"参考 4.5 节、4.7 节和 4.9 节内容。

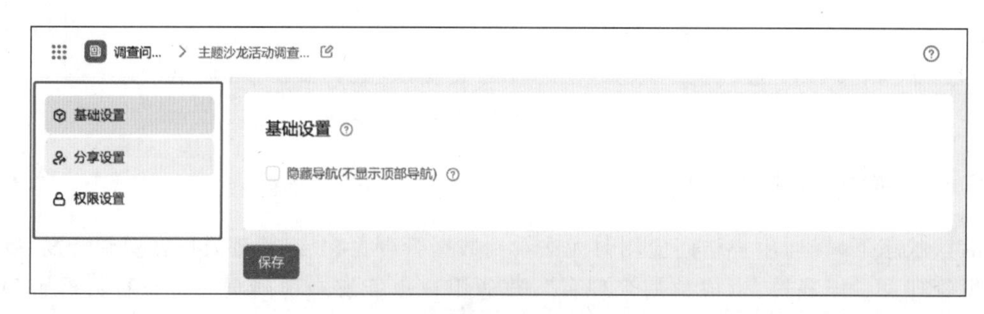

图 4-143　数据管理页设置界面示意

4.10.2　全部数据

在“数据管理”分栏界面顶部的数据菜单栏中选择“全部数据”菜单分栏，下方进入“全部数据”数据菜单分栏界面，如图 4-144 所示。在“数据筛选区”中有“新增”“导入”“导出”“下载文件”“更多操作”按钮；可以通过“提交人”“创建时间”“修改时间”并单击“筛选”或“重置”按钮对表单数据进行筛选；可以单击“设置筛选条件”按钮设置筛选条件。

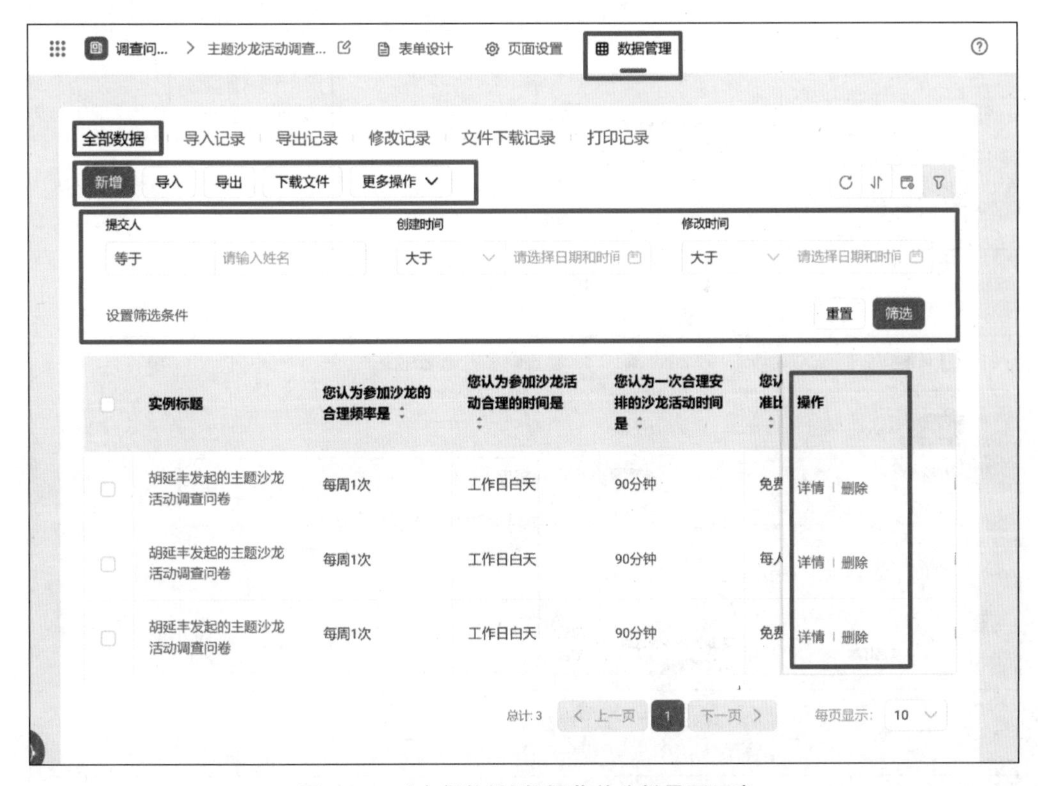

图 4-144　“全部数据”数据菜单分栏界面示意

在图 4-144 所示界面中有“刷新”“排序”“显示列”“是否显示筛选区”功能，如图 4-145 所示。

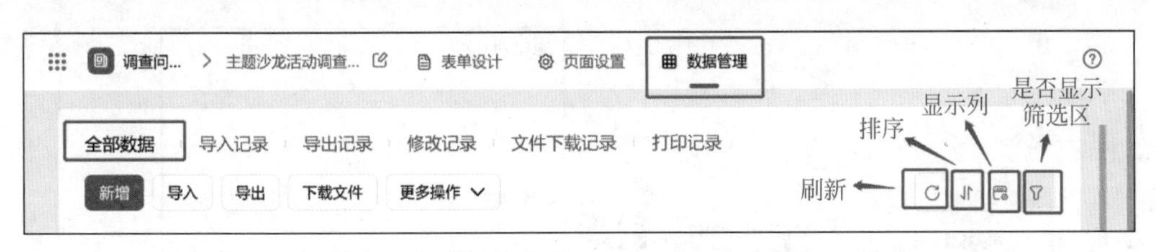

图 4-145　按钮示意

在图 4-145 所示界面中单击“排序”按钮，可以在弹出的“排序”设置界面添加排序规则，参考图 4-146 所示的步骤。

在图 4-146 所示界面中单击“确定”按钮后，表单数据以“创建时间”降序排序，如图 4-147 所示。

在图 4-145 所示界面中单击“显示列”按钮，在“显示列”界面中可以设置数据展示区需要显示的字段，如图 4-148 所示。

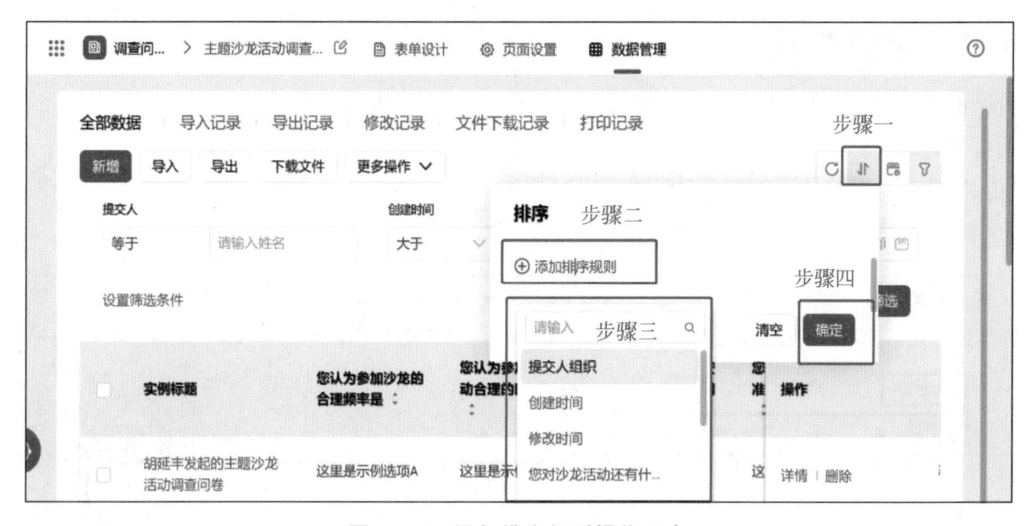

图 4-146　添加排序规则操作示意

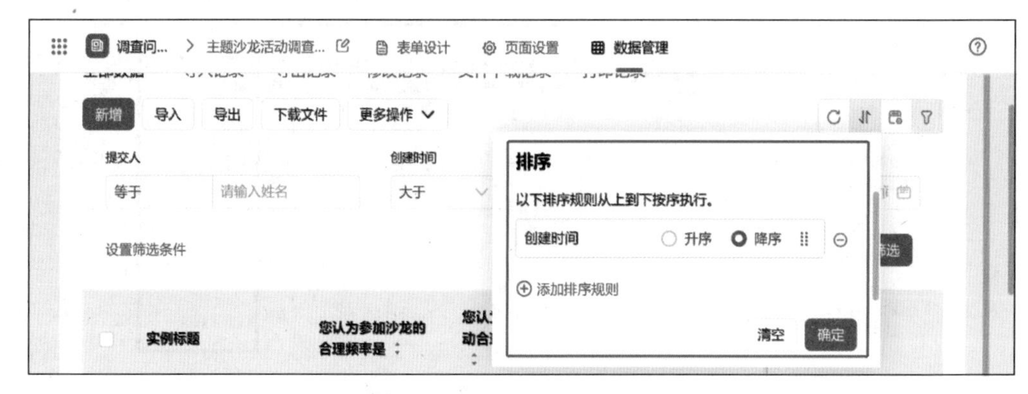

图 4-147　以“创建时间”降序排序示意

图 4-148　设置“显示列”操作示意

在图 4-145 所示界面中单击“是否显示筛选区”按钮，该按钮的功能是设置是否要在当前界面中隐藏筛选区，若设置为隐藏筛选区，其效果如图 4-149 所示。

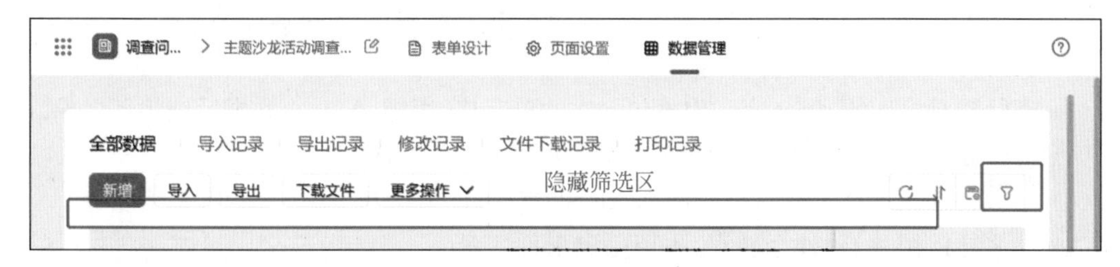

图 4-149　设置“隐藏筛选区”效果示意

4.10.3　新增数据功能

在图 4-144 所示界面中单击“新增”按钮，在弹出的“新建数据”设置界面中填写完表单后单击“提交”按钮完成新增数据，如图 4-150 所示。

图 4-150　“新增”按钮操作示意

在图 4-144 所示界面中单击“导入”按钮，在弹出的“导入数据”设置界面根据提示上传 Excel 表格导入数据，如图 4-151 所示。上传的 Excel 表符合以下规范。

图 4-151　“导入”按钮操作示意

(1) 文件大小不超过 20MB,且单个 sheet 页数据量不超过 10 000 行。

(2) 仅支持 *.xls 和 *.xlsx 文件。

(3) 确保需要导入的 sheet 表头中不包含空的单元格,否则 sheet 页数据系统将不做导入。

(4) 批量导入的数据不支持以“内置变量”作为条件的过滤。

(5) 导入文件不支持 Excel 公式计算,如 SUM=H2*J2 等。

(6) 目前导入图片/附件会转存,占用一定附件容量。

在该界面中可以单击“导入模板”按钮下载模板,并按照规范示例录入数据。

在图 4-151 所示界面中单击“单击或者拖动文件到虚线框内上传”区域从本地上传 Excel 表格,如图 4-152 所示。

图 4-152 “导入”操作示意

在图 4-152 所示界面中上传完之后进入第二步“数据预览”界面,如图 4-153 所示。

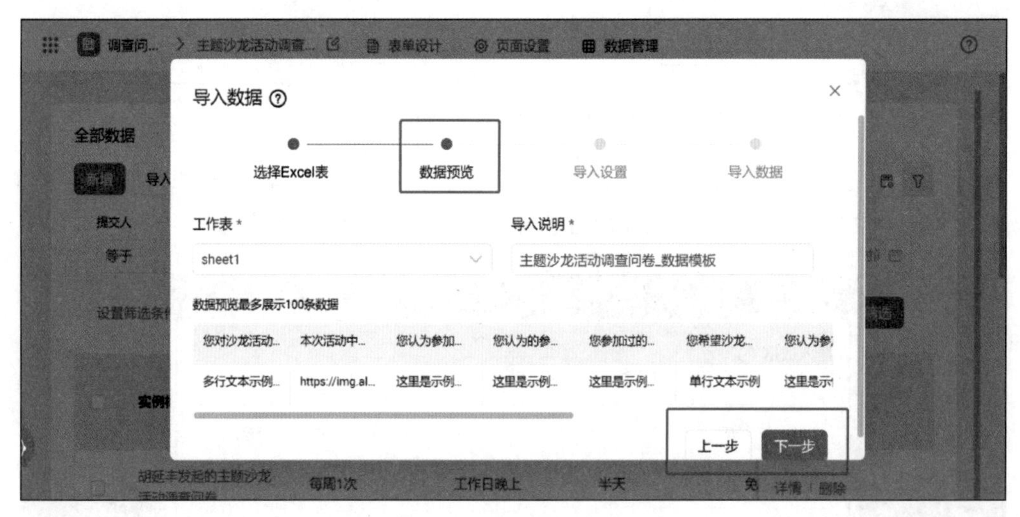

图 4-153 “数据预览”界面示意

在图 4-153 所示界面中单击“下一步”按钮进入第三步“导入设置”界面,在该界面可以设置字段,可以设置是否开启“同时触发校验规则、关联业务规则和第三方服务回调”功能,设置完成后单击“导入”按钮,如图 4-154 所示。

在图 4-154 所示界面中单击“导入”按钮进入“导入数据”界面,在该界面中提示“导入完成”,如图 4-155 所示。

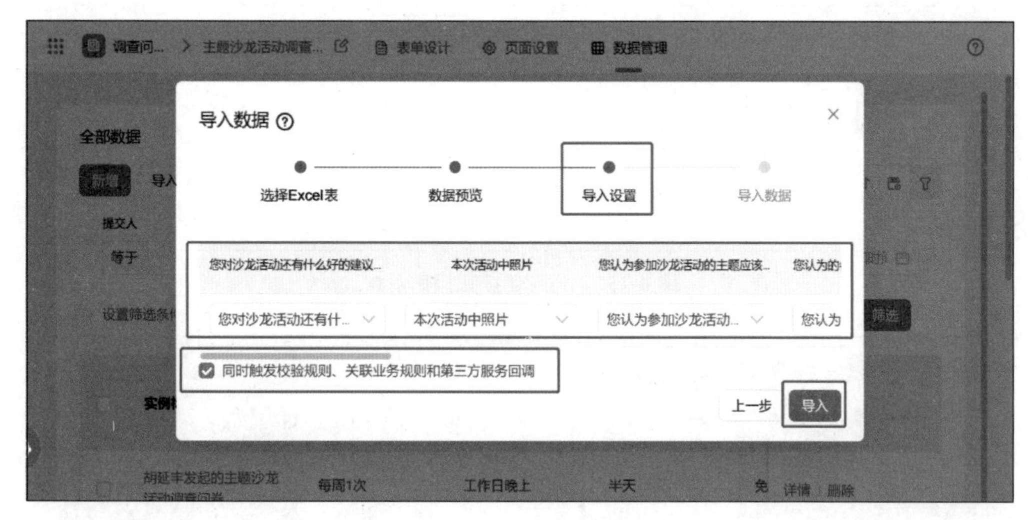

图 4-154　“导入设置”界面示意

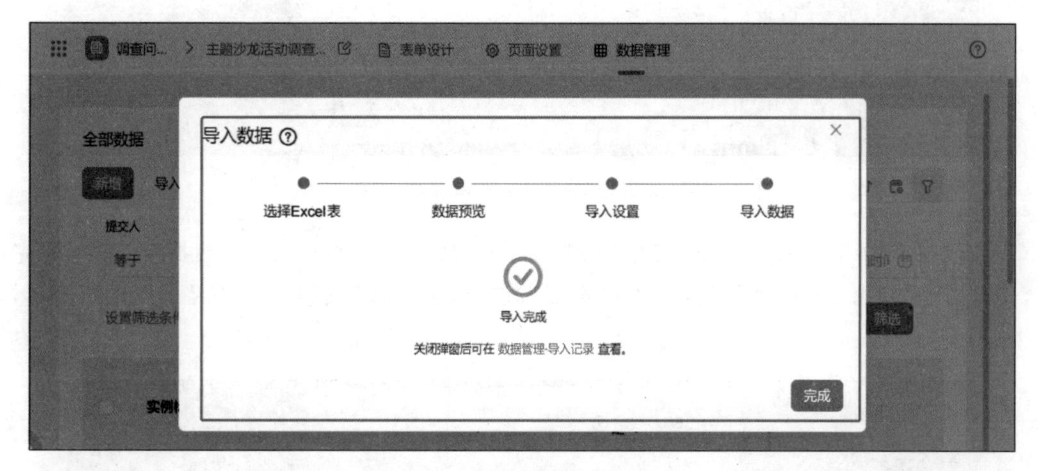

图 4-155　“导入数据”界面示意

在钉钉客户端会收到宜搭推送的导入完成消息，如图 4-156 所示。导入数据完成后可以在 4.10.8 节中查看数据导入记录。

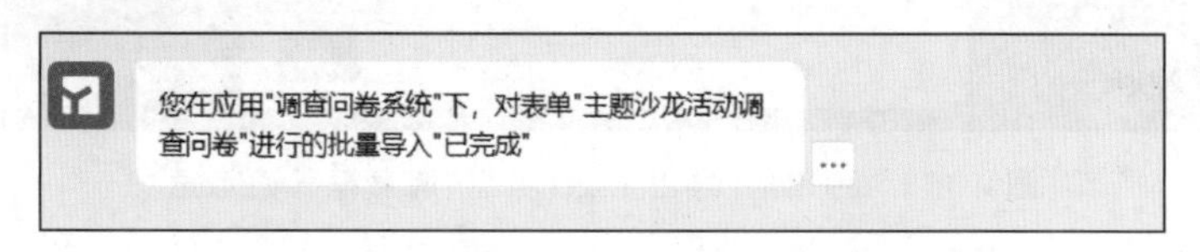

图 4-156　钉钉接收到的推送消息示意

4.10.4　导出数据功能

在图 4-144 所示界面中单击“导出”按钮，可以选中“数据展示区”的数据并选择“导出选中”选项，也可以选择“导出所有”选项导出所有数据，如图 4-157 所示。

在图 4-157 所示界面中选择“导出所有”选项，在弹出的“导出 Excel 数据”设置界面中可以选择导出字段，如图 4-158 所示。选择好需要导出的“字段”后，单击“确定”按钮。

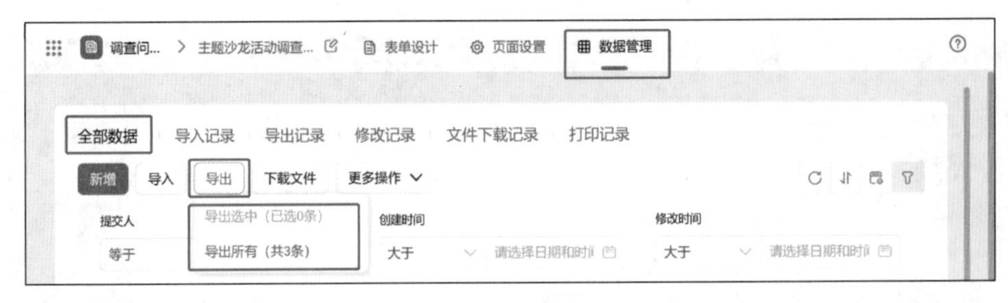

图 4-157 “导出”按钮操作示意

图 4-158 弹出的“导出 Excel 数据”设置界面示意

在图 4-158 所示界面中单击“确定”按钮后，等待宜搭平台导出表单数据，导出数据完成后，在弹出的“导出 Excel 数据”消息框中可以单击“单击下载”按钮下载并导出 Excel 数据，如图 4-159 所示。

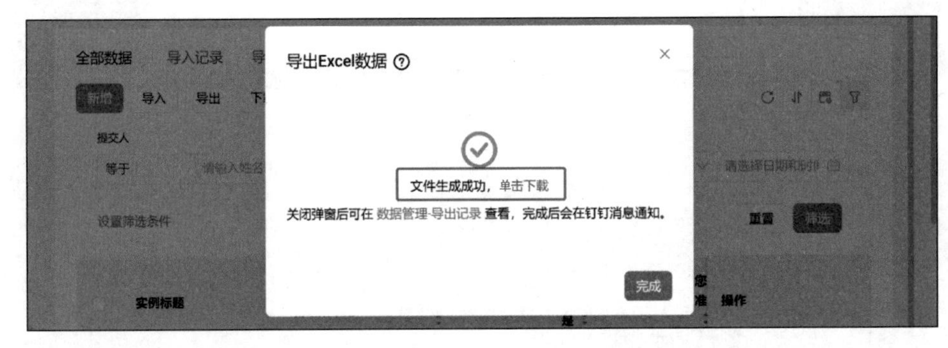

图 4-159 弹出的“导出 Excel 数据”消息框界面示意

导出成功后，在钉钉客户端会收到宜搭推送下载数据链接的消息，如图 4-160 所示。单击宜搭推送消息即可下载导出的 Excel 表格。导出数据完成后可以参考 4.10.9 节内容查看导出记录。

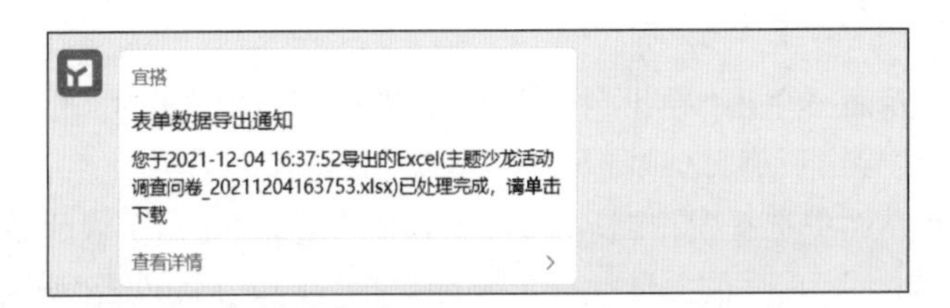

图 4-160 “导出 Excel 数据”推送下载数据消息示意

4.10.5　下载数据功能

在图 4-144 所示界面中单击“下载文件”按钮，可以选中“数据展示区”的数据并选择“下载选中文件”选项，也可以选择“下载所有文件”选项导出所有数据，如图 4-161 所示。

图 4-161　“下载文件”按钮操作示意

在图 4-161 所示界面中选择“下载所有文件”选项，在弹出的“批量下载图片/附件”设置界面可以选择导出的“图片”和“附件”，如图 4-162 所示。选择完成后，单击“确定”按钮。

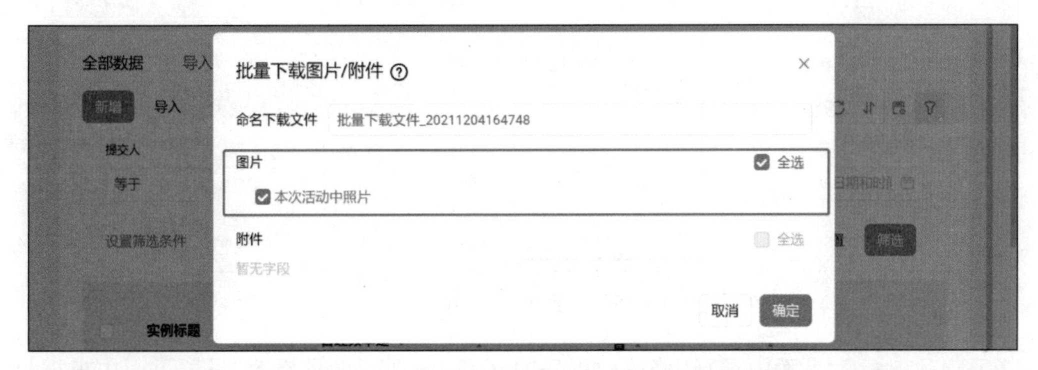

图 4-162　弹出的“批量下载图片/附件”设置界面示意

在图 4-162 所示界面中单击“确定”按钮后，等待宜搭平台下载图片和附件，下载完成后，在弹出的“导出 Excel 数据”消息框中查看提示，如图 4-163 所示。

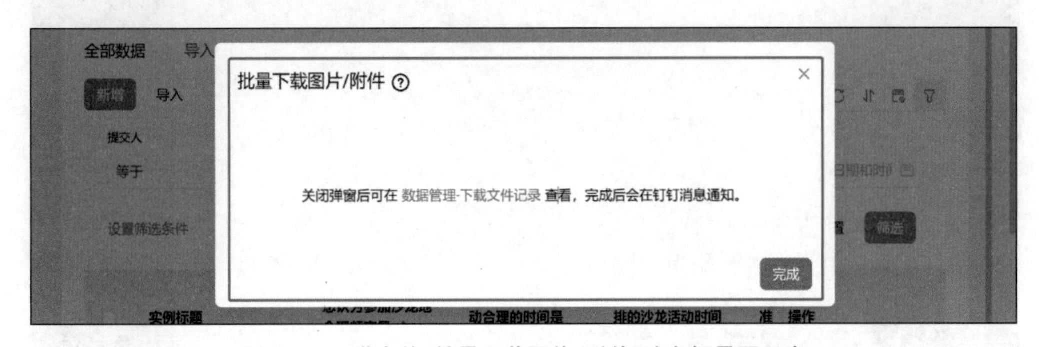

图 4-163　弹出的“批量下载图片/附件”消息框界面示意

下载成功后，在钉钉客户端会收到宜搭推送下载数据链接的消息，如图 4-164 所示。单击宜搭推送消息即可下载文件。下载完成后可以在 4.10.11 节中查看文件下载记录。

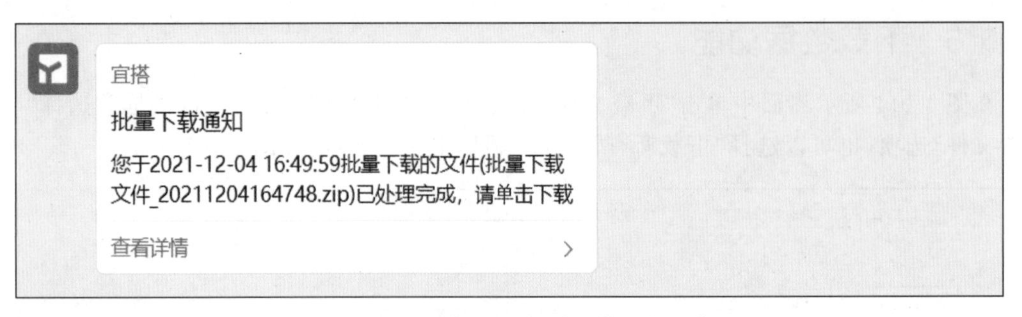

图 4-164 “下载数据”推送下载消息示意

4.10.6 更多功能

打开“更多操作”下拉菜单，其中有“修改数据”“打印选中”“删除选中”三个选项，如图 4-165 所示。

图 4-165 “更多操作”操作示意

在图 4-165 所示界面中选择“修改数据”选项，在弹出的“批量修改”设置界面中根据提示上传 Excel 表格导入数据并修改表单数据，如图 4-166 所示。

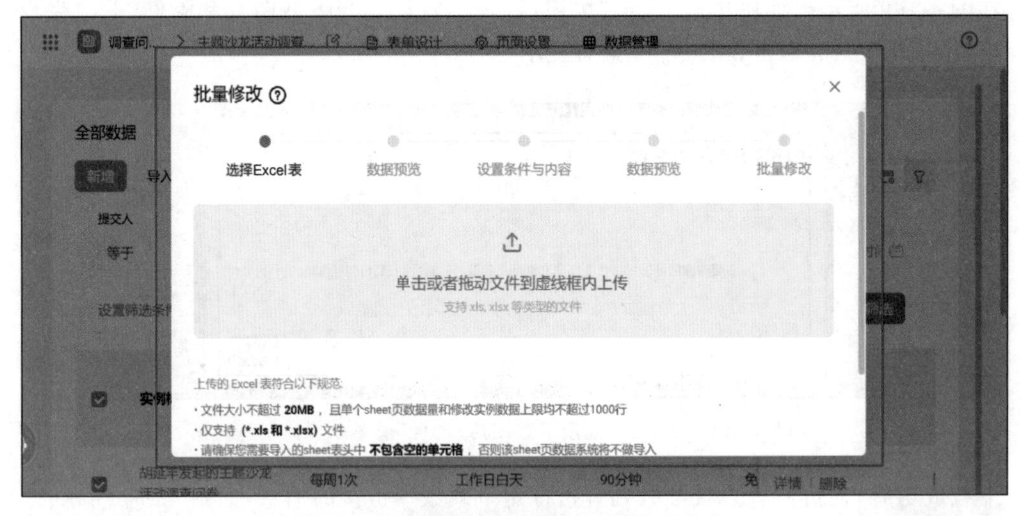

图 4-166 弹出的“批量修改”设置界面示意

在图 4-165 所示界面中选择“打印选中”选项，单击“默认模板”按钮即可打印选中的表单数据，如图 4-167 所示。

图 4-167　“打印选中”操作示意

在图 4-165 所示界面中选择“删除选中”选项，在弹出的“您确定要删除所选数据吗?”设置界面中单击“确认”按钮即可删除选中表单数据，如图 4-168 所示。

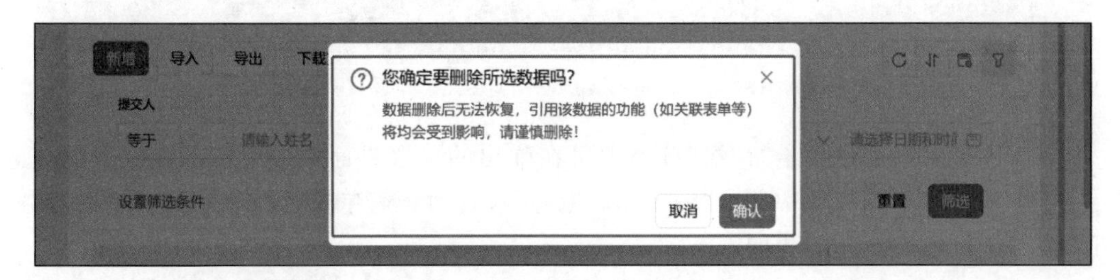

图 4-168　弹出的“您确定要删除所选数据吗”设置界面示意

4.10.7　数据展示表格介绍

“数据展示区”中表格“操作”栏中有“详情”和“删除”按钮，如图 4-169 所示。表头可以参考 4.10.2 节单击“显示列”按钮修改。

实例标题	您认为参加沙龙的合理频率是	您认为参加沙龙活动合理的时间是	您认为一次合理安排的沙龙活动时间是	您准	操作
胡延丰发起的主题沙龙活动调查问卷	每周1次	工作日晚上	半天	每	详情　删除
匿名发起的主题沙龙活动调查问卷	每月1次	工作日晚上	120分钟	每	详情　删除
胡延丰发起的主题沙龙活动调查问卷	每周1次	工作日白天	90分钟	免	详情　删除
胡延丰发起的主题沙龙活动调查问卷	每周1次	工作日白天	90分钟	每	详情　删除

图 4-169　单条数据表单设置示意

在图 4-169 所示界面中单击“删除”按钮即可删除该表单信息，单击“删除”按钮后在弹出的“您确定要删除所选数据吗”设置界面中单击“确认”按钮即可删除该条表单数据，单击“取消”按钮则不删除，如图 4-170 所示。删除成功后会弹出“删除成功”提示信息。

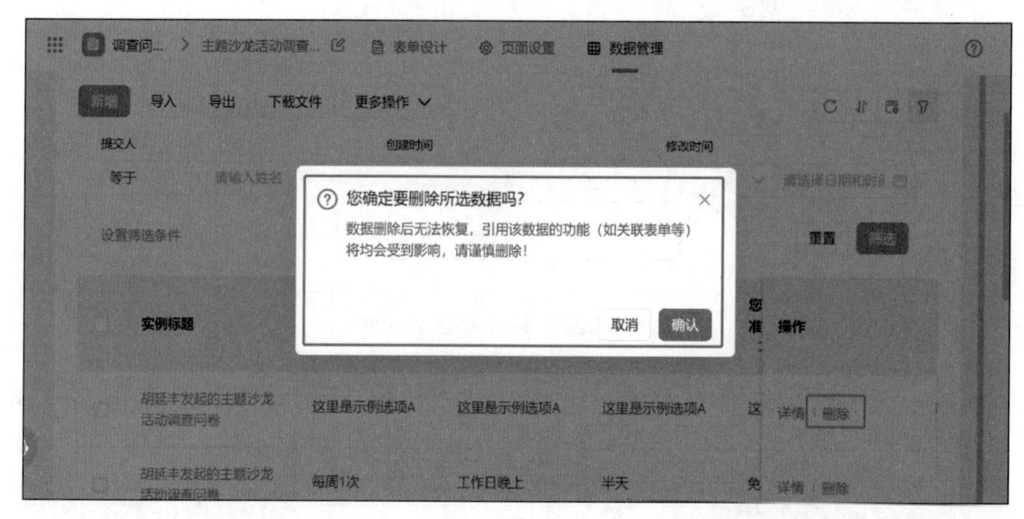

图 4-170　弹出的“您确定要删除所选数据吗”设置界面示意

图 4-169 所示界面中单击“详情”按钮即可在弹出的设置界面中查看该条表单数据信息，如图 4-171 所示。在该界面中单击“编辑”和“删除”按钮对该表单进行操作。其中单击“删除”按钮和图 4-170 中所示功能相同。

图 4-171　弹出的表单数据设置界面示意

在图 4-171 所示界面中单击“编辑”按钮，进入弹出的编辑表单数据设置界面，如图 4-172 所示。在界面中可以对表单数据进行修改，修改完成后单击“保存”按钮完成对该表数据表单的修改。修改完成后可以在 4.10.10 节中查看修改记录。

当数据表格中有子表单时，单击“查看详情”按钮可以在该数据表单详情页面中查看子表单，也可以单击“展开子表列”按钮直接在数据展示表格中查看子表单详情。

图 4-172　弹出的编辑表单数据设置界面示意

4.10.8　导入记录

在“数据管理”分栏界面顶部的数据菜单栏中选择“导入记录”菜单分栏，下方进入“导入记录”数据菜单分栏界面，如图 4-173 所示。在“数据筛选区”中可以通过“文件名称”“操作人”“操作时间”“状态”并单击“重置”和“筛选”按钮对表单数据进行筛选。

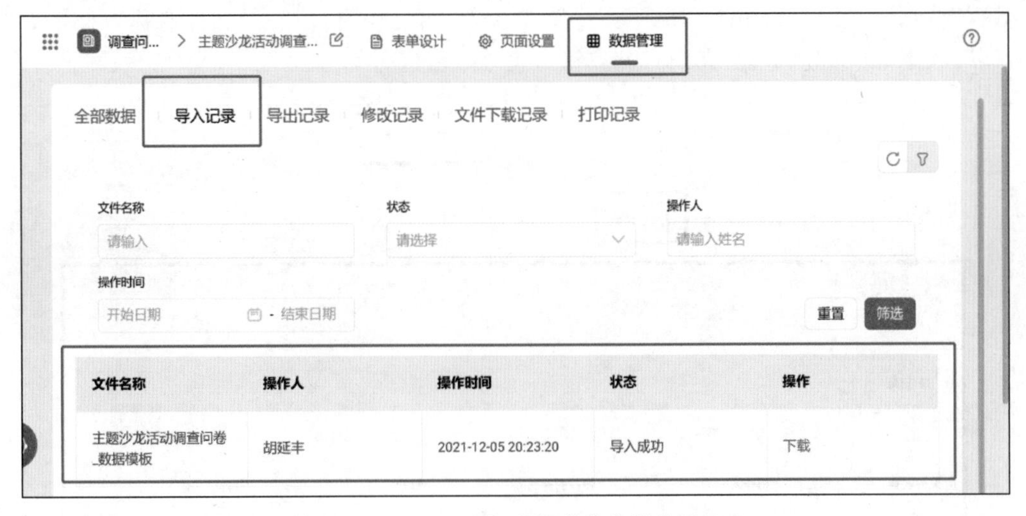

图 4-173　“导入记录”数据菜单分栏界面示意

4.10.9　导出记录

在“数据管理”分栏界面顶部的数据菜单栏中选择“导出记录”菜单分栏，下方进入“导出记录”数据菜单分栏界面，如图 4-174 所示。在“数据筛选区”中可以通过“文件名称”“状态”“操作人”“操作时间”并单击“重置”和“筛选”按钮对表单数据进行筛选。

图 4-174 “导出记录”数据菜单分栏界面示意

4.10.10 修改记录

在“数据管理”分栏界面顶部的数据菜单栏中选择“修改记录”菜单分栏，下方进入“修改记录”数据菜单分栏界面，如图 4-175 所示。在“数据筛选区”中可以通过“文件名称”“操作人“操作时间”“状态”并单击“重置”和“筛选”按钮对表单数据进行筛选。

图 4-175 “修改记录”数据菜单分栏界面示意

4.10.11　文件下载记录

在"数据管理"分栏界面顶部的数据菜单栏中选择"文件下载记录"菜单分栏，下方进入"文件下载记录"数据菜单分栏界面，如图 4-176 所示。在"数据筛选区"中可以通过"文件名称""操作人""操作时间""状态"并单击"重置"和"筛选"按钮对表单数据进行筛选。

图 4-176　"文件下载记录"数据菜单分栏界面示意

4.10.12　打印记录

在"数据管理"分栏界面顶部的数据菜单栏中选择"打印记录"菜单分栏，下方进入"打印记录"数据菜单分栏界面，如图 4-177 所示。

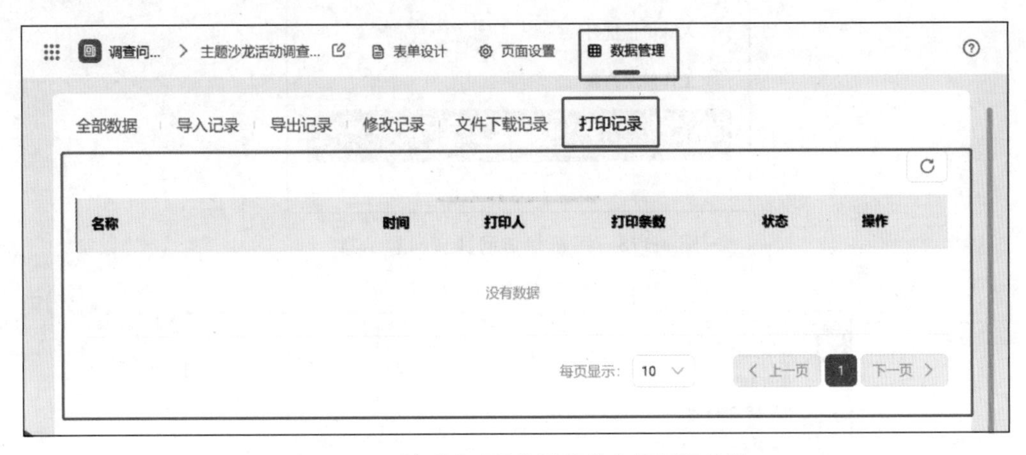

图 4-177　"打印记录"数据菜单分栏界面示意

视频讲解

4.11 应用“调查问卷系统”效果展示

通过手机端扫描图 4-131 中二维码访问“主题沙龙调查问卷”，然后进入调查问卷，如图 4-178 所示。单击“提交”按钮后，钉钉 PC 端收到宜搭推送消息，如图 4-179 所示。在手机端单击“提交”按钮提交宜搭推送消息，进入该数据详情页面，如图 4-180 所示。

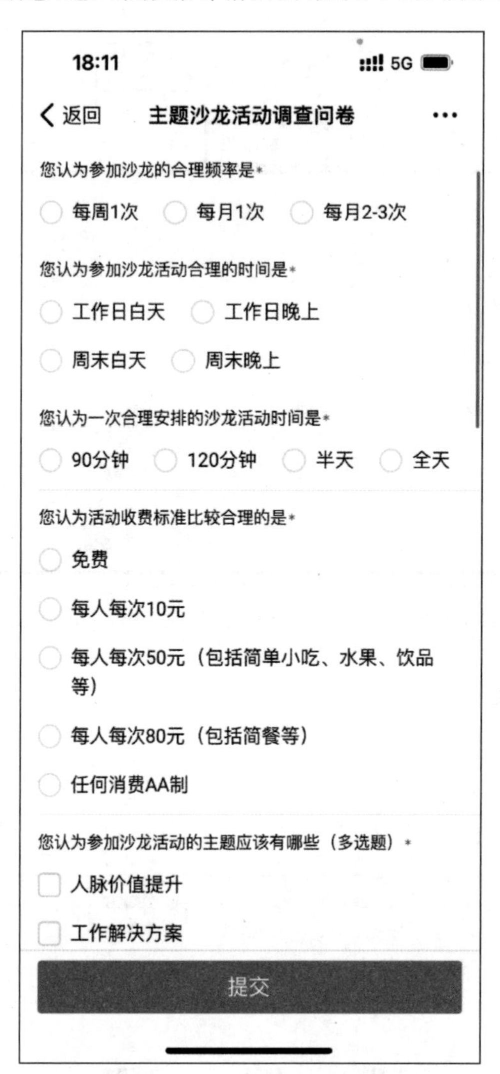

图 4-178 手机端访问调查问卷示意

图 4-179 提交表单后宜搭推送消息信息示意

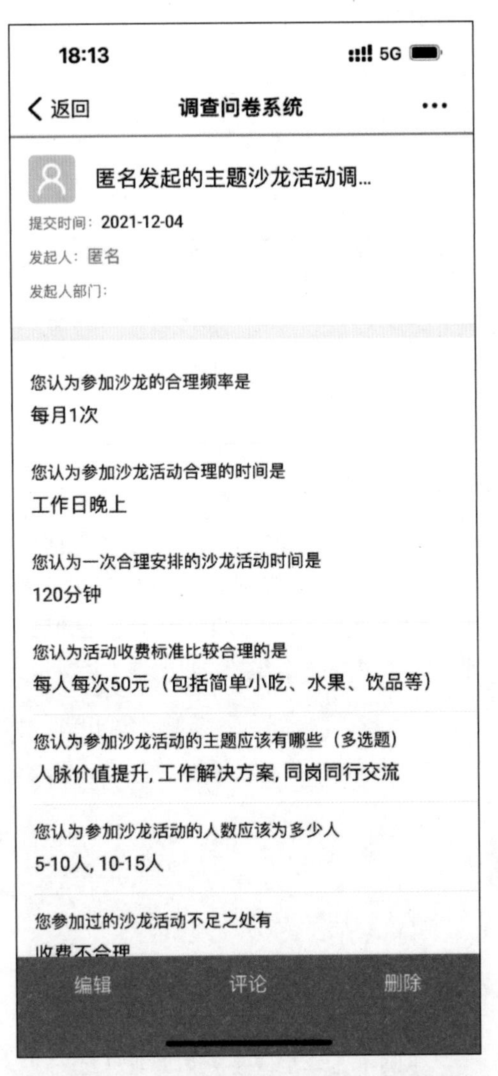

图 4-180　手机端查看调查问卷提交信息示意

第 5 章

通过流程表单开发"学生请假系统"

视频讲解

5.1 "学生请假系统"概述

本章将使用流程表单开发"学生请假系统",用于审批学生请假流程单,通过实战开发介绍部分常用控件的使用、流程设计和节点提交规则以及流程表单页面设置。本系统将创建一个流程表单,该表单包含"请假人"成员组件、"请假时间"日期区间组件、"请假类型"单选组件、"请假天数"数值组件和"请假原因"多行文本组件,如图 5-1 所示。

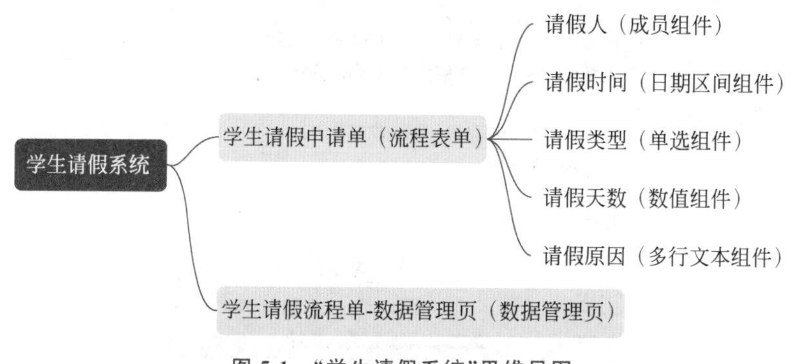

图 5-1 "学生请假系统"思维导图

视频讲解

5.2 创建"学生请假系统"空白应用

实验操作

参考 4.1 节中的内容,新建宜搭应用并命名为"学生请假系统",如图 5-2 所示。

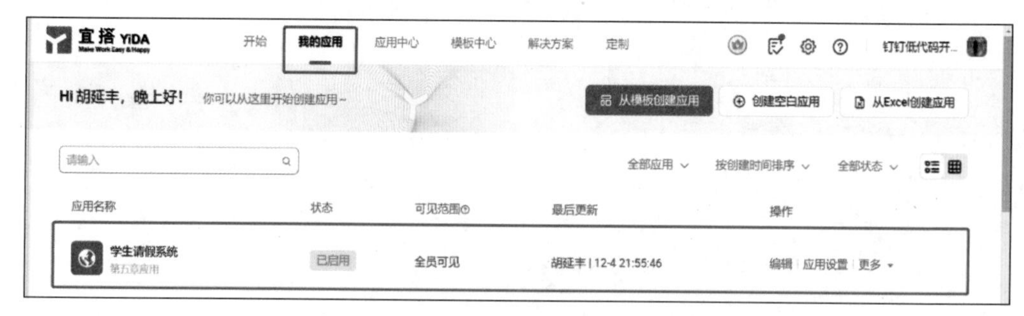

图 5-2 在"我的应用"界面中查看"学生请假系统"示意

5.3 通过流程表单创建“学生请假申请单”页面

视频讲解

实验操作

5.3.1 创建“学生请假申请单”流程表单

在图 5-2 所示界面中单击“编辑”按钮进入“学生请假系统”，单击“新建流程表单”按钮开始新建流程表单，在弹出的“新建流程表单”设置界面中设置“页面名称”为“学生请假申请单”，设置完成后单击“确定”按钮。用户创建完成应用后会直接进入宜搭应用开发界面。

5.3.2 常用控件之“成员”

“成员”组件可以获取钉钉通讯录的人员，选择人员时可以使用，例如适用于出差申请人、资产责任人、维护人员等，也可以和公式组合，还可以用于流程表单设置审批人，比如发起自选审批人员等。

在“组件库”的“常用控件”栏中选择“成员”组件添加至中间画布中；选中中间画布中“成员”组件，在右侧属性配置面板中选择“属性”栏，其中可以设置“标题”“占位提示”“状态”“默认值”“多选模式”“清除按钮”“显示工号”“校验”等属性。将“成员”组件“标题”属性设置为“请假人”；“占位提示”属性设置为“请从钉钉通讯录中选择”；“状态”属性设置为“普通”；“默认值”属性可以设置为“自定义”，当选择“自定义”选项时可以选择指定人员作为默认值，在提交页面可以默认展示对应的成员，“校验”属性栏下可以设置“必填”和“自定义函数”，将此“成员”组件“校验”属性中“必填”功能开启；“多选模式”支持选择多位人员，当人员仅需要选择一位时则设置为“关闭”，本例“成员”组件关闭“多选模式”功能；开启“清除按钮”功能，在“访问”或者“预览”界面中如果输入内容有误，可直接使用“清除”按钮一键清除；“显示工号”功能设置为开启，该功能可以显示人员的 UserID，如图 5-3 所示。

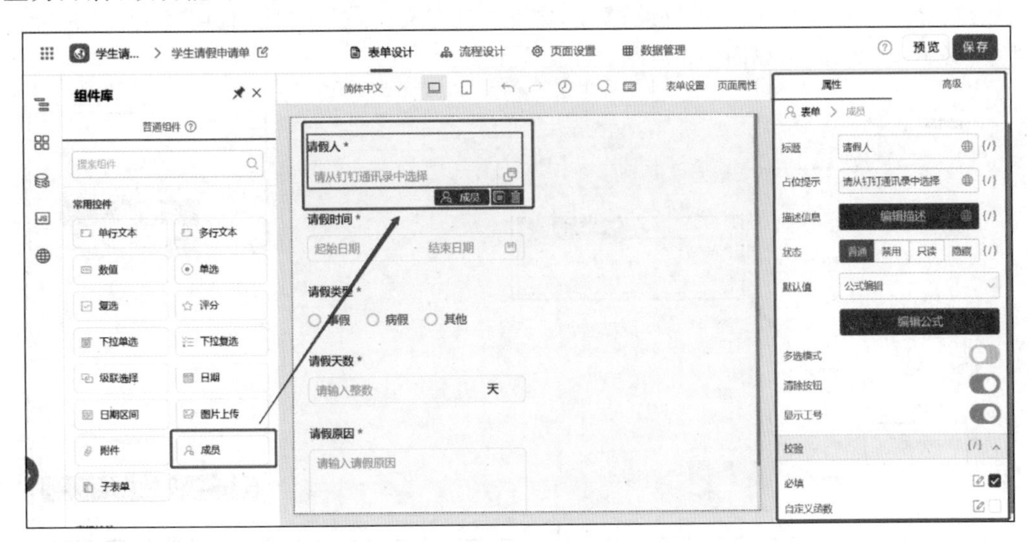

图 5-3 “成员”组件设定默认成员操作示意

为了方便登录“学生请假系统”的用户快捷选到登录用户，在“默认值”属性栏选择“公式编辑”选项，单击“编辑公式”按钮设置公式，在弹出的“公式编辑”设置界面中选择“函数列表”栏中 USER 函数，设置“请假人＝USER()”，设置完成后，单击“确定”按钮保存设置，如图 5-4 所示。USER 函数能够自动获取当前登录人。

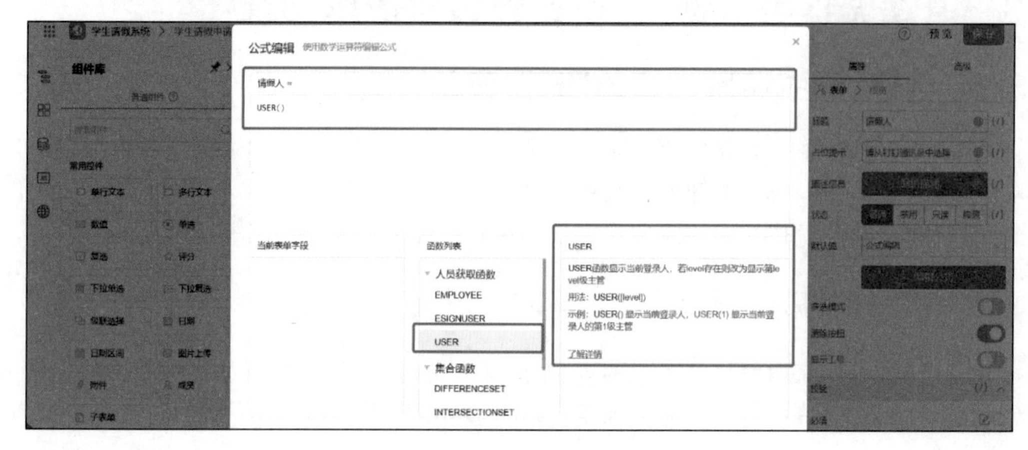

图 5-4　在弹出的“公式编辑”设置界面设置公式操作示意

5.3.3　常用控件之“日期区间”

“日期区间”组件可以选择两个日期，在请假、出差、办理业务等场景中适用。在“组件库”的“常用控件”栏中选择“日期区间”组件，以拖曳方式将其拉入中间画布区域，选择中间画布中“日期区间”组件，在右侧属性配置面板中选择“属性”菜单栏，其中可以设置“标题”“状态”“显示格式”“默认值”“禁用日期函数”“校验”等属性。将“日期区间”组件“标题”属性设置为“请假时间”，当右侧属性配置面板中“标题”属性发生改变时，中间画布中“日期区间”组件展示效果实时进行更新；“状态”属性设置为“普通”；“显示格式”属性可以设置为“年-月-日”，在“显示格式”下拉菜单中有“年”“年-月”“年-月-日”“年-月-日 时：分”“年-月-日 时：分：秒”五种格式可以选择；在“校验”属性栏下可以设置“必填”和“自定义函数”，将此“日期区间”组件“校验”属性中“必填”功能开启，如图 5-5 所示。

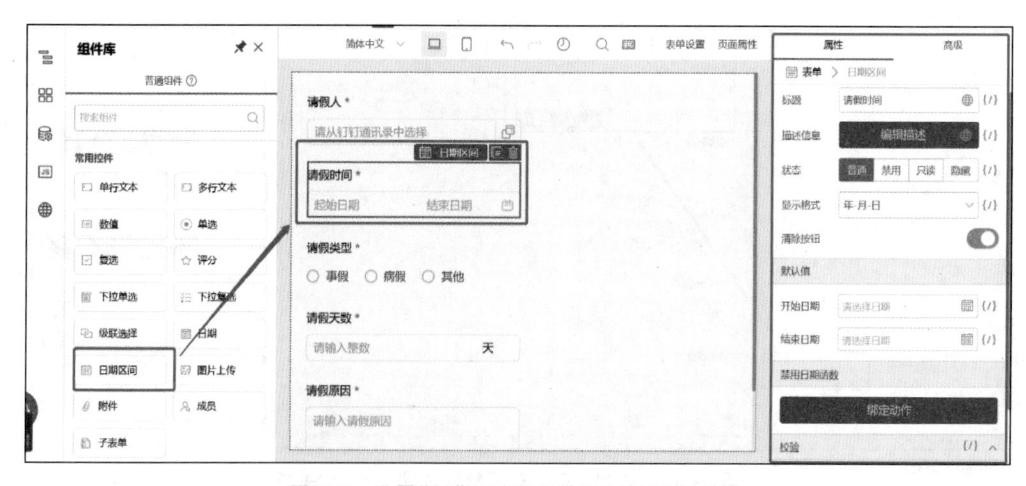

图 5-5　设置“日期区间”组件“属性”操作示意

在“禁用日期函数”栏中单击“绑定动作”按钮，可以在弹出的“禁用日期函数”设置界面设置动作，如图 5-6 所示。本系统无须设置该属性。

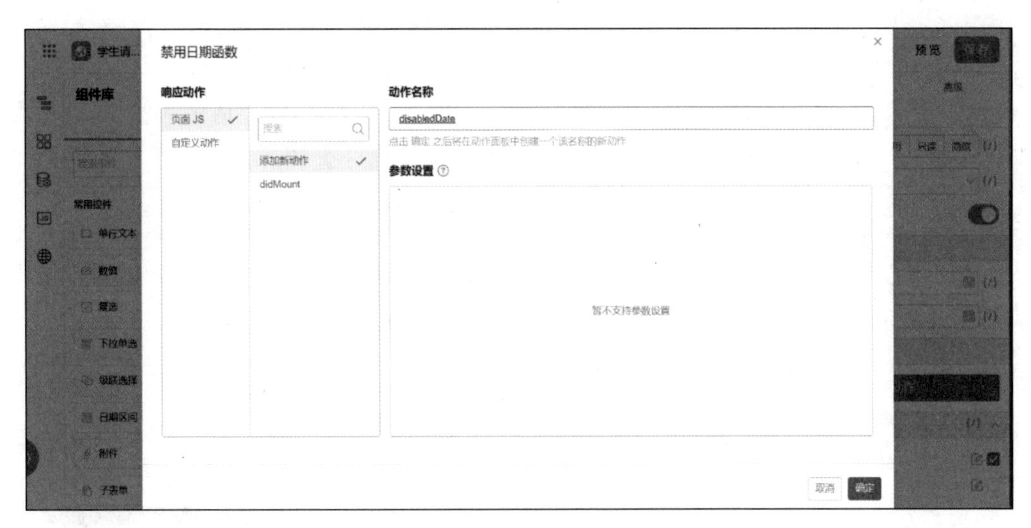

图 5-6 弹出的“禁用日期函数”设置界面示意

5.3.4 设置“单选”组件

参考 4.3.1 节内容，在“学生请假申请单”表单设计器界面中添加“单选”组件，将“单选”组件的“标题”属性设置为“请假类型”；“状态”属性设置为“普通”；“默认值”属性设置为“无”；“排列方式”属性设置为“水平排列”；开启“支持反选”功能；设置“选项类型”为“自定义”，设置“自定义选项”栏中选项分别为“事假”“病假”“其他”；在“校验”栏中开启“必填”功能，如图 5-7 所示。

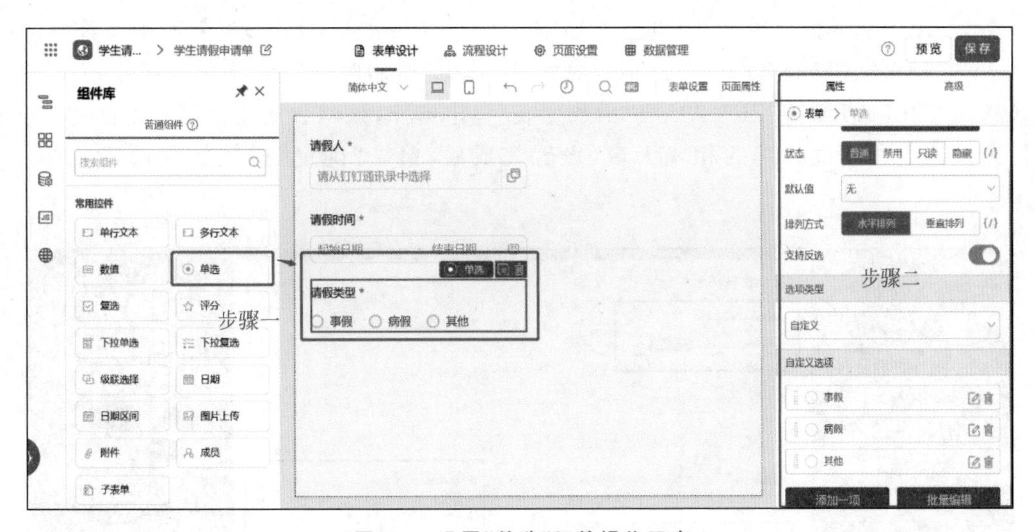

图 5-7 设置“单选”组件操作示意

5.3.5 常用控件之“数值”

“数值”组件可用于数字类型的相关信息，例如金额、年龄、数量等，使用数值组件录入的数字，可以用作数字计算、统计和汇总等。

在“组件库”的“常用控件”栏中选择“数值”组件，以拖曳方式将其拉入中间画布区域；选择中间画布中“数值”组件，在右侧属性配置面板中选择“属性”栏。其中，可以设置“标题”“占位提示”“状态”“默认值”“单位”“小数位数”“千位分隔”“校验”等属性。“标题”指该组件的名称，设置该“数值”组件的标题为“请假天数”；“占位提示”属性设置为“请输入整数”；“状态”属性设置为“普通”；“默认值”属性下拉列表中可以设置为“自定义”“公式编辑”“数据联动”；本系统“默认值”属性设置为“公式编辑”；“单位”属性支持设置数字的单位，比如“元”“本”“页”等，可根据用户需求自定义设置，本系统中设置为“天”；“小数位数”属性支持设置精度保留的小数位数，适用于录入金额的场景，本例设置“小数位数”为 0；“千位分隔”属性是解决超大数字显示过长不容易查看位数的问题，本例不启用，如图 5-8 所示。

图 5-8　设置“数值”组件“属性”操作示意

在图 5-8 所示界面中单击“编辑公式”按钮，在弹出的“公式编辑”设置界面中设置“请假天数＝CASCADEDATEINTERVAL(请假时间)”，其中“请假时间”从“当前表单字段”栏中选择，CASCADEDATEINTERVAL 从“函数列表”栏中选择，该函数用于计算日期区间选择框组件开始日期和结束日期的相隔天数，设置完成后，单击“确定”按钮保存设置，如图 5-9 所示。

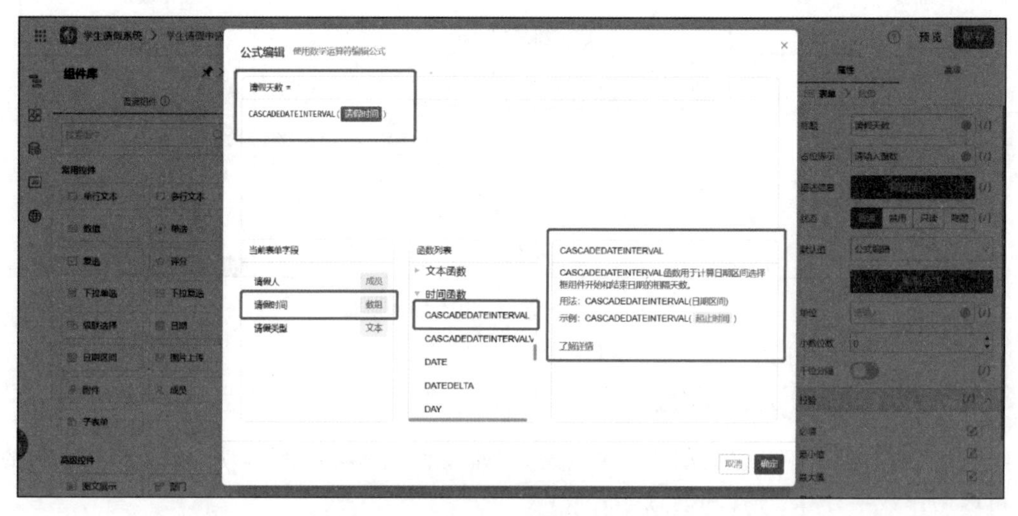

图 5-9　设置“公式编辑”操作示意

5.3.6　设置“多行文本”组件

参考 4.3.4 节内容，在“学生请假申请单”表单设计器界面中添加“多行文本”组件，将“多行文本”组件的“标题”属性设置为“请假原因”；设置“占位提示”属性为“请输入请假原因”；“状态”属性设置为“普通”；“默认值”属性保持默认设置；“多行文本高度”设置为 5；开启“必填”功能。设置“多行文本”组件操作如图 5-10 所示。

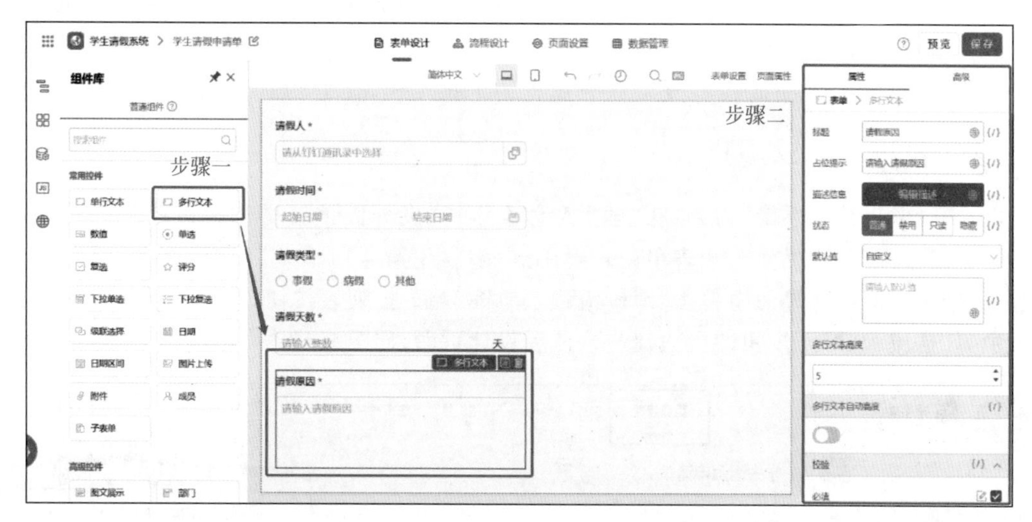

图 5-10　设置“多行文本”组件操作示意

5.3.7　预览“学生请假申请单”页面

参考 5.3 节中内容创建完成“学生请假申请单”流程表单页面，在“学生请假申请单”表单设计器界面顶部菜单栏中单击“保存”按钮保存表单页面设计，然后单击“预览”按钮，在弹出的“页面预览”界面中可以查看该表单页面，如图 5-11 所示。

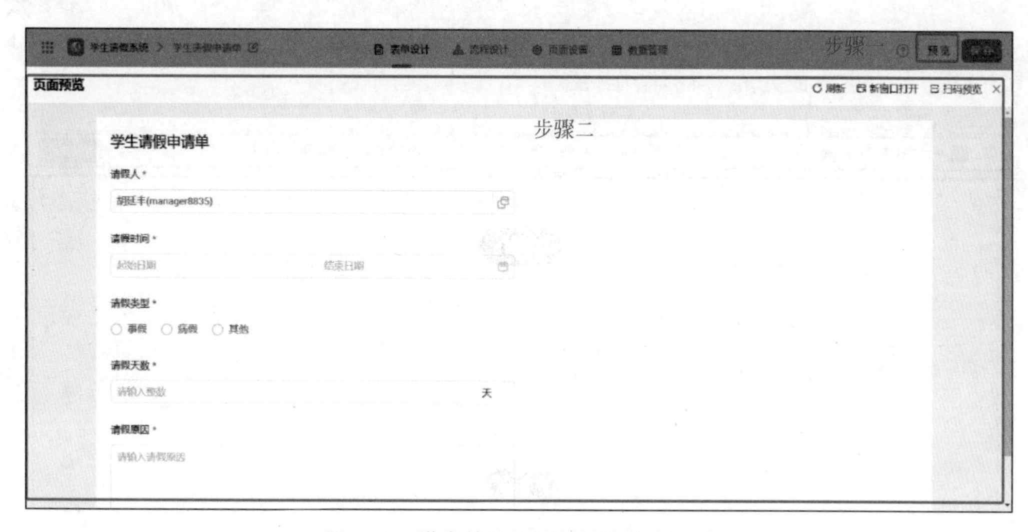

图 5-11　弹出的“页面预览”信息框示意

视频讲解

5.4 流程设计介绍

5.4.1 功能介绍

实验操作

当表单需要人员审核时，就需要使用流程表单，流程表单和普通表单的最大区别就是流程表单需要进行流程设计。传统的纸质审批费事又费力，例如请假、加薪申请、转正申请等场景，一般需要多人协作；财务审批，需要业务员和财务人员、出纳、公司领导一起协作，使用线上流程表单可以把对应需要协作的人员设置成流程节点的审批人、执行人、抄送人，通过线上审批，轻松地完成各种复杂业务流程的审批工作，促进团队工作效率的提升。

5.4.2 流程设计入口

以本章“学生请假系统”为例，在“学生请假系统”开发界面顶部操作栏选择“页面管理”分栏，在“页面管理”分栏界面左侧表单列表栏中选择“学生请假申请单”流程表单页面，在“学生请假申请单”右侧操作界面中单击“编辑流程表单”右侧下拉列表按钮，在“编辑流程表单”下拉列表中单击“流程设计”按钮即可快捷进入流程设计页面，如图5-12所示。

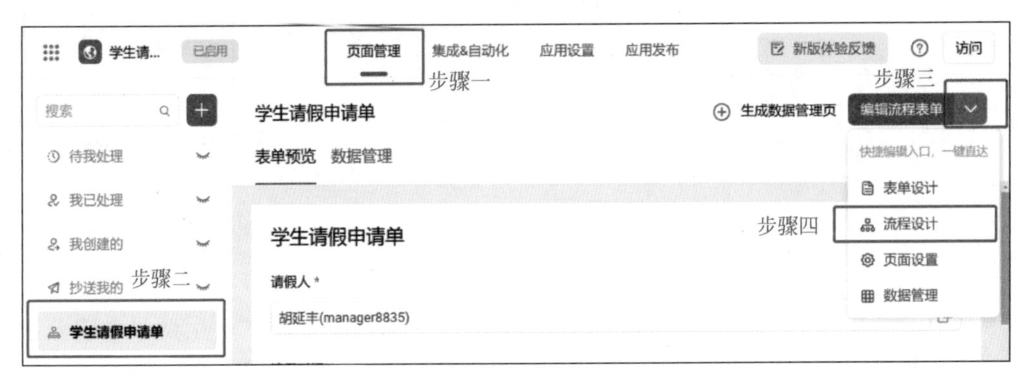

图 5-12 “流程设计”快捷入口操作示意

在图5-12所示界面中单击“流程设计”按钮即可进入该“学生请假申请单”流程设计界面，如图5-13所示。该界面分为“顶部操作栏”和“流程设计画布区”。

图 5-13 “学生请假申请单”流程设计界面示意

在“顶部操作栏”右上角有“帮助中心”“测试”“保存”“发布流程”等按钮，有“表单设计”“流程设计”“页面设置”和“数据管理”快捷入口选项；在“流程设计画布区”中右上角有“全局设置”“画布放缩”“全屏显示”“撤销”四个按钮，如图 5-14 所示。

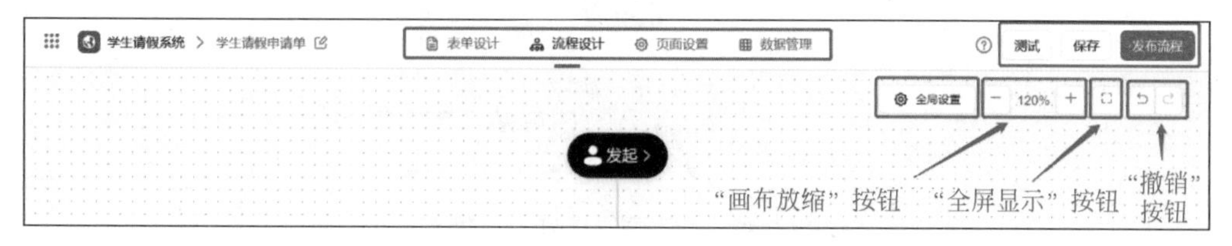

图 5-14　流程设计界面示意

5.4.3　自动审批介绍

在图 5-14 所示界面中单击“全局设置”按钮，可以在弹出的“全局设置”设置界面设置“流程设置”“字段权限”，如图 5-15 所示。在“流程设置”界面可设置全局自动审批规则，若在节点中修改了自动审批设置，全局设置将会失效。

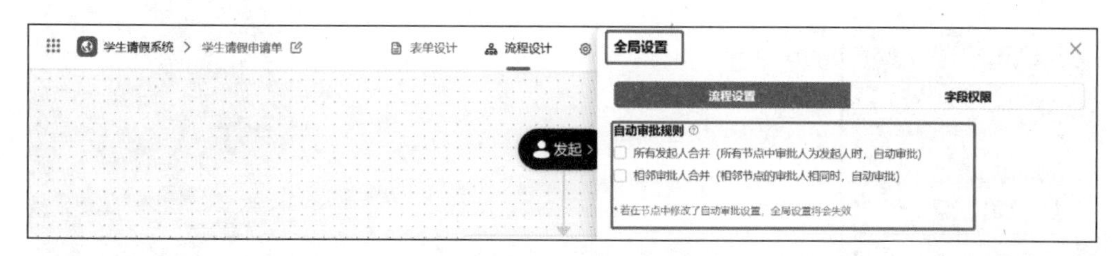

图 5-15　全局设置自动审批规则设置操作示意

在流程设计界面中单击“审批人”或者“执行人”节点，在“高级设置”中配置自动审批规则，相邻节点相同时自动审批，审批人为发起人时自动审批，且可配置是否允许审批人为空，如图 5-16 所示。“执行人”自动审批设置方式相同。

图 5-16　审批节点自动审批设置操作示意

5.4.4　节点提交配置入口

节点提交规则的作用是在用户提交流程或者审批人处理流程时，可以通过一些公式校验判断用户是否能执行此操作，或者可以触发业务关联公式来更新其他表单的数据。单击“全局设置”按钮后，在“流程设置”栏中单击“新增规则”按钮即可新增节点提交规则，如图 5-17 所示。

图 5-17　节点提交配置入口界面

在“流程设置”栏中“节点提交规则”栏单击“新增规则”按钮即可进入“节点提交规则”设置界面，如图 5-18 所示。

图 5-18　“节点提交规则”设置界面

在图 5-18 所示界面中用户可以自定义设置“规则名称”，可以设置“选择节点”的节点类型为“开始”“结束”“审批节点”。

“开始”选项的功能是提交数据时为开始节点，在提交数据时就会执行规则，可以设置“规则类型”为“校验规则”或“关联操作”。

“结束”的选项功能是流程结束时为结束节点，流程可通过不同的节点动作结束节点，因此选择结束节点时，需继续选择节点动作，给对应的节点动作设置规则，节点动作分为“同意”“拒绝”“撤销/终止”；可以设置“规则类型”为“关联操作”。

“审批节点”为流程设置中的审批人节点以及执行人节点，可直接进行选择。选择后，需要对应选择触发方式以及当前节点的节点动作。当触发方式为“任务完成执行”时，节点动作可选择“同意”“拒绝”“保存”“退回”，规则类型可选择“检验规则”或“关联操作”。当触发方式为“节点完成执行”时，节点动作可选择“同意”和“拒绝”，规则类型可选择“关联操作”。

“校验规则”是在节点提交操作时进行判断，不满足条件可以阻止提交操作。

“关联操作”是不影响审批操作，不进行判断，只在配置节点操作的同时执行其他业务关联公式，在同意、拒绝、报错或者退回操作时，执行其他操作。

5.4.5　创建节点

流程表单创建后系统自动带有审批流程，且审批人是发起人本人，如图 5-19 所示。在实际应用场景中若工作流程中有多个运转环节，可单击“添加节点”按钮新增节点。

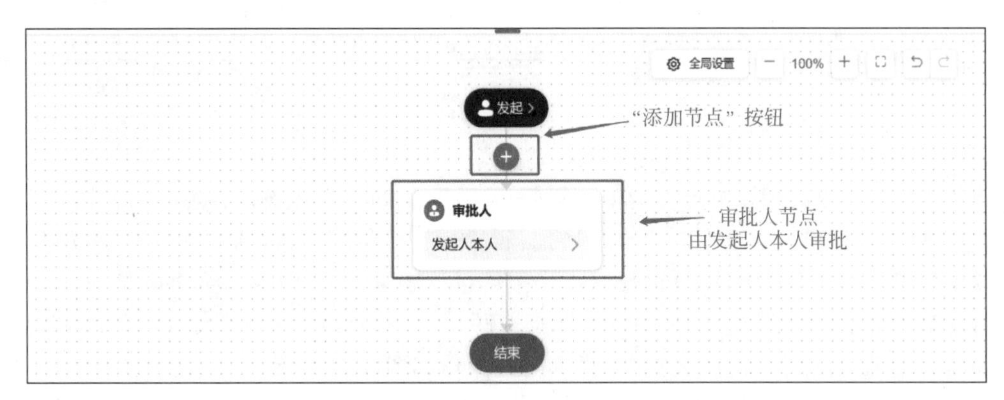

图 5-19　表单自动创建的审批流程示意

在图 5-19 所示界面中单击“添加节点”按钮后可以在弹出的“添加节点”设置框中选择“审批人”“执行人”“抄送人”“消息通知”或“条件分支”常用节点，如图 5-20 所示。另外，还可以设置“连接器”“新增数据”“更新数据”“获取单条数据”“获取多条数据”“删除数据”或 Groovy 节点，这类高级节点此处不多介绍。“连接器”将在第 8 章中介绍。

图 5-20　添加节点操作示意

其中“审批人”“执行人”“抄送人”“分支节点”“消息通知”的设置对比如表 5-1 所示。

表 5-1　节点设置对比

节点类型	作　用
审批人	处理该节点上的审批任务，需要做出“同意”“拒绝”等决策，一个流程至少包含一个审批节点
执行人	不需要做出决策，只需要去执行工作，然后返回流程审批人继续处理，执行人做的工作与审批无关

续表

节点类型	作　　用
抄送人	用于在审批人审批后给抄送人发送消息提醒，抄送人不需要审批和执行
分支节点	可以配置更复杂的分支条件，多个条件组合，解决流程分支多、节点多的问题
消息通知	在表单或流程执行到某个阶段时，给指定的人员发送钉钉消息、钉钉待办的功能

5.4.6 “审批人”节点

审批人的职责是处理该节点上的审批任务，需要做出“同意”“拒绝”等决策，一个流程至少包含一个审批节点，用户可以根据需要自行增加、删除、审批节点。例如，员工购买了计算机，这时候需要走公司流程进行报销，就可以提交一个报销申请表单，然后财务人员决定是否报销，需要决定对这个表单是同意、拒绝或是其他操作，那么财务人员就是这个工作流场景当中的“审批人”。

参考图 5-20，添加新节点，选择“审批人”，其操作如图 5-21 所示。

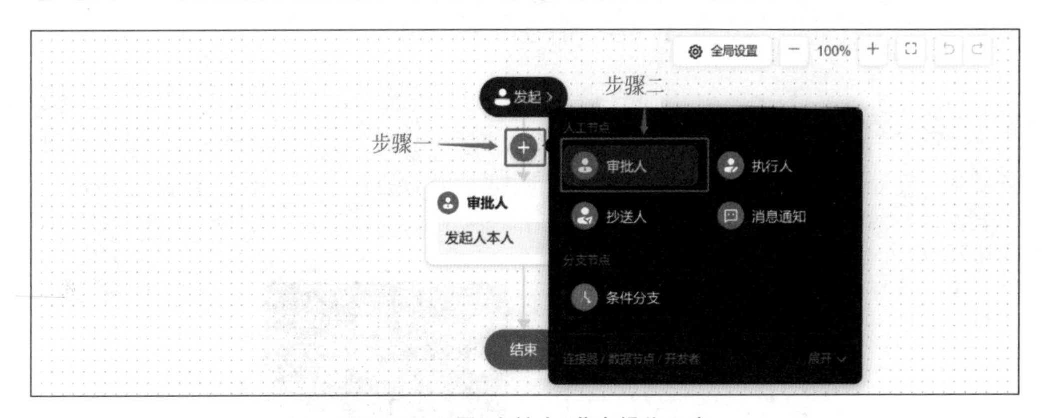

图 5-21　设置“审批人”节点操作示意

在图 5-21 所示界面中单击“审批人”节点，在弹出的“审批人”设置界面有“审批人”“审批按钮”“设置字段权限”“高级设置”菜单分栏，如图 5-22 所示。

图 5-22　弹出的“审批人”设置界面示意

在图 5-22 所示界面中选择“审批人”菜单分栏，则可以在“审批人设置”栏中设置“指定成员”“指定角色”“部门主管”“连续多级主管”“直属主管”“部门接口人”“发起人本人”“发起人自选”“表单内成员字段”或“第三方服务”，设置完成后单击“保存”按钮保存对“审批人设置”的设置，如图 5-23 和表 5-2 所示。

图 5-23　“审批人”菜单分栏界面示意

表 5-2　审批人可选类型介绍

审批人可选类型	介　　绍
指定成员	指定固定成员作为审批人
指定角色	指定角色审批，将多个人进行标记，可以在管理后台的首页进行设置，单击图中“角色管理”跳转到平台即可进行管理。同时涉及多人审批，可配置多人审批方式
部门主管	指定发起人或页面中成员组件变量的主管，主管可自定义第 N 级主管
连续多级主管	发起人提交审批后，由发起人向上的各级主管依次审批，直到审批终点
直属主管	该员工的直接上级需要在钉钉软件中设置
部门接口人	可以在管理后台的首页设置，单击“接口人管理”跳转到平台即可进行管理
发起人本人	由发起人本人作为审批人，且不受自动审批规则影响
发起人自选	设置选择范围，发起人发起时可自行在该范围内选择成员
表单内成员字段	根据表单内成员变量或发起人变量作为审批人
第三方服务	根据第三方服务设置审批人，第三方服务可以在“服务注册”中进行填写，然后在流程中可以直接选择使用

在图 5-22 所示界面中选择“审批按钮”菜单分栏，则可以在“操作按钮”栏中设置“同意”“拒绝”“保存”“转交”“加签”“退回”按钮是否启用；可以设置“批量审批”功能是否开启；设置完成后单击“保存”按钮保存对“操作按钮”的设置，如图 5-24 所示。在“显示名称”栏中单击“修改”按钮自定义显示名称。

在图 5-22 所示界面中选择“设置字段权限”菜单分栏，则可以在“字段权限”栏中设置当前节点显示的权限，可以设置组件权限为“是否可操作”“是否只读”“是否隐藏”；设置完成后单击“保存”按钮保存对“字段权限”的设置，如图 5-25 所示。

在图 5-22 所示界面中选择“高级设置”菜单分栏，则可以在“自动审批”栏中设置节点“是否发起人自动审批”和“是否相邻节点自动审批”功能；设置完成后单击“保存”按钮保存对“自动审批”的设置，如图 5-26 所示。

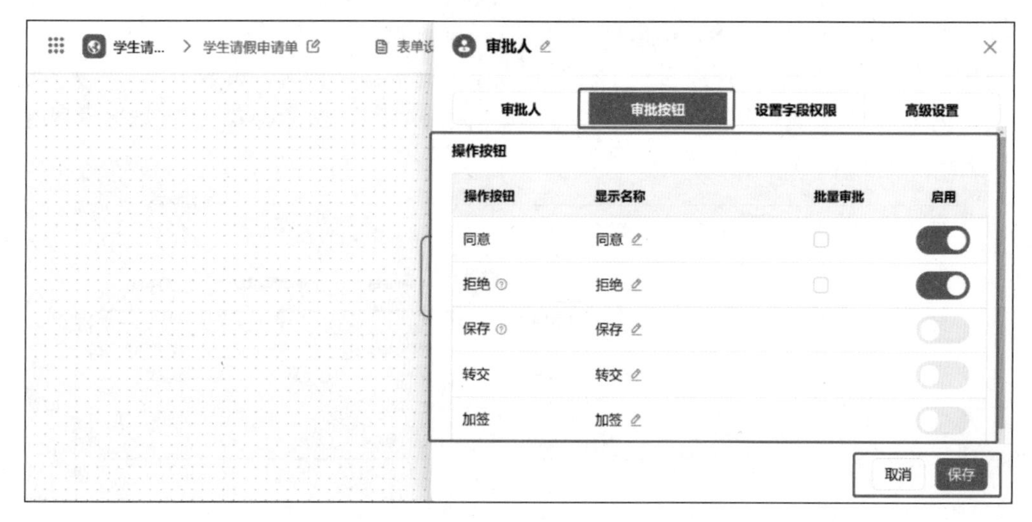

图 5-24 “审批按钮”菜单分栏界面示意

图 5-25 审批人“设置字段权限”菜单分栏界面示意

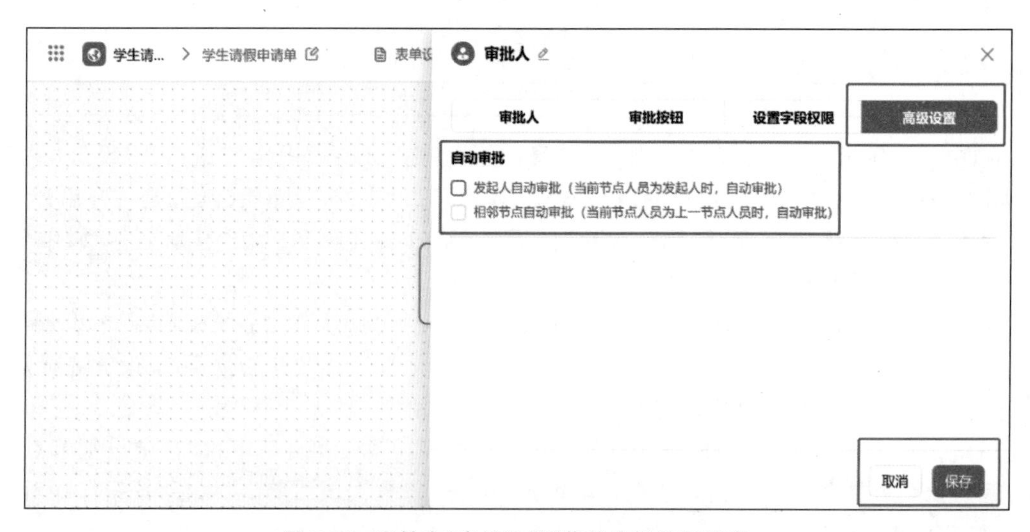

图 5-26 审批人“高级设置”菜单分栏界面示意

5.4.7 “执行人”节点

执行人不需要做出决策，只需要执行工作，然后返回流程审批人继续处理，执行人做的工作与审批无关。例如，财务经理审批，出纳执行付款，财务经理是审批人，可以控制整个流程的走向，如终止、回退、转交等，而出纳是执行人，执行人就是执行特定的操作。

参考图 5-20，添加新节点，选择“执行人”，新增完成后如图 5-27 所示。

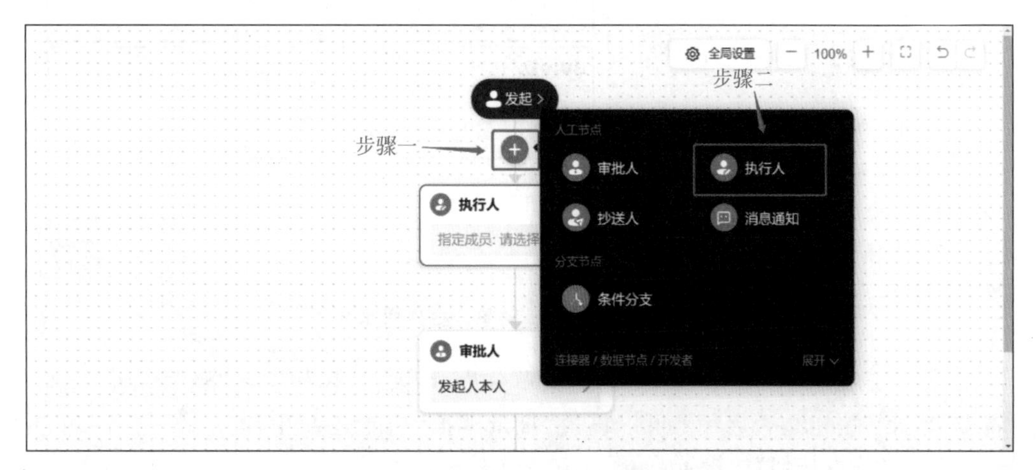

图 5-27　设置“执行人”节点操作示意

在图 5-27 所示界面中单击“执行人”节点，在弹出的“执行人”设置界面中有“执行人”“操作按钮”“设置字段权限”“高级设置”菜单分栏，如图 5-28 所示。

图 5-28　弹出的“执行人”设置界面示意

在图 5-27 所示界面中选择“执行人”菜单分栏，在该分栏中可以设置“执行人设置”和“选择执行人”，其中可以在“执行人设置”栏中设置“指定成员”“指定角色”“部门主管”“连续多级主管”“直属主管”“部门接口人”“发起人本人”“发起人自选”“表单内成员字段”；在“选择执行人”栏中可以在下拉菜单中选择组织中成员；设置完成后单击“保存”按钮保存对“执行人设置”和“选择执行人”的设置，如图 5-29 所示。

图 5-29 “执行人”菜单分栏界面示意

在图 5-27 所示界面中选择“操作按钮”菜单分栏，可以在“操作按钮”栏中设置“提交”“保存”“转交”“退回”按钮是否启用；可以设置“批量审批”功能是否开启；设置完成后单击“保存”按钮保存对“操作按钮”的设置，如图 5-30 所示。

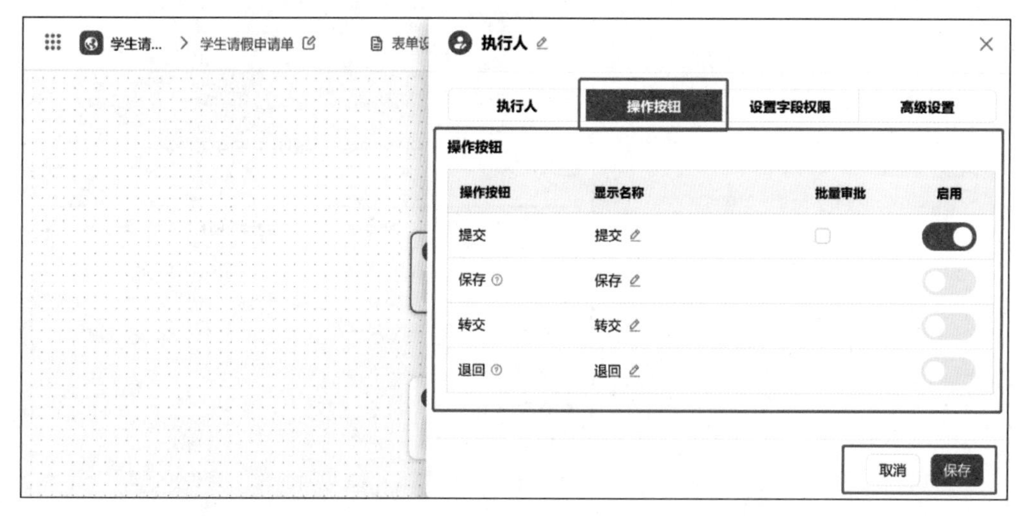

图 5-30 执行人“操作按钮”菜单分栏界面示意

在图 5-27 所示界面中选择“设置字段权限”菜单分栏，可以在“字段权限”栏中设置当前节点中的组件“是否可操作”“是否只读”“是否隐藏”功能；设置完成后单击“保存”按钮保存对“字段权限”的设置，如图 5-31 所示。

在图 5-27 所示界面中选择“高级设置”菜单分栏，在该栏中可以设置“自动执行”和“执行人为空”功能，其中可以在“自动审批”栏中设置节点“是否发起人自动审批”和“是否相邻节点自动审批”；可以在“执行人为空”栏中设置“自动跳过节点”或“不允许为空”；设置完成后单击“保存”按钮保存对“自动审批”的设置，如图 5-32 所示。

图 5-31　执行人“设置字段权限”菜单分栏界面示意

图 5-32　执行人“高级设置”菜单分栏界面示意

5.4.8　“抄送人”节点

宜搭流程支持用户在设置流程时加入“抄送人”节点，用于在审批人审批后给抄送人发送消息进行提醒，抄送人不能审批和执行。例如，员工发起报销审批时，财务人员审批同意，而领导需要查看这部分报销，因此可以设置领导为抄送人，领导就可以直接收到这个流程审批过程。

参考图 5-20，添加新节点，选择“抄送人”，新增完成后如图 5-33 所示。

在图 5-33 所示界面中单击“抄送人”节点，在弹出的“抄送人”设置界面有“抄送人”和“设置字段权限”菜单分栏，如图 5-34 所示。

在图 5-33 所示界面中选择“抄送人”菜单分栏，在该分栏中可以设置“抄送人设置”和“选择抄送人”，其中可以在“抄送人设置”栏中设置“指定成员”“指定角色”“部门主管”“部门接口人”“发起人本人”“表单内成员字段”“第三方服务”；在“选择抄送人”栏中可以在下拉菜单中选择组织中成员；设置完成后单击“保存”按钮保存对“抄送人设置”和“选择抄送人”的设置，如图 5-35 所示。

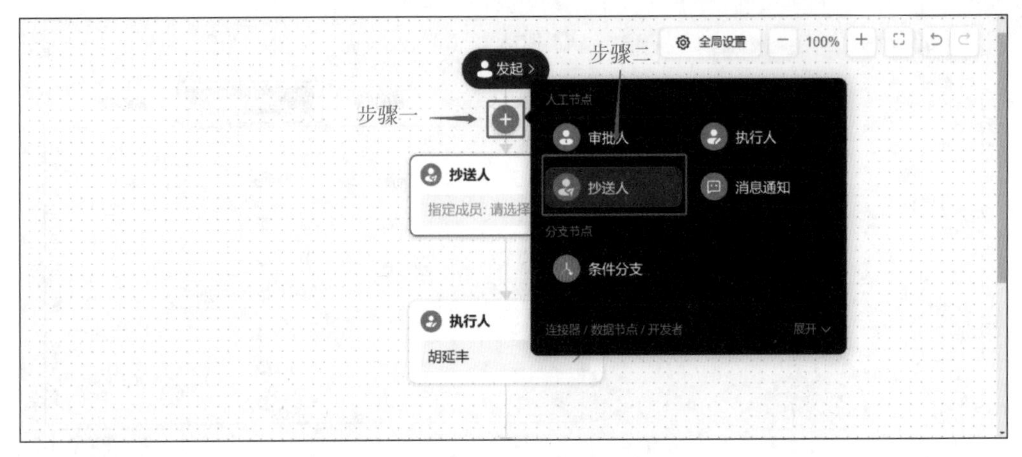

图 5-33　设置"抄送人"节点操作示意

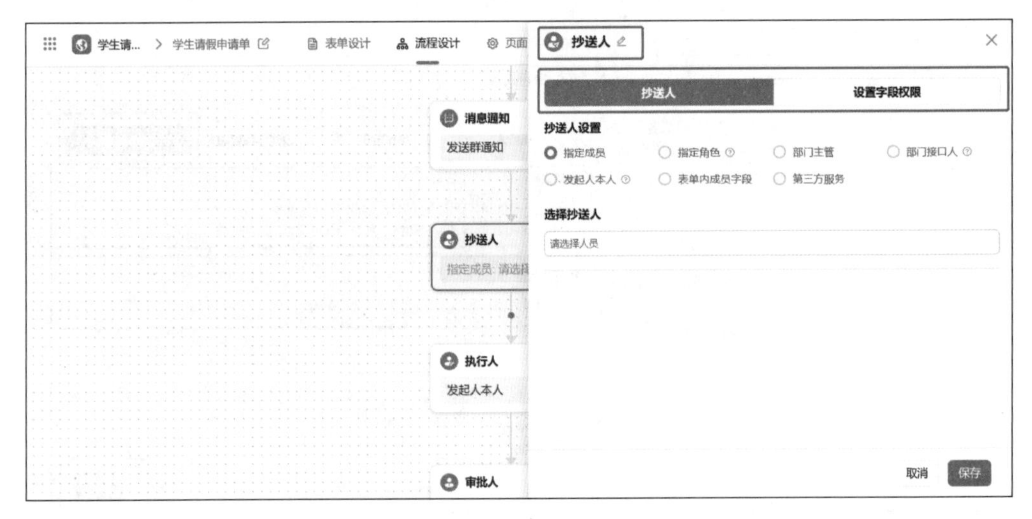

图 5-34　弹出的"抄送人"设置界面示意

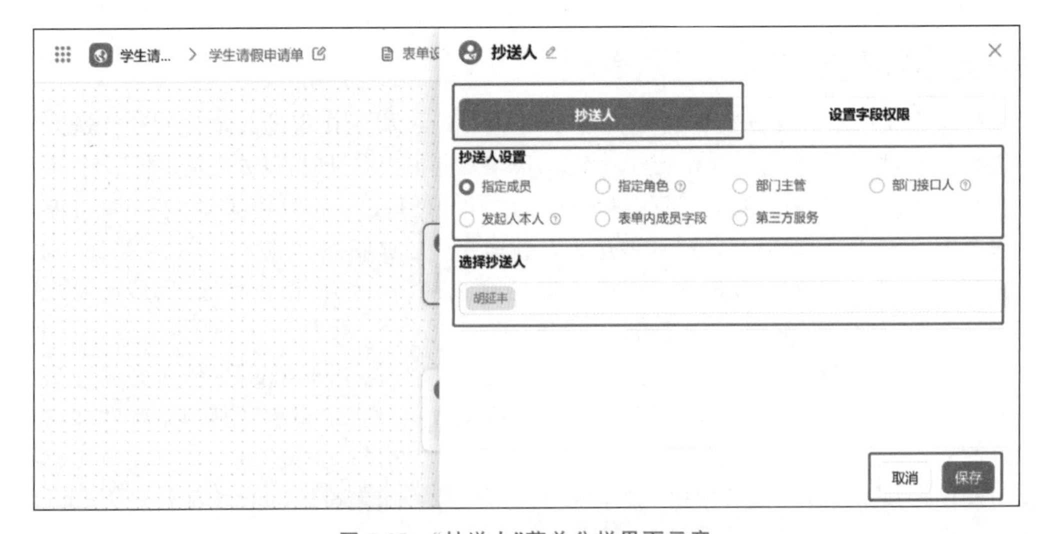

图 5-35　"抄送人"菜单分栏界面示意

在图 5-34 所示界面中选择"设置字段权限"菜单分栏，则可以在"字段权限"栏中设置本流程表单中的组件"是否只读"和"是否隐藏"功能，设置完成后单击"保存"按钮保存对"字段权限"的设置，如图 5-36 所示。

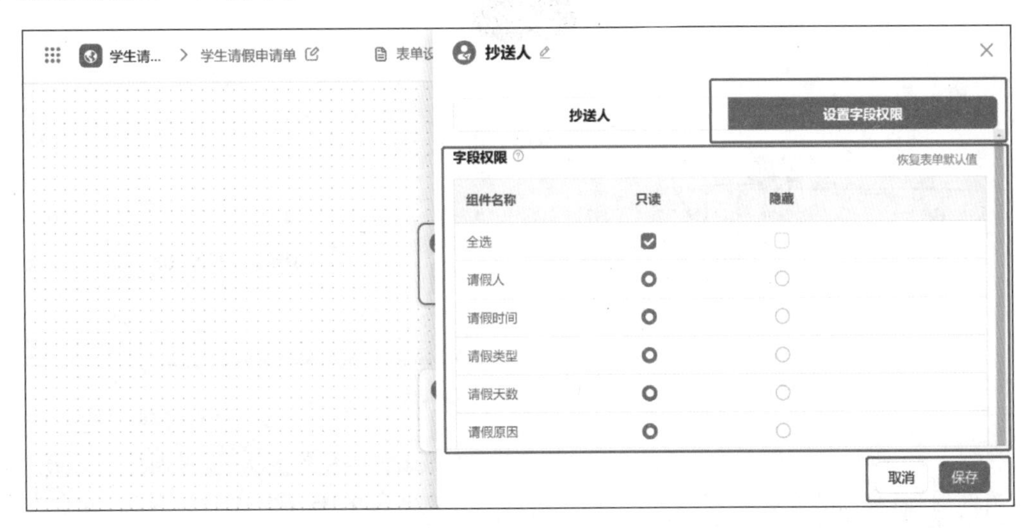

图 5-36 抄送人"设置字段权限"菜单分栏界面示意

5.4.9 分支节点

宜搭分支节点可以将一个流程设计分成多个分支，提交数据时满足不同条件执行不同的流程节点。在审批流程中，如果需要根据不同判断条件设置不同的审批人，就可以通过设置审批条件，在一个流程中设置多个流程分支。例如，员工在请假时，请假时长少于 2 天时，给主管审批；请假时长多于 2 天时，给总经理审批。

分支节点设置过程参考图 5-20 所示，添加新节点，选择"分支节点"，新增完成后如图 5-37 所示。

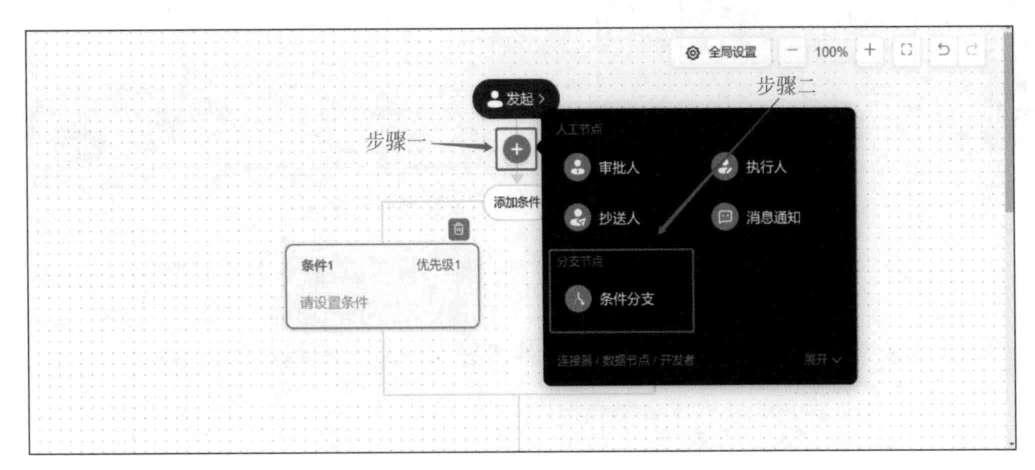

图 5-37 设置"分支节点"操作示意

参考图 5-37 所示的操作示意添加完成"分支节点"后，单击"添加条件"按钮，即可新增分支条件，例如单击"添加条件"按钮新增"条件 2"，如图 5-38 所示。当一条数据同时满足两条分支时，自动按照优先级来执行最高优先级分支，且只执行一条，可自行调整优先级，单击箭头符号调整优先级，且“其他情况”默认优先级最低。

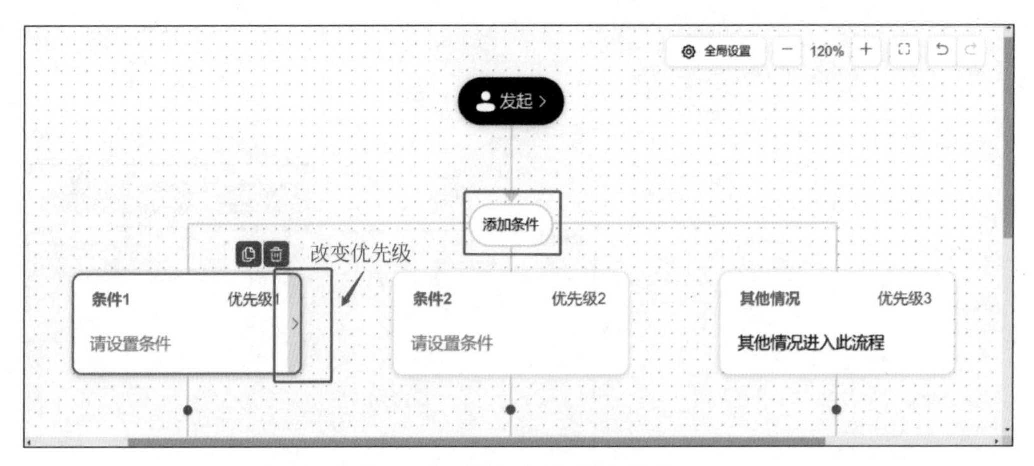

图 5-38　“添加条件”操作示意

在图 5-38 所示界面中单击“条件 1”分支条件，在弹出的“条件 1”设置界面中可以设置该分支条件的“名称”和“配置方式”，如图 5-39 所示。分支条件的配置方式分为两种，分别为“条件规则”和“公式”。

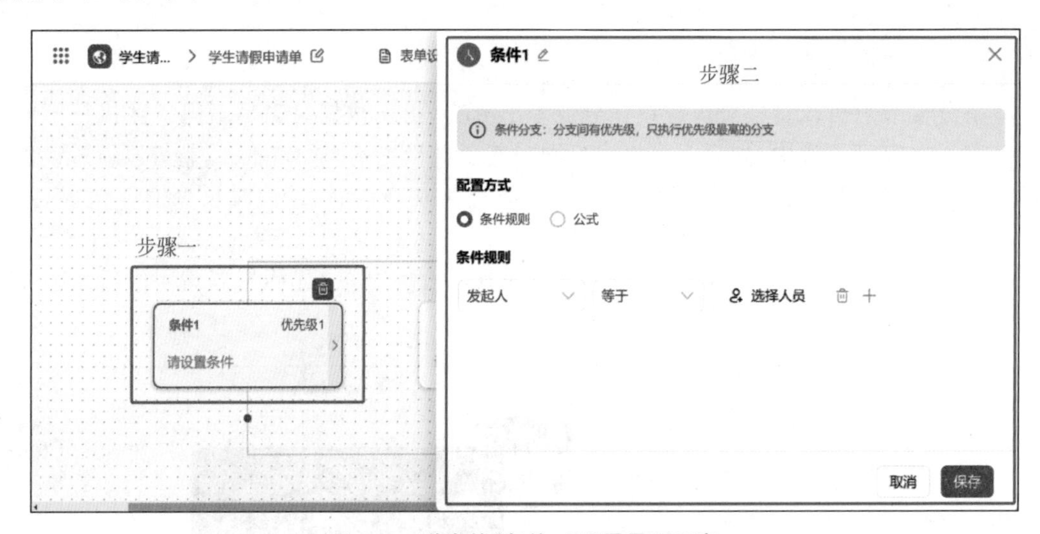

图 5-39　弹出的“条件 1”设置界面示意

在图 5-39 所示的“配置方式”栏中选择“条件规则”后，可以在“条件规则”栏中“发起人”下拉菜单中选择“发起人”“发起部门”或表单中组件字段，第二个选项为条件配置，会根据组件的不同展示不同的条件选择，第三个选项设置条件匹配的值，也是根据组件的不同展示不同的内容，如图 5-40 所示。

在图 5-39 所示的“配置方式”栏中选择“条件规则”后，可以在“条件规则”栏中单击“删除”按钮删除该条条件规则，可以单击“新增”按钮选择新增“同层级条件”或“子级条件”，如图 5-41 所示。

在图 5-39 所示的“配置方式”栏中选择“公式”后，可以在“公式”栏中单击“请输入”多行文本框区域设置公式，如图 5-42 所示。

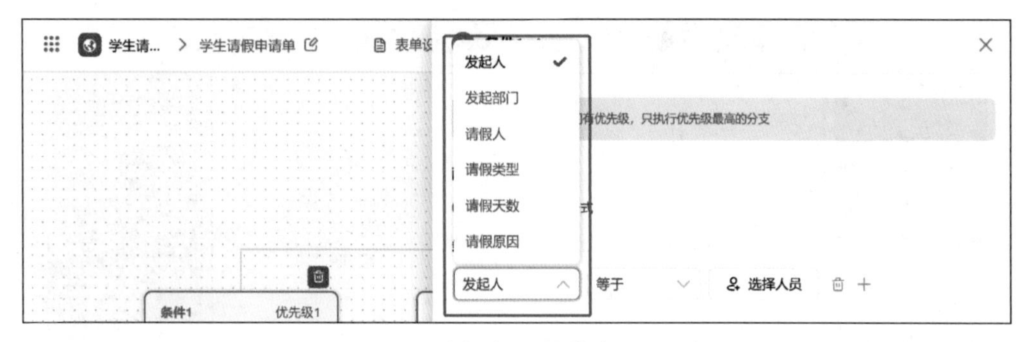

图 5-40　“发起人”下拉菜单界面示意

图 5-41　“删除”和“新增”条件规则操作示意

图 5-42　设置“配置方式”为“公式”操作示意

在图 5-42 所示界面中单击“请输入”多行文本框后，在弹出的“公式设置”设置界面编辑公式，如图 5-43 所示。

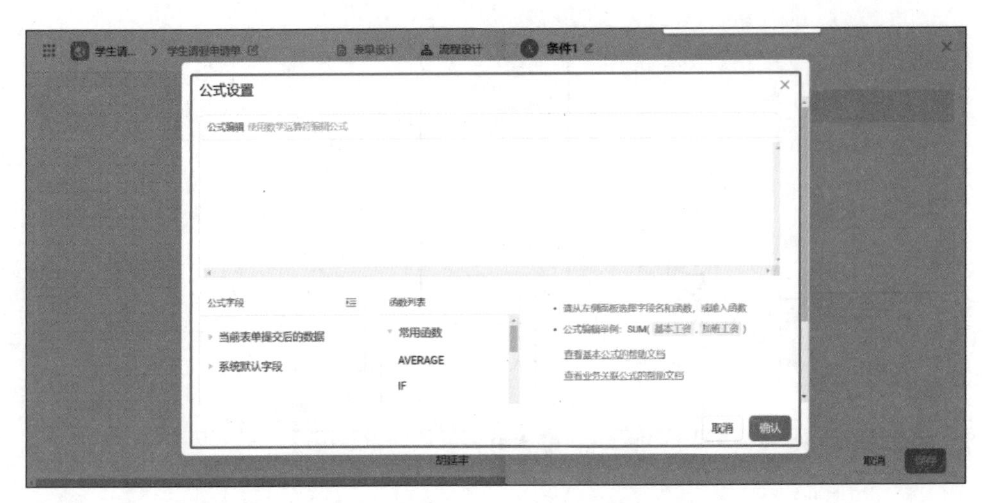

图 5-43　弹出的“公式设置”设置界面示意

5.4.10　“消息通知”节点

简单流程要实现，流程运行过程中的通知效果就可以设置消息通知，可以设置触发这个通知的条件，还可以设置通知到某个指定的人、流程节点、角色等。例如，提交了一个报销的流程表单，然后领导想要在流程结束之后去查看该流程表单的详情时，又不需要领导是流程节点上的人，那么就可以设置一个流程结束的消息通知。

参考图 5-20，添加新节点，选择“消息通知”节点，新增完成后如图 5-44 所示。

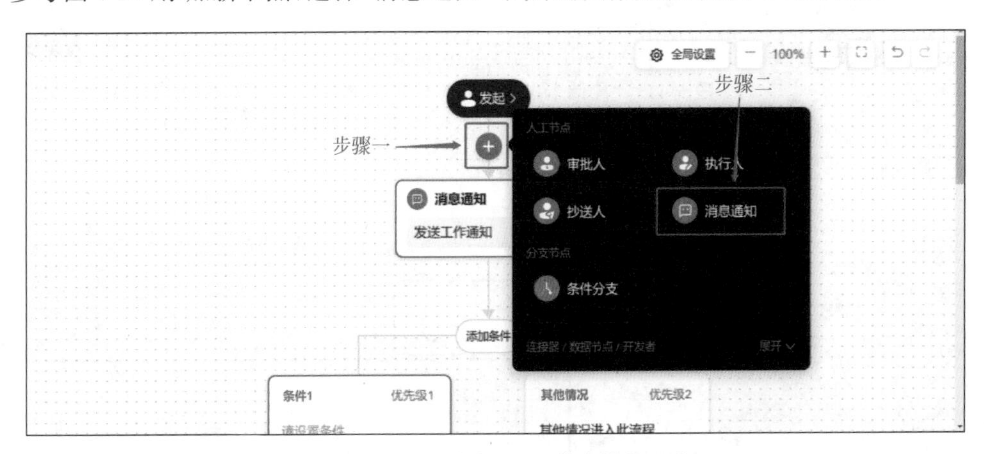

图 5-44　设置“消息通知”节点操作示意

在图 5-44 所示界面中单击“消息通知”节点，进入第一步“选择通知对象”，在该步可以设置“通知类型”和“通知人员”。其中，“通知类型”可以设置为“工作通知”或“群通知”；“通知人员”可以设置为“指定成员”“指定角色”“指定成员字段”，如图 5-45 所示。设置完成后单击“下一步”按钮。

在图 5-45 所示界面中单击“下一步”按钮之后，进入第二步“设置通知内容”，在该步中可以设置“通知内容”“图片”“标题”“内容”“操作按钮”，如图 5-46 和图 5-47 所示。“通知内容”可以设置为“自定义”或“使用通知模板”，设置完成后单击“下一步”按钮即可。“使用通知模板”可参考 4.6 节内容。

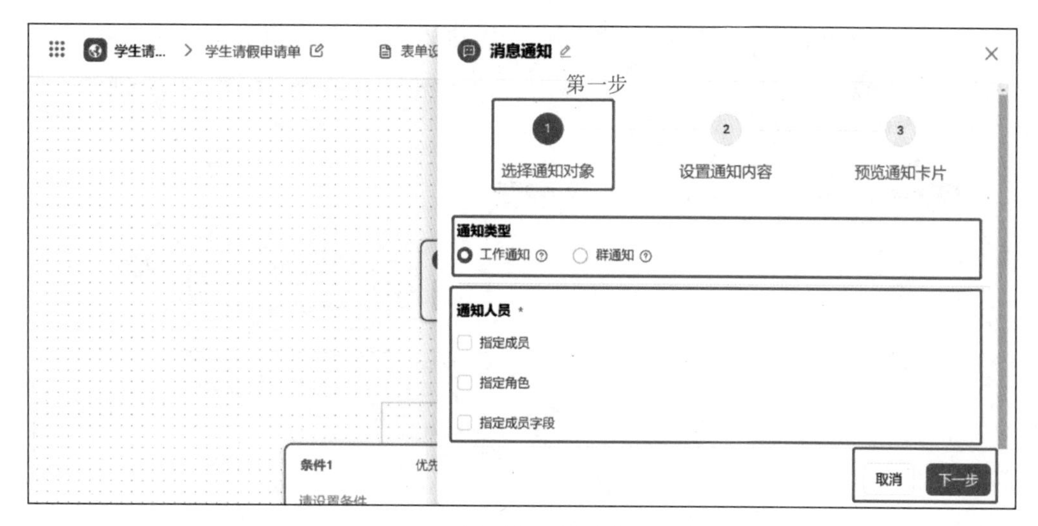

图 5-45　"选择通知对象"界面示意

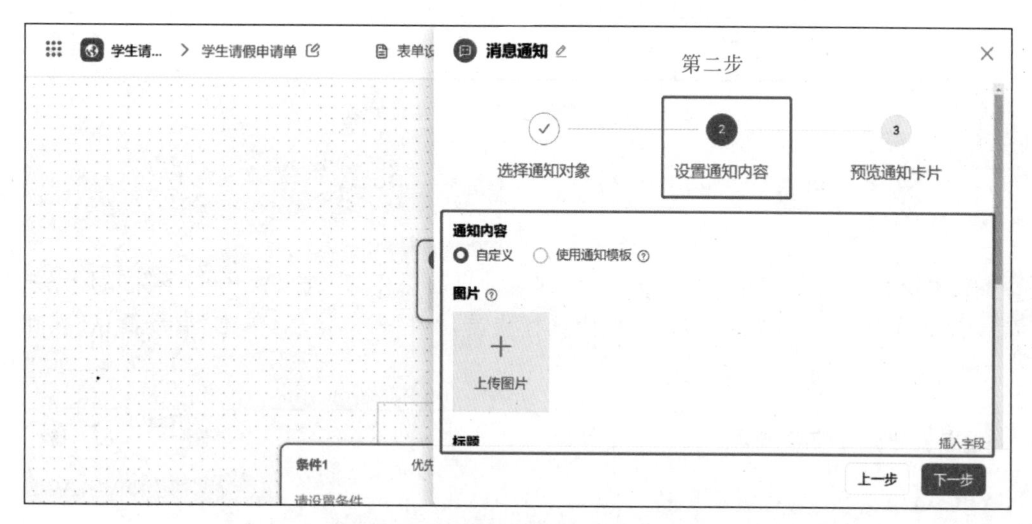

图 5-46　"设置通知内容"界面示意一

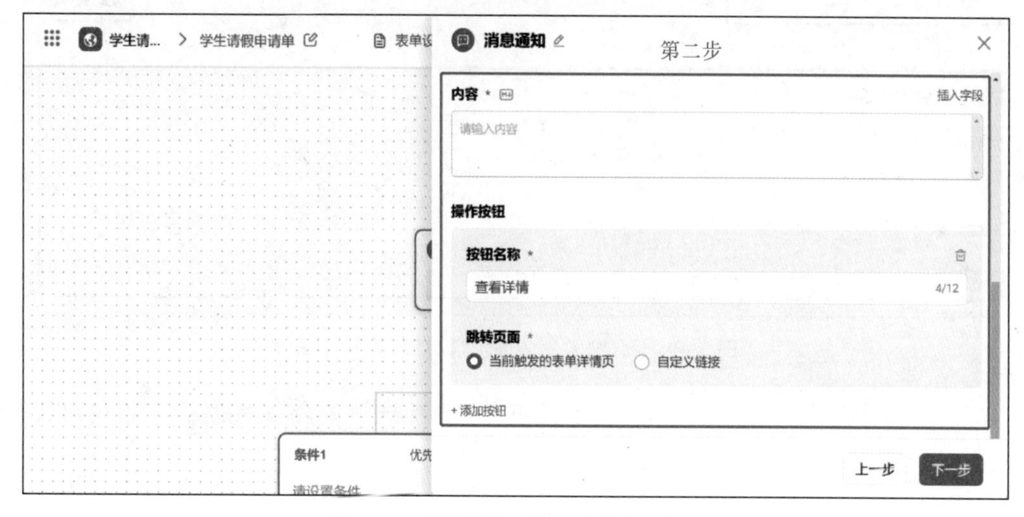

图 5-47　"设置通知内容"界面示意二

在图 5-47 所示界面中单击“下一步”按钮之后，进入第三步“预览通知卡片”，在该步展示通知卡片预览效果，如需更改可以单击“上一步”按钮返回前一步骤进行修改，如图 5-48 所示。设置完成后单击“保存”按钮即可。

图 5-48　“预览通知卡片”界面示意

5.4.11　测试流程

在流程设计界面中单击“测试”按钮，流程设计自动保存，并进入新开的“学生请假系统”测试页面，在该页面中，在“当前发起人”栏中选择成员，填写表单信息，单击“启动测试”按钮，如图 5-49 所示。

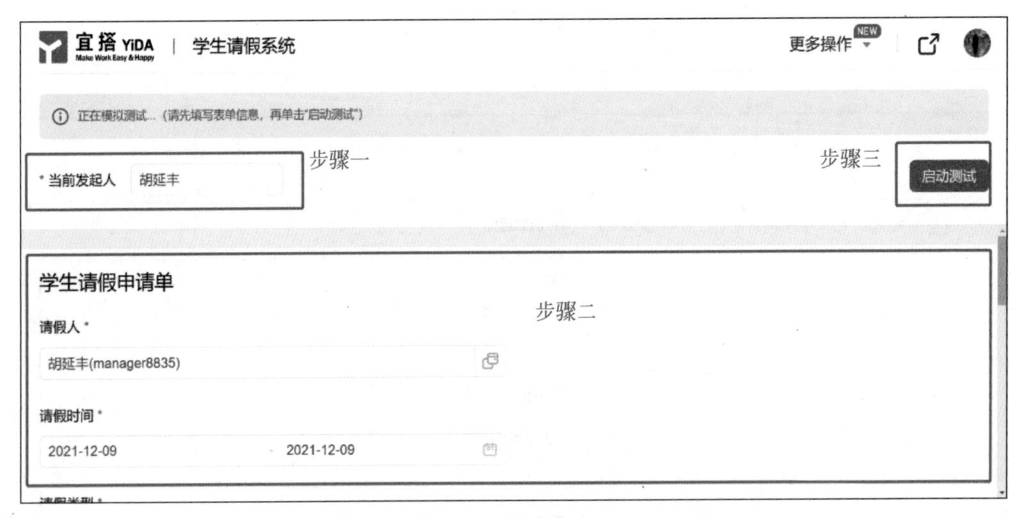

图 5-49　测试“学生请假申请单”流程界面图

在图 5-49 所示界面中单击“启动测试”按钮后等待完成测试，在“审批流程”栏中可以查看审批流程，如图 5-50 所示。

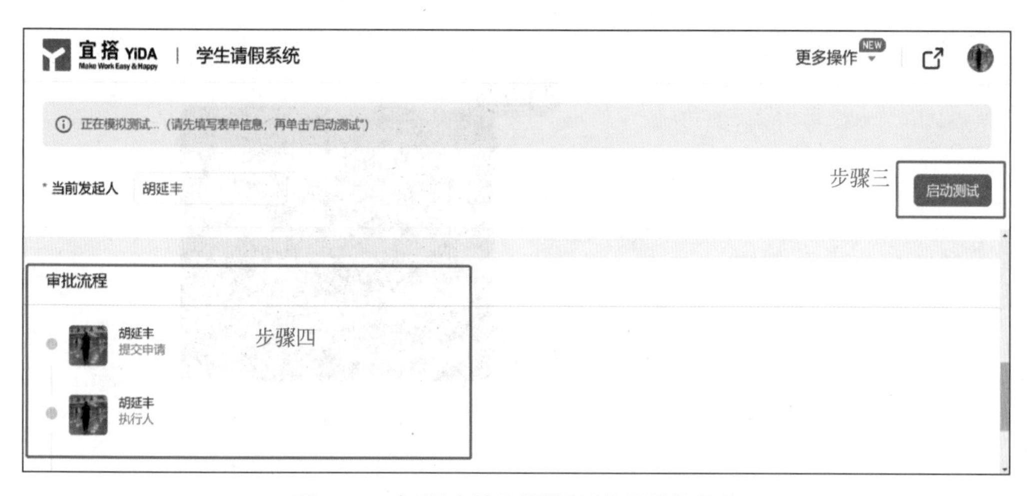

图 5-50　查看"审批流程"测试结果操作示意

5.4.12　发布流程

在"流程设计"界面完成"学生请假申请单"流程表单的流程设计，在"顶部操作栏"中可以查看到"流程已经变更请发布"提示符号，单击"发布流程"按钮保存并发布流程，如图 5-51 所示。若设置完流程后单击"发布流程"按钮，则流程生效，否则流程不生效。

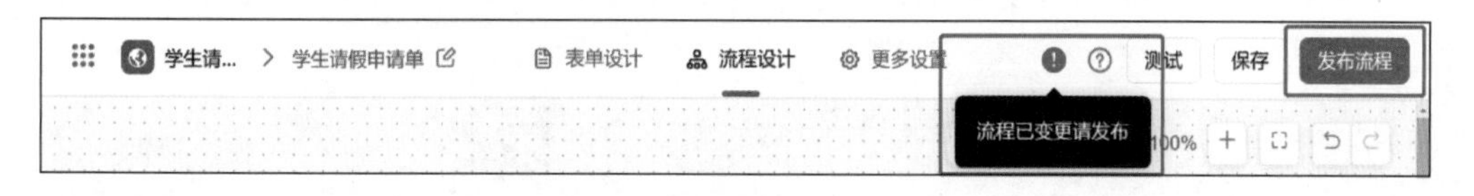

图 5-51　"发布流程"操作示意

在图 5-51 所示界面中单击"发布流程"按钮后，会弹出"保存成功"提示框表示流程已经保存并发布，如图 5-52 所示。

图 5-52　"保存成功"弹出的提示框示意

5.5　"学生请假申请单"流程设计

5.5.1　设计流程

本节以"学生请假系统"为例，参考 5.4 节内容，主要介绍"学生请假申请单"设计流程。在该宜搭应用开发界面左侧表单列表栏选择"学生请假申请单"页面，在右侧该操作界面中，打开"编辑流程表单"按钮右侧下拉菜单，该菜单中单击"流程设计"按钮，进入流程设计界面，在流程设计画布中添加"消息通知"节点，如图 5-53 所示。

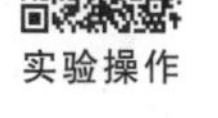

在流程设计画布中单击"消息通知"节点，在弹出的"消息通知"设置界面第一步"选择通知对象"界面中设置"通知类型"为"群通知"，在文本框中输入关键字搜索群聊方可选择需要发送通知的群，单击"下一步"按钮完成第一步设置，如图 5-54 所示。

图 5-53　添加“消息通知”节点操作示意

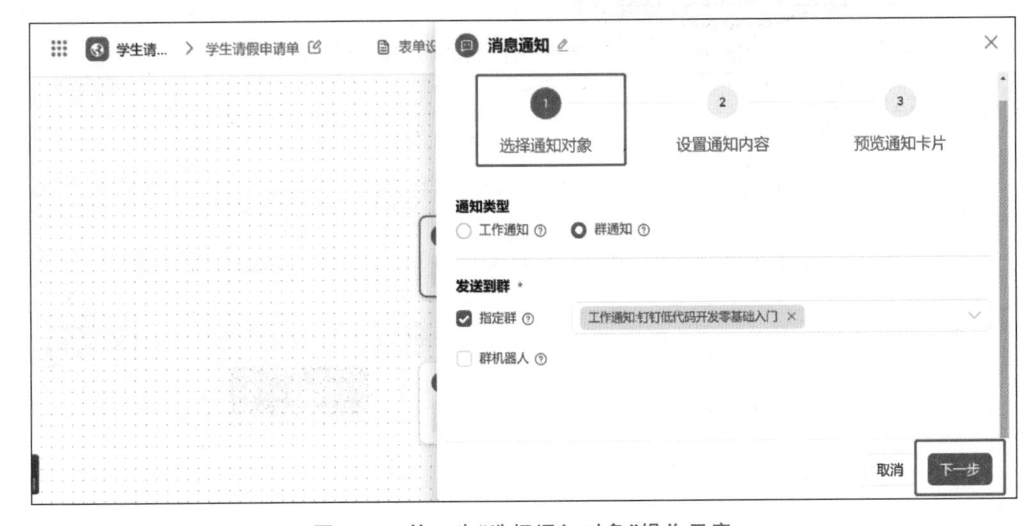

图 5-54　第一步“选择通知对象”操作示意

在图 5-54 所示界面中单击“下一步”按钮后，进入第二步“设置通知内容”界面，设置“通知内容”为“使用通知模板”，在“选择模板”栏中选择“请假申请单”，参考 5.8 节内容，设置完成后单击“下一步”按钮，如图 5-55 所示。

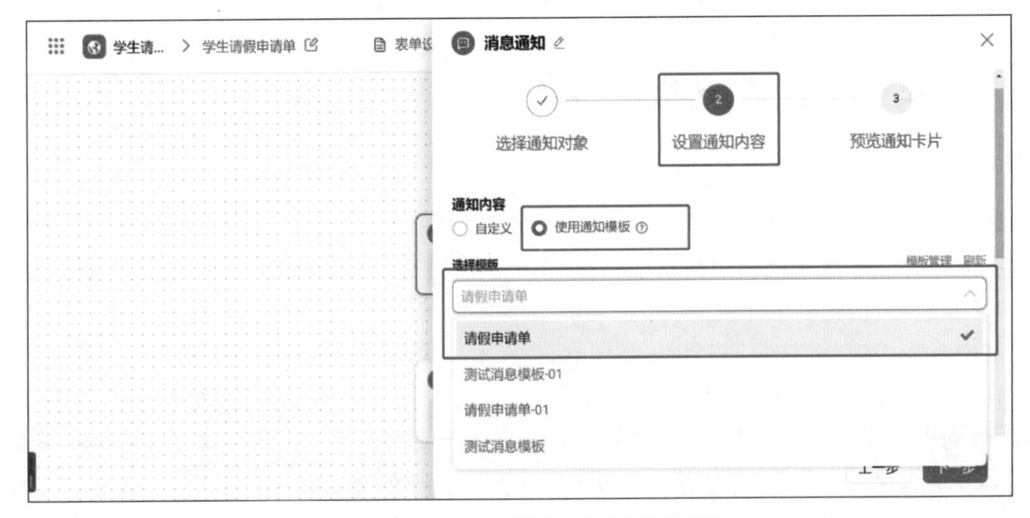

图 5-55　第二步“设置通知内容”操作示意

在图 5-55 所示界面中单击“下一步”按钮，进入第三步“预览通知卡片”界面，在该界面中可以查看消息通知卡片效果，设置完成后单击“保存”按钮，如图 5-56 所示。此处消息模板配置可参考 5.8 节内容。

图 5-56　第三步“预览通知卡片”操作示意

设置完成后，在“学生请假申请单”流程设计界面，单击“保存”按钮，会提示“流程已变更请发布”，如图 5-57 所示。

图 5-57　“保存”操作示意

在图 5-57 所示界面中单击“发布流程”按钮，会弹出提示“发布成功”，如图 5-58 所示。

图 5-58　“发布流程”操作示意

5.5.2　效果展示

参考 5.5.1 节内容发布完成“学生请假申请单”流程设计，访问“学生请假系统”提交“学生请假申请单”流程表单数据，在钉钉客户端则会收到宜搭消息推送，如图 5-59 所示。

提交“学生请假申请单”流程表单数据后，提交人会进入表单详情页面，在该页面中可以单击“撤销”按钮撤销流程表单提交，如图 5-60 所示。

当提交人提交表单后审批人可以单击图 5-59 中“查看详情”按钮进入该流程表单详情页面，在该页面中可以单击“同意”“拒绝”“撤销”按钮对该表单数据进行操作，如图 5-61 所示。

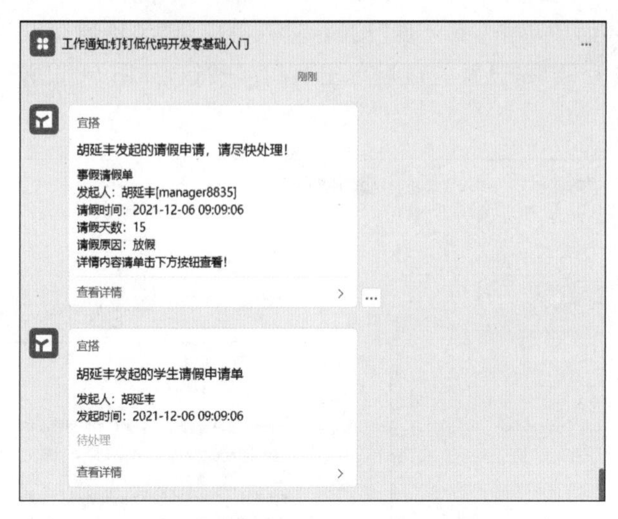

图 5-59　钉钉客户端收到消息推送效果示意

图 5-60　提交人流程表单数据详情页效果示意

图 5-61 审批人流程表单数据详情页示意

5.6 流程表单页面设置

视频讲解

实验操作

本节以“学生请假系统”宜搭应用为例介绍流程表单页面设置。在该宜搭应用开发界面左侧表单列表栏选择“学生请假申请单”页面，在右侧该操作界面中，打开“编辑流程表单”按钮右侧下拉菜单，该菜单中有“表单设计”“流程设计”“页面设置”“数据管理”四个表单设置界面快捷入口按钮，如图 5-62 所示。

单击“页面设置”按钮，进入“学生请假申请单”页面设置分栏界面，如图 5-63 所示。页面设置主要用于表单类型页面的设置。在“页面设置”分栏界面左侧设置菜单栏中有“基础设置”“消息通知”“分享设置”“关联列表”“权限设置”五个设置分栏。

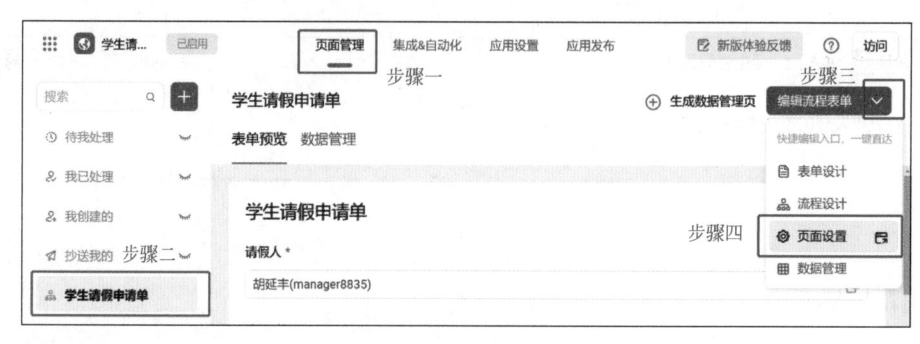

图 5-62　流程表单页面设置快捷入口示意

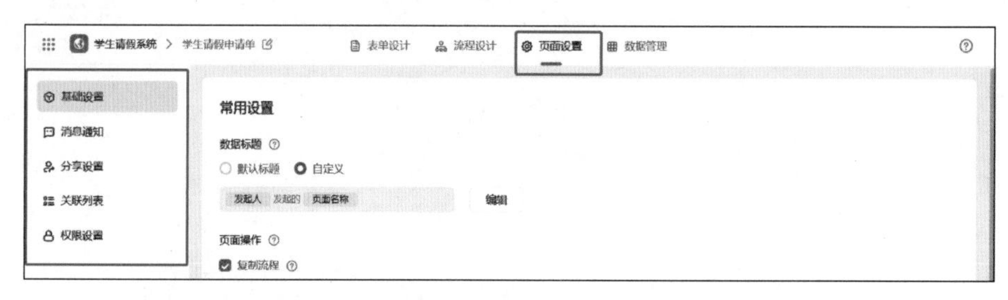

图 5-63　流程表单“页面设置”分栏界面示意

视频讲解

5.7　页面设置之“基础设置”

实验操作

参考图 5-63,在“页面设置”分栏界面左侧设置菜单栏中选择“基础设置”设置分栏,右侧进入“基础设置”分栏界面,如图 5-64 所示。在该界面中可设置“常用设置”和“高级设置”,设置完成后单击“保存”按钮完成基础设置。

图 5-64　流程表单“基础设置”设置分栏界面示意

5.7.1　修改页面名称

修改页面名称有两种方式，并且当前修改表单名称只对新提交的数据生效，之前已经提交的表单名称不会改变。

方式一：在“学生请假系统”开发界面左侧列表栏中选择要修改的页面，单击该页面中的齿轮图标，选择“修改名称”即可进行修改，如图 5-65 所示。

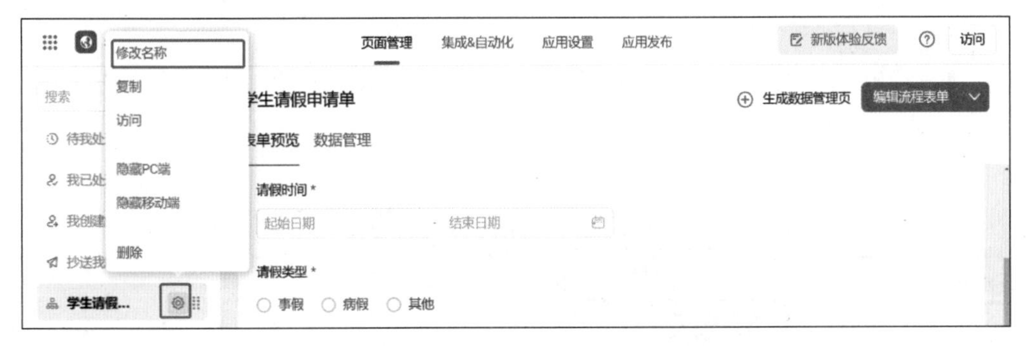

图 5-65　修改页面名称方式一操作示意

在图 5-65 所示界面中单击“修改名称”按钮后，在弹出的“页面名称”设置界面中修改该流程表单页面名称，如图 5-66 所示。

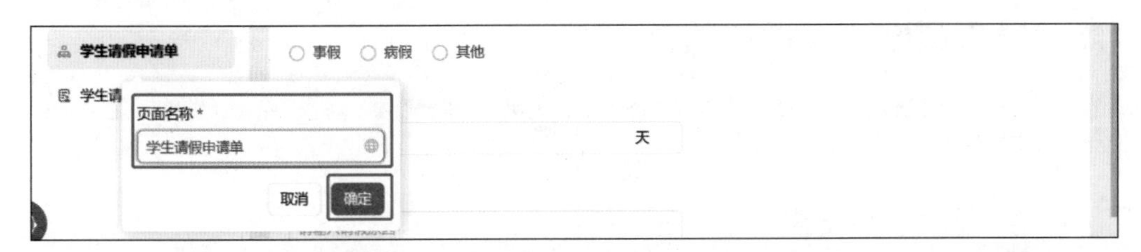

图 5-66　弹出的“页面名称”设置界面示意

方式二：在“学生请假申请单”编辑界面顶部操作栏单击“页面名称”右侧的“修改”符号，即可以在“页面名称”栏中修改页面名称，如图 5-67 所示。

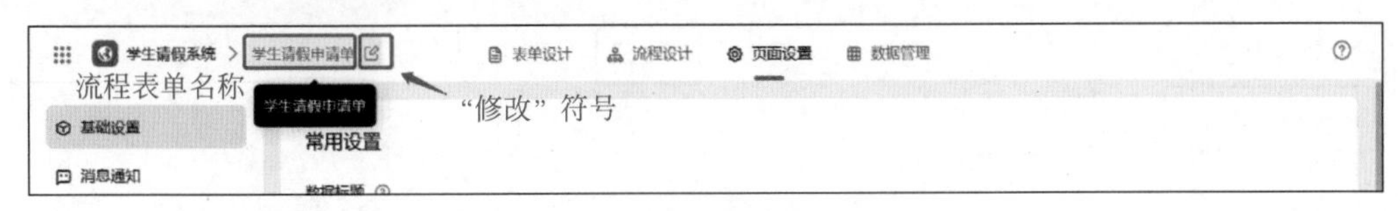

图 5-67　修改页面名称方式二操作示意

5.7.2　设置数据标题

在“基础设置”设置分栏界面中“数据标题”可以设置为“默认标题”和“自定义”，此部分可参考 4.5.2 节内容。

5.7.3　页面操作

在“基础设置”设置分栏界面中“页面操作”可以设置“是否开启复制流程”功能，如图 5-68

所示。开启该功能后在流程撤销、终止、审批结束后，流程发起人可一键复制表单数据。

图 5-68 “页面操作”配置操作示意

5.7.4 设置咨询人员

在“基础设置”设置分栏界面中“页面操作”可以在“设置咨询人员”栏中选择人员，如图 5-69 所示。咨询入口可使用户在发起或者审批流程过程中遇到问题时可以找到咨询入口联系管理员。

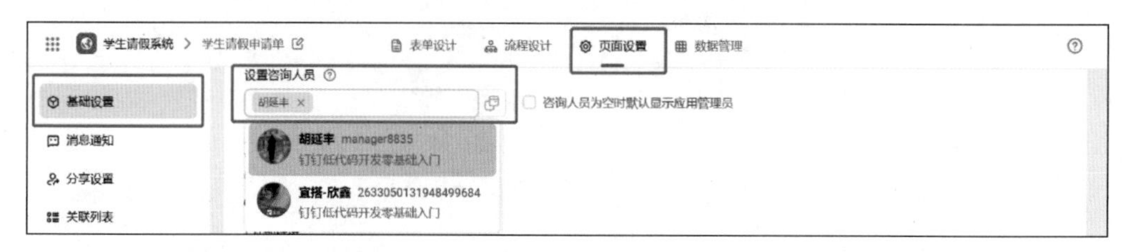

图 5-69 “设置咨询人员”配置操作示意

5.7.5 设置页面提交后跳转的页面

选择“页面提交后跳转的页面”后，配置好跳转规则，提交表单后将会跳转到指定页面。此部分可参考 4.5.3 节内容。

5.7.6 设置“高级设置”

在“高级设置”设置分栏界面中“隐藏导航”可以设置是否开启“隐藏导航(不显示顶部)”功能，此部分可参考 4.5.5 节内容。

在“高级设置”设置分栏界面中可以设置“开启群插件通知”功能，如图 5-70 所示。设置

图 5-70 开启“开启群插件通知”功能操作示意

“开启群插件通知”后，当应用被添加到群内快捷栏后，如果再次发起应用的业务流程时，群内的流程待处理相关方将收到群内的消息通知，以便更好地在群内推进业务流程。

在图 5-70 所示界面中设置“开启群插件通知”为开启，在钉钉该应用组织内群聊中“群快捷栏”单击“宜搭”，如图 5-71 所示。进入“宜搭”后将“学生请假系统”添加至群，如图 5-72 所示。

图 5-71　“群快捷栏”界面示意

图 5-72　“宜搭”界面示意

用户也可以在手机端进入“学生请假系统”宜搭应用界面。单击右上角的“…”按钮进入弹出的“更多操作”设置界面，如图 5-73 所示。设置完成后在群聊中会有智能群助手推送消息，如图 5-74 所示。

图 5-73　弹出的"更多操作"界面示意

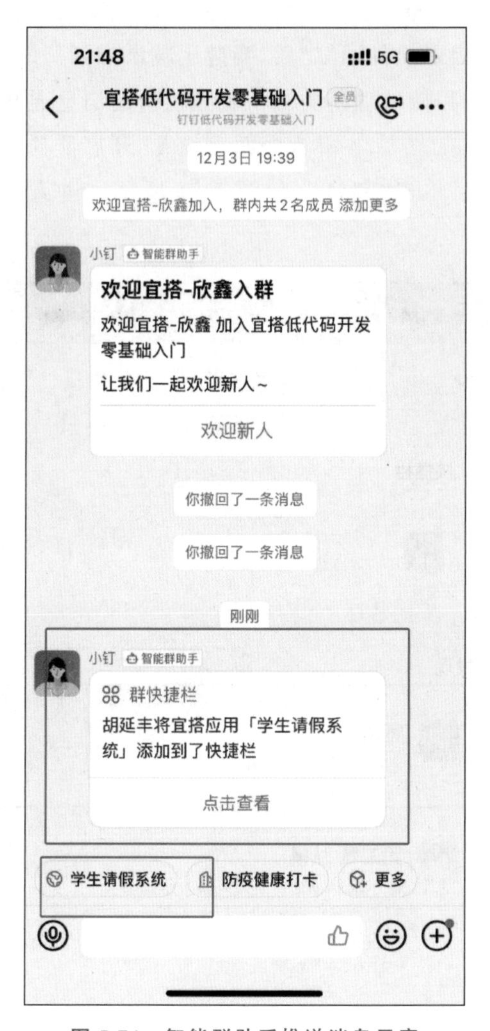

图 5-74　智能群助手推送消息示意

视频讲解

5.8　页面设置之"消息通知"

5.8.1　"消息通知"介绍

实验操作

参考图 5-63，在"页面设置"分栏界面左侧设置菜单栏中选择"消息通知"设置分栏，右侧进入"消息通知"分栏界面，如图 5-75 所示。本节将重点介绍消息中的变量替换。

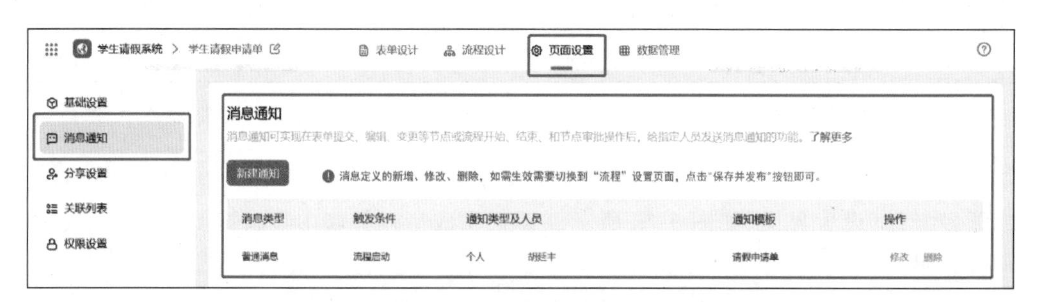

图 5-75　流程表单"消息通知"设置分栏界面示意

5.8.2　消息中设置变量替换

在图 5-75 所示界面中单击“新建通知”按钮，在弹出的“新建通知”设置界面单击“创建消息模板”按钮，如图 5-76 所示。

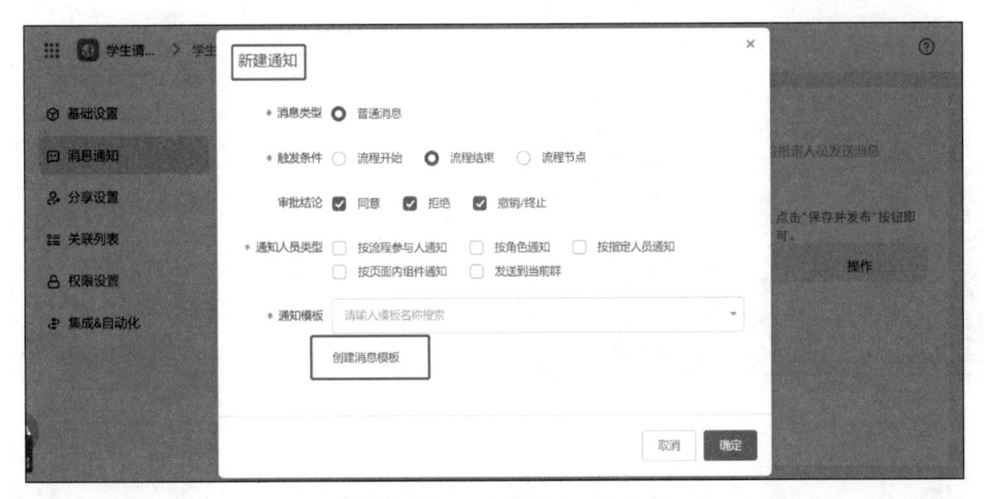

图 5-76　流程表单“新建通知”设置界面示意

在图 5-76 所示界面中单击“创建消息模板”按钮后，进入“消息通知”设置分栏界面，如图 5-77 所示，用户也可以登录宜搭官方网站后单击“平台管理”按钮，在左侧菜单列表中选择“消息通知”。

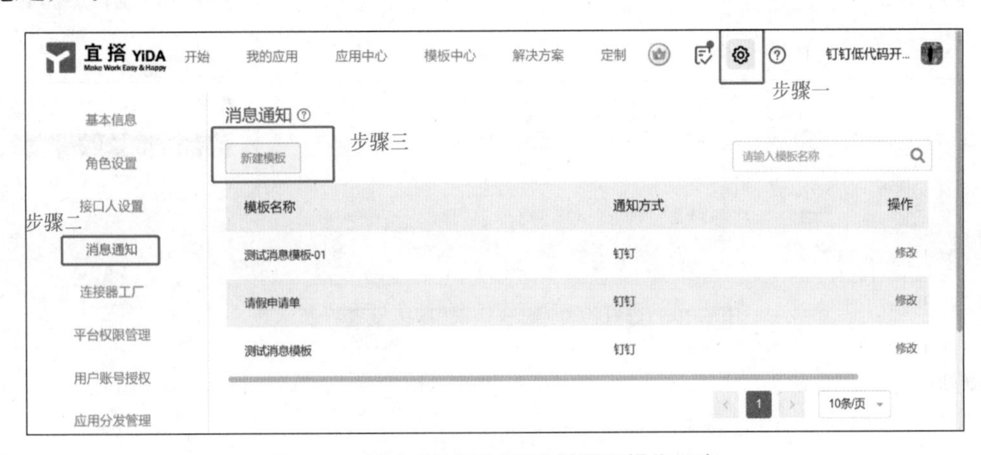

图 5-77　进入“消息通知”设置界面操作示意

在图 5-77 所示界面中单击“新建模板”按钮，在弹出的“新建模板”设置界面“通知方式”栏中可以设置变量替换，如图 5-78 所示。

“通知方式”栏中的内容可以被表单中的组件内容自动替换，其格式为“$!{组件唯一标识}”，在需要替换处配置“$!{employeeField_kwrwseg9}”。employeeField_kwrwseg9 为表单中对应组件的唯一标识(在组件的“高级设置”中)。以“请假人”成员组件为例，在“学生请假申请单”表单设计页面，在中间画布区选择“请假人”标题的成员组件，在右侧属性配置界面选择“高级”设置分栏，在“唯一标识”栏可以查看到该组件的唯一标识，如图 5-79 所示。因此将“消息内容”栏中发起人设置为“$!{请假人成员组件的唯一标识}”，请假天数设置为“$!{请假天数数值组件的唯一标识}”,请假原因设置为“$!{请假原因多行文本的组件唯一标识}”。

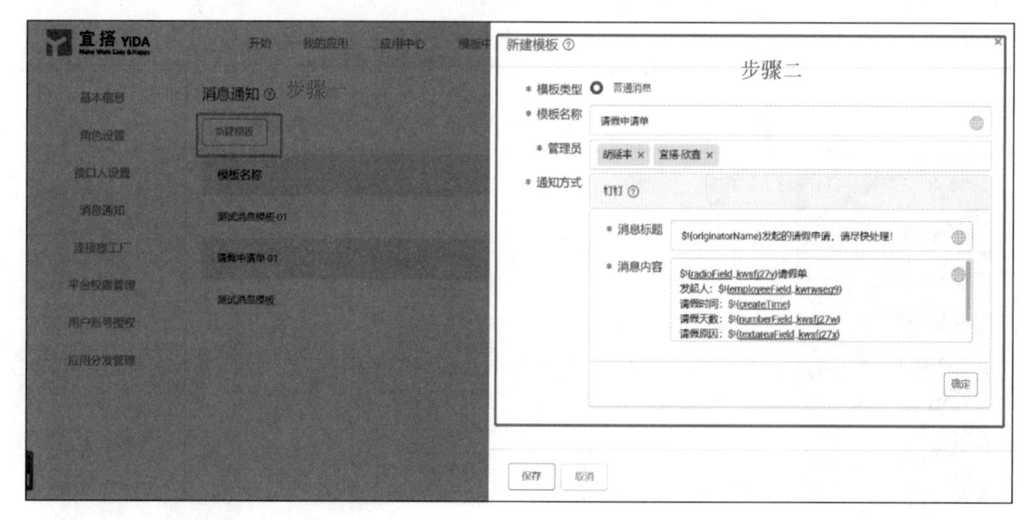

图 5-78　弹出的“新建模板”设置界面示意

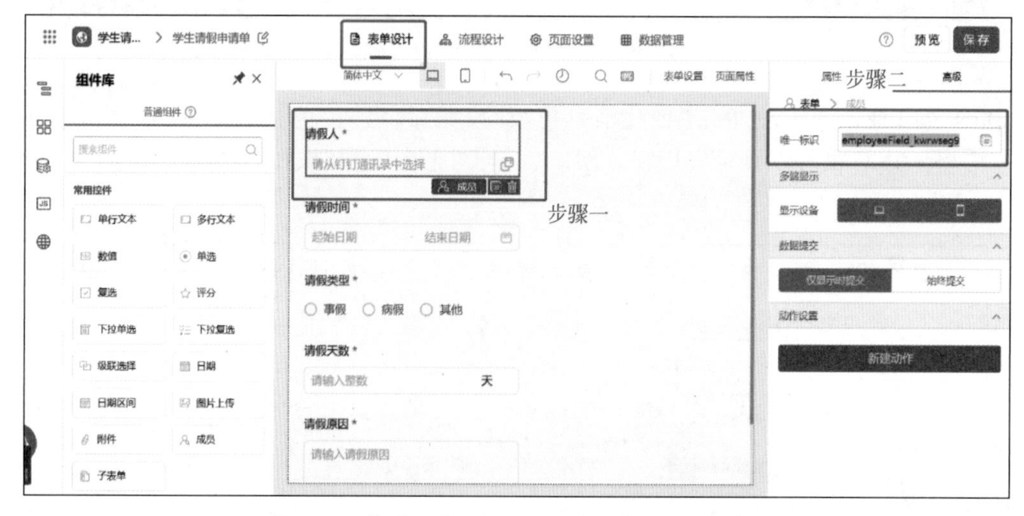

图 5-79　查看组件“唯一标识”高级设置界面示意

在图 5-78 中消息标题中“$!{originatorName}”和请假时间“$!{createTime}”的变量是宜搭提供的内置变量,内置变量如表 5-3 所示。

表 5-3　宜搭内置变量

字　　段	表　达　式	是否具有普通表单	是否具有流程表单
实例 ID	$!{formInstId}	是	是
表单 Code	$!{formUuid}	是	是
表单名称	$!{formTitle}	是	是
表单英文名称	$!{formTitleEn}	是	是
表单实例标题	$!{title}	是	是
表单英文实例标题	$!{titleEn}	是	是
创建人工号	$!{creator}	是	是

续表

字　　段	表　达　式	是否具有普通表单	是否具有流程表单
发起人工号	$!{originator}	是	是
发起人姓名	$!{originatorName}	是	是
发起人英文姓名	$!{originatorNameEn}	是	是
流水号	$!{serialNo}	是	是
流程实例状态	$!{processInstStatus}	否	是
审批结果	$!{approvedResult}	否	是
审批结果 Code	$!{approvedResultCode}	否	是
创建时间	$!{createTime}	是	是
修改时间	$!{modifiedTime}	是	是

在图 5-78 所示界面中设置完成后单击“保存”按钮，重新进入图 5-76 所示界面，将“消息类型”设置为“普通消息”，将“触发条件”设置为“流程开始”，将“发送规则”设置为“流程启动”，将“通知人员类型”设置为“按指定人员通知”，“通知模板”选择图 5-78 中新创建的“请假申请单”，如图 5-80 所示。

图 5-80　“通知模板”设置操作示意

在图 5-80 所示界面中，设置完成后单击“确定”按钮，可以在“消息通知”界面查看到新建的通知，如图 5-81 所示。可以在该条消息“操作”栏中单击“修改”或者“删除”按钮编辑该消息。

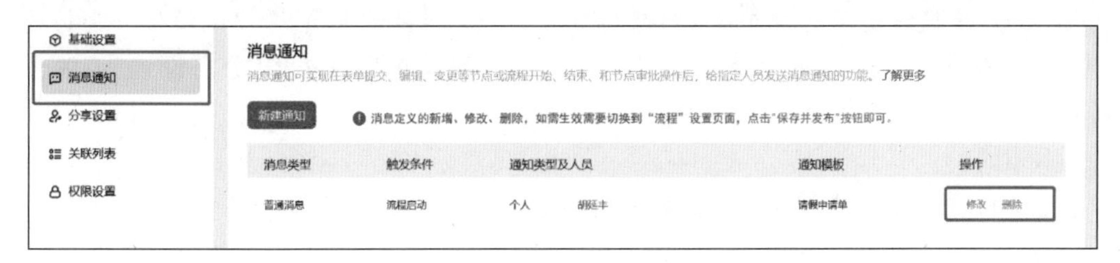

图 5-81　新建通知后的“消息通知”界面示意

5.8.3 “消息通知”效果展示

参考 5.8.1 节和 5.8.2 节内容完成“学生请假申请单”流程表单的消息通知设置，进入“学生请假申请单”流程设计界面，参考 5.4.10 节内容设置“消息通知”节点，设置通知内容，如图 5-82 所示。

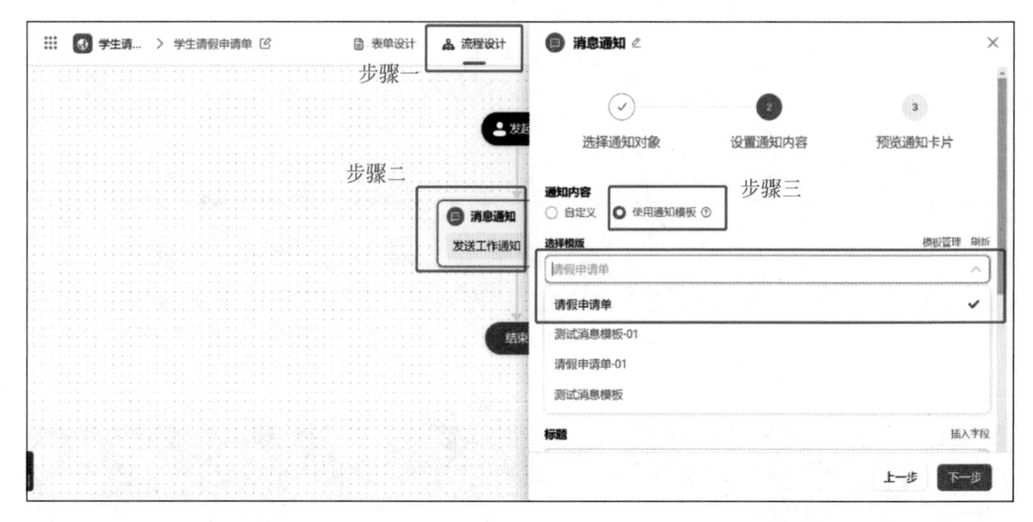

图 5-82 设置“通知内容”操作示意

访问“学生请假系统”提交“学生请假申请单”流程表单并提交流程表单数据，在图 5-80 所示界面中设置的“通知人员类型”的成员在钉钉客户端会收到通知消息，如图 5-83 所示。

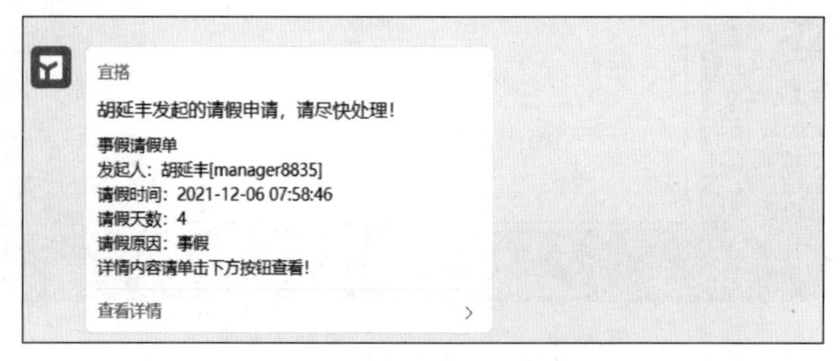

图 5-83 “消息通知”效果示意

5.9 更多流程表单页面设置

表单的分享设置是将当前页面通过链接的方式分享给其他人员，分享的链接分为长链接、短链接以及免登访问。在“页面设置”分栏界面左侧设置菜单栏中选择“分享设置”设置分栏，右侧进入“分享设置”设置分栏界面，如图 5-84 所示。流程表单“分享设置”设置与 4.7 节中的介绍基本相同。

在“页面设置”分栏界面左侧设置菜单栏中选择“关联列表”设置分栏，右侧进入“关联列表”设置分栏界面，如图 5-85 所示。流程表单“关联列表”设置与 4.8 节中的介绍基本相同。

在“页面设置”分栏界面左侧设置菜单栏中选择“权限设置”设置分栏，右侧进入“权限设置”设置分栏界面，如图 5-86 所示。流程表单“权限设置”设置与 4.9 节中的介绍基本相同。

图 5-84　流程表单“分享设置”设置分栏界面

图 5-85　流程表单“关联列表”设置分栏界面

图 5-86　“权限设置”设置分栏界面

视频讲解

5.10 流程表单数据管理

5.10.1 生成数据管理页

实验操作

在图 5-62 所示界面中右侧表单列表栏选择“学生请假申请单”流程表单，在右侧界面中单击“生成数据管理页”，在弹出的“新建数据管理页面”设置界面可以设置“页面名称”“选择分组”“隐藏导航中表单页面”，如图 5-87 所示。

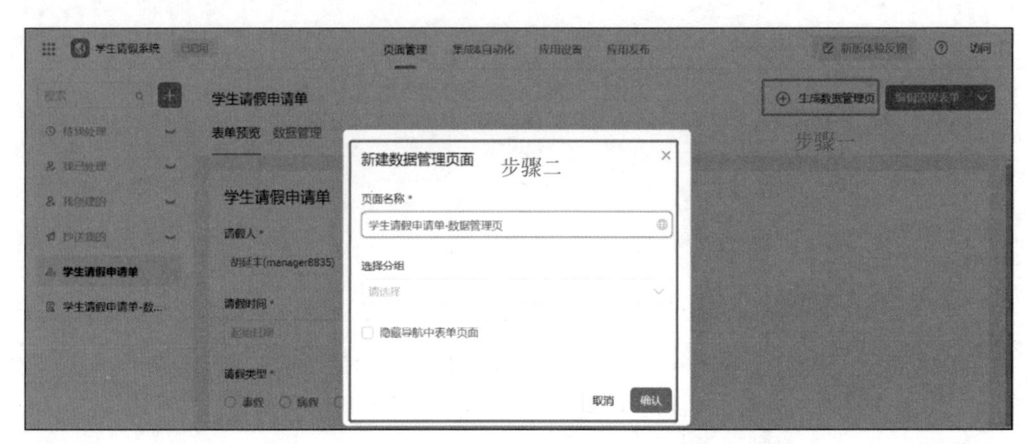

图 5-87 弹出的“新建数据管理页面”设置界面示意

在图 5-87 所示界面中单击“确认”按钮后，在“学生请假系统”左侧表单列表栏中新增“学生请假申请单一数据管理”页面，选择该页面，右侧显示数据管理页界面，如图 5-88 所示。

图 5-88 数据管理页界面示意

流程表单数据管理操作和普通表单功能基本相同，可参考 4.10 节的内容学习，此处不赘述。

5.10.2 访问数据管理页

在图 5-88 所示界面中设置创建“学生请假申请单-数据管理”页面完成后，在右侧界面中单击“访问”按钮，访问“学生请假系统”宜搭应用，在左侧选择数据管理页，右侧界面显示该页面的内容，如图 5-89 所示。

图 5-89　访问数据管理页界面示意

5.11　访问“学生请假系统”效果展示

视频讲解

通过浏览器 PC 端访问“学生请假系统”，在左侧表单列表栏中选择“学生请假申请单”，在右侧界面中填写请假单后单击“提交”按钮，如图 5-90 所示。在左侧表单列表栏中可以单击“数据管理页”查看提交的数据并管理。

图 5-90　访问浏览器 PC 端学生请假系统示意

第 6 章

通过报表实现“进销存系统”

6.1 “进销存系统”概述

“进销存系统”可以帮助企业对产品进行有序管理，如快速录入产品信息、产品快速出库、精确统计库存数据，还可以帮助企业随时随地查询每个产品的库存数据和仓库信息等。本章将介绍通过结合普通表单、流程表单和报表开发“进销存系统”，创建三个普通表单即“产品-新增”“库存”“入库”；创建一个流程表单“出库”；创建三个报表，如图 6-1 所示。

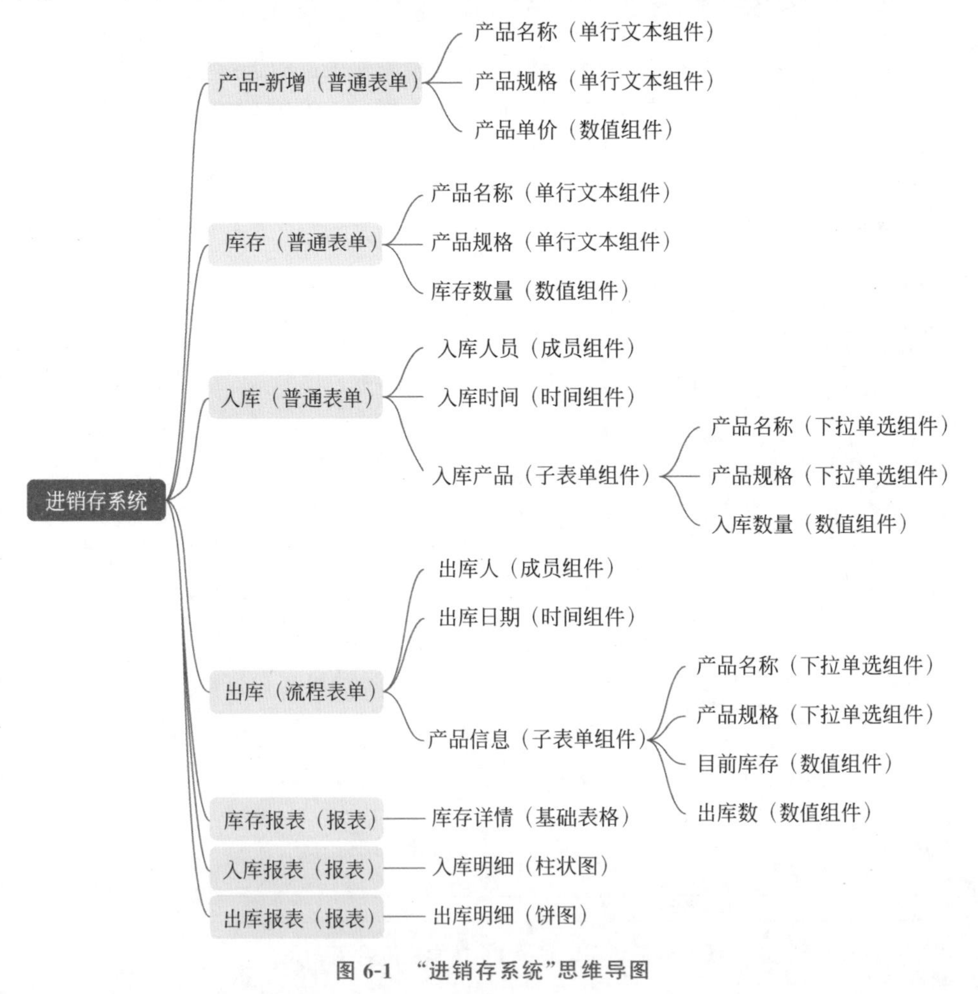

图 6-1 “进销存系统”思维导图

6.2　创建"产品-新增"普通表单

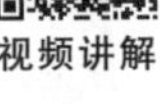

视频讲解

实验操作

"产品-新增"页面用于录入产品信息,生成产品底表,入库时可直接选择该表数据。根据图 6-1 中"产品-新增"表单思维导图,该普通表单应该包含"产品名称"单行文本组件、"产品规格"单行文本组件和"产品单价"数值组件,在该表单设计界面设置该页面后单击"保存"按钮,单击"预览"按钮,如图 6-2 所示。

图 6-2　预览"产品-新增"普通表单示意

6.3　创建"库存"普通页面

视频讲解

实验操作

"库存"页面用于记录产品库存量,入库及出库时根据产品进行库存量的更新。根据图 6-1 中"库存"表单思维导图,该普通表单应该包含"产品名称"单行文本组件,"产品规格"单行文本组件和"库存数量"数值组件,在该表单设计界面设置该页面后单击"保存"按钮,单击"预览"按钮,如图 6-3 所示。

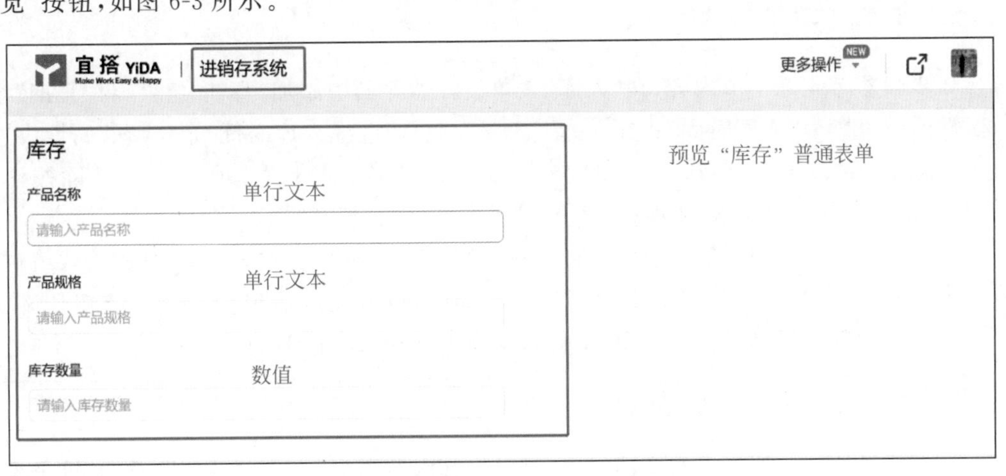

图 6-3　预览"库存"普通表单示意

6.4　创建"入库"普通表单

视频讲解

实验操作

"入库"页面用于产品入库操作填写表单,并且表单与库存表进行交互,入库成功后自动更新库存表。根据图 6-1 中"入库"表单思维导图,该普通表单应该包含"入库人员"成员组件、

“入库时间”日期组件和“入库产品”子表单组件。在“入库产品”子表单组件中设有“产品名称”和“产品规格”两个下拉单选组件和“入库数量”数值组件。在该表单设计界面设置该页面后单击“保存”按钮，单击“预览”按钮，如图 6-4 所示。

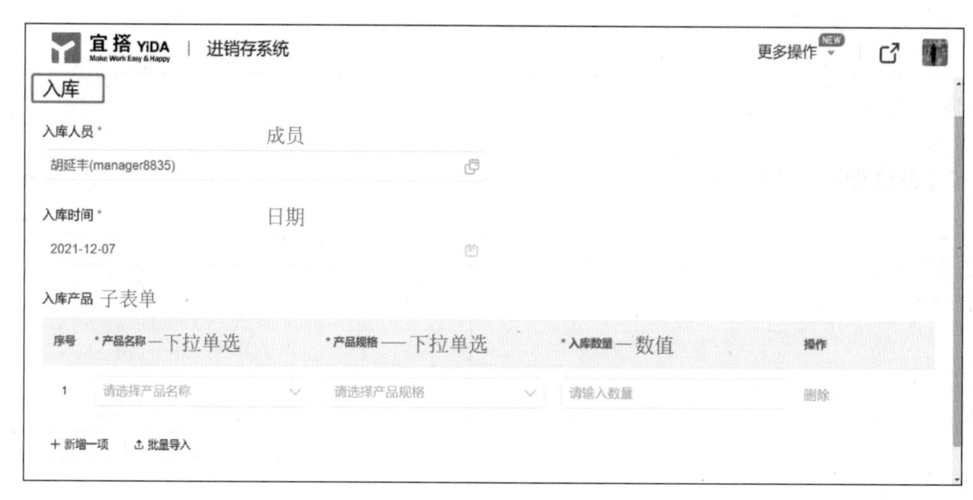

图 6-4 预览“入库”普通表单示意

6.4.1 设置“成员”组件

在“入库”普通表单中，将该组件“默认值”属性设置为“公式编辑”，单击“编辑公式”按钮，在弹出的“公式编辑”设置界面设置“入库人员＝USER()”，设置完成后单击“确定”按钮。该功能能够实现用户进入该表单页面时，自动读取登录人成员并填入。操作步骤参考 5.3.2 节内容。USER 函数显示当前登录人，若 level 存在并想要显示 level 级主管，则用法表达式可改为“USER([level])”，例如 USER()显示当前登录人，USER(1)显示当前登录人的第 1 级主管。

6.4.2 设置“日期”组件

操作步骤参考 4.3.7 节内容，在“入库”表单设计器界面中添加“日期”组件，将“日期”组件的“标题”属性设置为“入库时间”；“占位提示”设置为“请选择入库时间”；“状态”属性设置为“普通”；“默认值”设置为“编辑公式”；“格式”属性选择“年-月-日”选项；开启“清除按钮”功能；“类型”属性选择“无限制”选项；在“校验”栏中开启“必填”功能。

在“入库”普通表单中，将该组件设置“默认值”属性为“编辑公式”，在弹出的“公式编辑”设置界面中设置“入库时间＝TIMESTAMP(NOW())”，设置完成后单击“确定”按钮。该公式实现访问“入库”普通表单时，该“日期”组件自动获取并填入当前时间。

6.4.3 常用控件之“子表单”

“子表单”组件是一种高级的容器组件，可以在其内部添加“文本”“数值”“日期”等子组件。“子表单”组件多用于输入数据时，比如出库单、入库单、销售单，其中的产品明细就可以用子表单记录，可以根据实际需要录入的数据新增条款。

选择中间画布中“子表单”组件，在右侧属性配置面板中选择“属性”菜单栏，其中可以设置“标题”“状态”“排列方式”“显示序号”“显示操作”“按钮名称”“按钮状态”“删除按钮”“分页条数”“最大条数”“操作宽度”“批量导入”“导出 Excel”“操作列”“是否开启删除确认”等属性。

在本系统中将该“子表单”组件“标题”属性设置为“入库产品”，当右侧属性配置面板中“标题”属性发生改变时，中间画布中“子表单”组件展示效果实时进行更新

其中，“排列方式”属性设置“子表单”的排列方式，默认以表格方式展示，本例中“子表单”组件设置为“表格方式”，“表格方式”展示效果如图 6-5 所示。“主题”和“显示表头”属性仅在 PC 端“子表单”组件“排列方式”属性为“表格方式”时才展示。

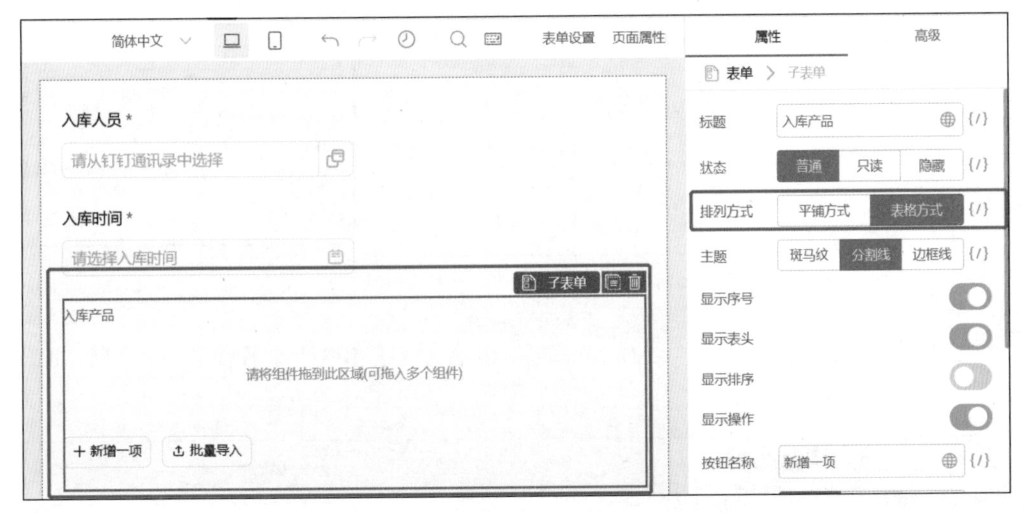

图 6-5 “子表单”表格方式展示效果

若将“排列方式”属性设置为“平铺方式”，其展示效果如图 6-6 所示。其中，“主题”和“显示表头”属性在“子表单”组件“排列方式”属性为“平铺方式”时不展示。

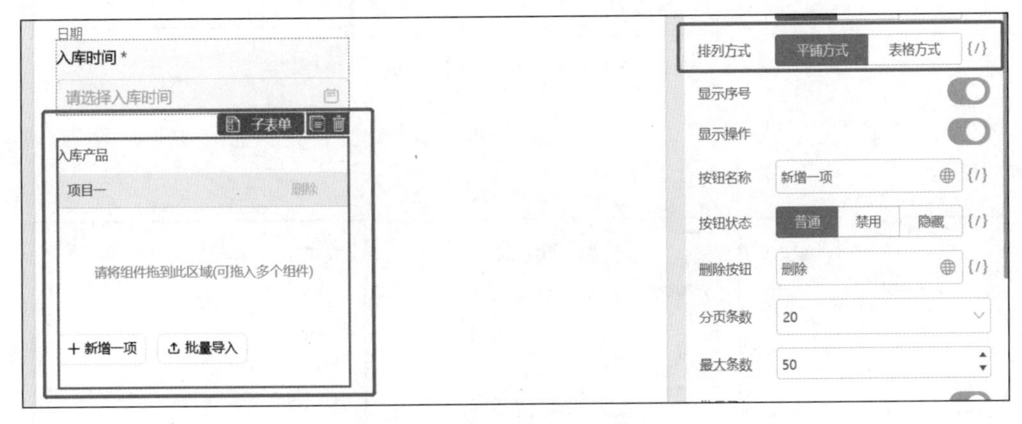

图 6-6 “子表单”平铺方式展示效果

6.4.4 常用控件之“下拉单选”

“下拉单选”组件从有限数量的下拉选项中选择其中一个选项，适用于选项较多时。可以自定义选项内容，也可以用于“数据联动”或者“关联其他表单”等多个场景，比如选择请假表单内的请假类型、性别等字段时，可以用“下拉单选”组件。如果需要的选项来源于其他表，且在选择完选项后，则将选项相关的信息填充至表单中，例如合同管理场景中，在创建合同时，将关联表单组件的选项与客户表关联，关联出客户信息等。

选择“子表单”组件中“下拉单选”组件，在右侧属性配置面板中选择“属性”菜单栏，其中可

以设置“标题”“占位提示”“状态”“默认值”“清除按钮”“下拉菜单宽度限制”“可搜索”“选项类型”“校验”等属性。

本例中“标题”为“产品名称”的“下拉单选”组件“选项类型”属性选择“关联其他表单数据”选项，如图 6-7 所示。

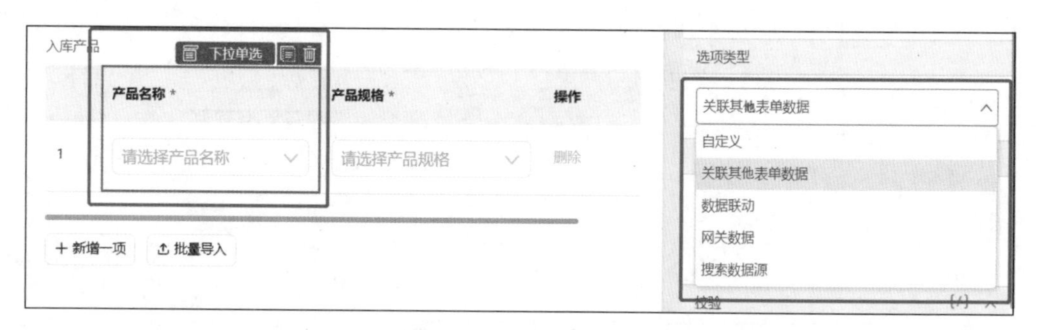

图 6-7　设置“产品名称”的“选项类型”属性操作示意

在“关联其他表单数据”栏下，选择“产品-新增”普通表单中“产品名称”字段数据，如图 6-8 所示。

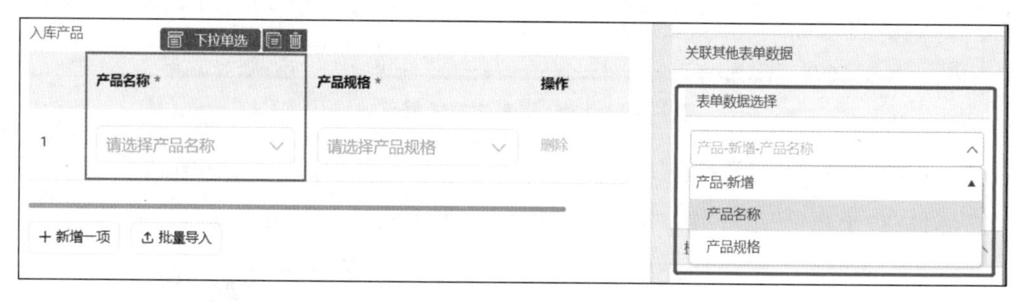

图 6-8　设置“产品名称”的“表单数据选择”操作示意

本例中“标题”为“产品规格”的“下拉单选”组件“选项类型”属性选择“数据联动”选项，如图 6-9 所示。

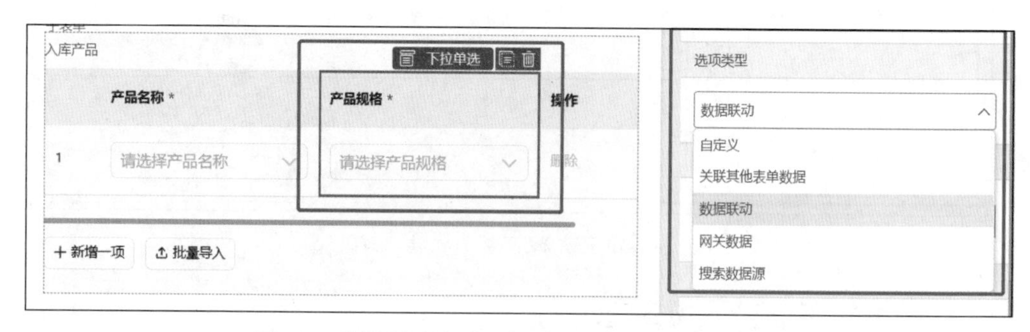

图 6-9　设置“产品规格”的“选项类型”属性操作示意

设置“产品规格”的“选项类型”为“数据联动”的情况下，单击“数据联动”按钮，在左侧弹出的信息框内设置联动关系。数据联动是当表单某个字段的数据改变时，该表单中另一个字段的数据也会随之改变，一般用于设置组件的默认值。设置“数据关联表”为“产品-新增”，设置“入库产品. 产品名称”值等于“产品名称”的值时，“入库产品. 产品规格”联动显示为“产品规格”的对应值，其操作过程如图 6-10 所示。

图 6-10 设置“数据联动”操作示意

6.4.5 设置“数值”组件

参考 5.3.5 节内容,在“入库”页面表单设计器界面中添加“数值”组件,将“数值”组件的“标题”属性设置为“入库数量”,“占位提示”设置为“请输入数量”,“状态”属性设置为“普通”,开启“千位分隔”功能,在“校验”栏中开启“必填”功能。

6.5 设置“入库”表单业务规则

6.5.1 业务规则介绍

视频讲解

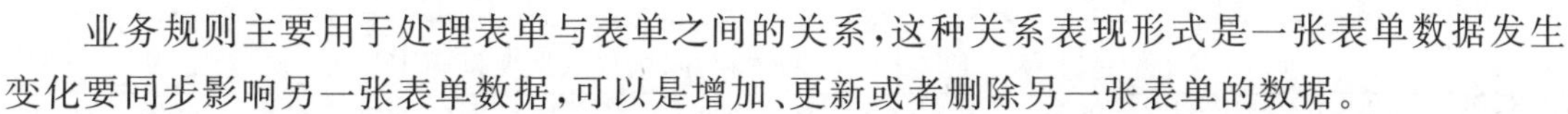

业务规则主要用于处理表单与表单之间的关系,这种关系表现形式是一张表单数据发生变化要同步影响另一张表单数据,可以是增加、更新或者删除另一张表单的数据。

实验操作

业务规则主要应用于计算物品的出库、入库和最终库存,例如当物品入库时,对应的库存表相应的商品存量就需要增加;当物品领用时或者时入库表单被删除时,在库存表中相应物品的库存量就会减少。

6.5.2 如何进入业务规则设置

以本章“进销存系统”为例,在“进销存系统”开发界面,选择“入库”普通表单,单击右上角“编辑表单”按钮进入表单设计器界面,在“入库”表单设计器页面中,单击“表单设置”按钮,在右侧属性配置面板中“表单事件”栏下会显示“添加业务关联规则”按钮,如图 6-11 所示。由于

图 6-11 “入库”页面表单设置表单界面

当表单提交编辑、删除等事件成功时触发业务关联规则，因此需选择到表单设置中的表单事件，在表单事件中配置业务关联规则。

6.5.3 业务关联规则功能描述

在表单提交、表单删除、表单编辑三个表单事件上可以触发业务关联规则的执行，业务关联规则需要使用 INSERT、UPDATE、UPSERT、DELETE 四个高级函数来完成对应用内其他表单的增加、删除、修改操作，这四个高级函数功能描述汇总如表 6-1 所示。

表 6-1 四个高级函数功能描述汇总

函数名称	格式	功能描述
INSERT	INSERT(form, form. field1, value1, form. field2, value2,…)	主要用于把当前录入表的数据插入到目标表中，为目标表单插入新实例。当前表单操作成功时，在目标表单(form)中插入新的实例，新实例中目标字段(field1,field2,...)依次为目标值(value1,value2,…)，其余字段默认为空
UPDATE	UPDATE(form, rule, rule2, form. field1, value1, form. field2, value2,…)	主要用于向新目标表中符合条件的数据。当前表单操作成功时，若目标表单(form)存在满足过滤条件(rule,rule2)的实例，则依次更新实例的目标字段(field1,field2,…)为目标值(value1,value2,…)
UPSERT	UPSERT(form, rule, rule2, form. field1, value1, form. field2, value2,…)	主要用于往目标表单中插入或者更新数据。当前表单操作成功时，若目标表单(form)存在满足过滤条件(rule,rule2)的实例，则更新实例同 UPDATE；若不存在，则插入新实例同 INSERT
DELETE	DELETE(form, rule, rule2)	主要用于删除目标表的数据。当前表单操作成功时，若目标表单(form)存在满足过滤条件(rule, rule2)的实例，则删除此实例

高级公式组件支持能判断条件的组件：“单行文本”“多行文本”“单选”“下拉单选”；支持能进行赋值的组件：“单行文本”“多行文本”“数值”“单选”“下拉单选”“复选”“下拉复选”“级联选择”“日期”“日期区间”“图片上传”“附件”“成员”“地址”。

6.5.4 “入库”页面添加业务规则

在“表单设置”属性配置面板中单击“添加业务关联规则”按钮即进入弹出的“业务关联规则”设置界面，用户可以在该设置界面中配置业务规则，如图 6-12 所示。本章中“进销存系统”案例设置“单据提交”需要在产品数据提交到产品库存表时实现两个功能：若产品库存表中有该产品数据，则将该产品数据在量上进行叠加；若库存表中无该产品数据，那么将该产品直接插入产品库存表。

在图 6-12 所示界面中单击“单据提交”文本框，进入弹出的“公式执行”设置界面，根据需求此处需要使用 UPSERT 高级函数来实现，此处需要注意的是在公式编辑时均需要使用英文标点符号。在函数列表中选择 UPSERT 函数，参考 UPSERT 函数的格式和用法，在“表单字段”栏中根据业务逻辑选择表单字段，满足功能需求插入公式“UPSERT(库存,AND(EQ(库存.产品名称,入库产品.产品名称),EQ(库存.产品规格,入库产品.产品规格)),""库存.产品名称,入库产品.产品名称,库存.产品规格,入库产品.产品规格,库存.库存数量,库存.库存数量+入库产品.入库数量)”，如图 6-13 所示。在界面中单击“确定”按钮即可完成设置。

图 6-12　弹出的“业务关联规则”设置界面

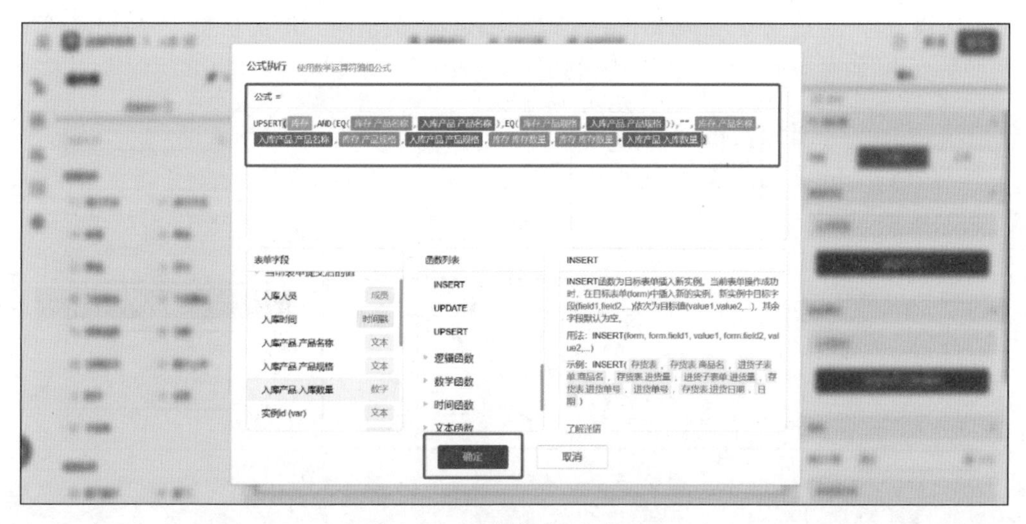

图 6-13　“单据提交”公式示意

6.6　“出库”流程表单

视频讲解

6.6.1　“出库”表单设计

实验操作

“出库”页面用于产品出库操作时填写流程，并且流程结果与库存表进行交互，关联库存表数据，直接选择库存，并联动出库存量，提交时对库存进行校验，库存不足则不允许出库，出库成功后自动更新库存表。根据图 6-1 中“出库”表单思维导图，该普通表单应该包含“出库人”成员组件、“出库时间”日期组件和“产品信息”子表单组件。在“产品信息”子表单组件中设有“产品名称”和“产品规格”两个下拉单选组件以及“目前库存”和“出库数”两个数值组件。在该表单设计界面设置该页面后单击“保存”按钮，单击“预览”按钮，如图 6-14 所示。

将“标题”为“产品名称”的“下拉单选”组件“选项类型”设置为“关联其他表单数据”，在“表单数据选择”栏下选择“库存”，将“标题”为“产品规格”的“下拉单选”组件“选项类型”设置为“数据联动”，单击“数据联动”按钮，在左侧弹出的信息框内设置联动关系，设置“数据关联表”

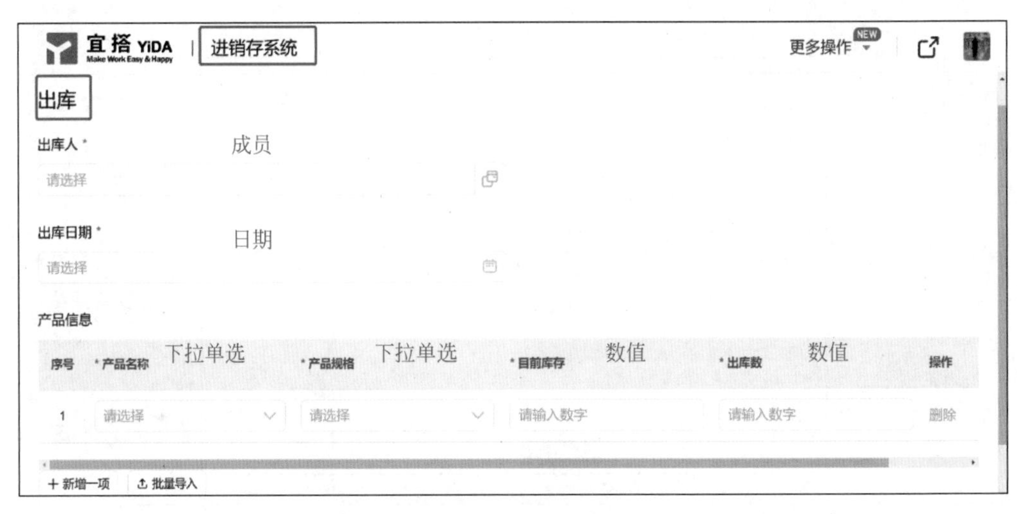

图 6-14　预览"出库"流程表单示意

为"库存",设置"产品信息. 产品名称"值等于"产品名称"的值时,"产品信息. 产品规格"联动显示为"产品规格"的对应值,如图 6-15 所示。

图 6-15　设置"产品规格"的"数据联动"属性操作示意

将"标题"为"目前库存"的"数值"组件"默认值"设置为"数据联动",单击"数据联动"按钮,在左侧弹出的信息框内设置联动关系,设置"数据关联表"为"库存",设置"产品信息. 产品名称"值等于"产品名称"的值及"产品信息. 产品规格"值等于"产品规格"的值时,"产品信息. 目前库存"联动显示为"库存数量"的对应值,如图 6-16 所示。

图 6-16　设置"目前库存"的"数据联动"属性操作示意

6.6.2 “出库”流程设计

以“进销存系统”为例，参考 5.4 节内容，本节主要介绍设计“出库”流程设计。在该宜搭应用开发界面左侧表单列表栏选择“出库”流程表单页面，在右侧该操作界面中，打开“编辑流程表单”按钮右侧下拉菜单，在该菜单中单击“流程设计”按钮，进入流程设计界面，在流程设计画布中单击“审批人”节点，在“审批人”分栏菜单中设置“审批人”为“指定成员”，如图 6-17 所示。

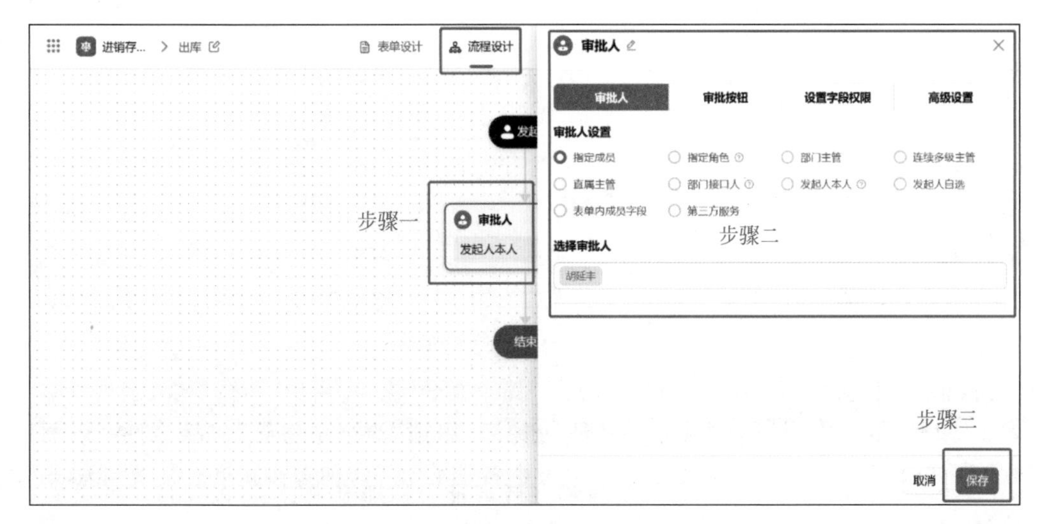

图 6-17　设置“审批人”节点操作示意

在图 6-17 所示界面中“设置字段权限”分栏菜单界面中设置字段权限均为“可操作”，设置完成后单击“保存”按钮完成设置，如图 6-18 所示。

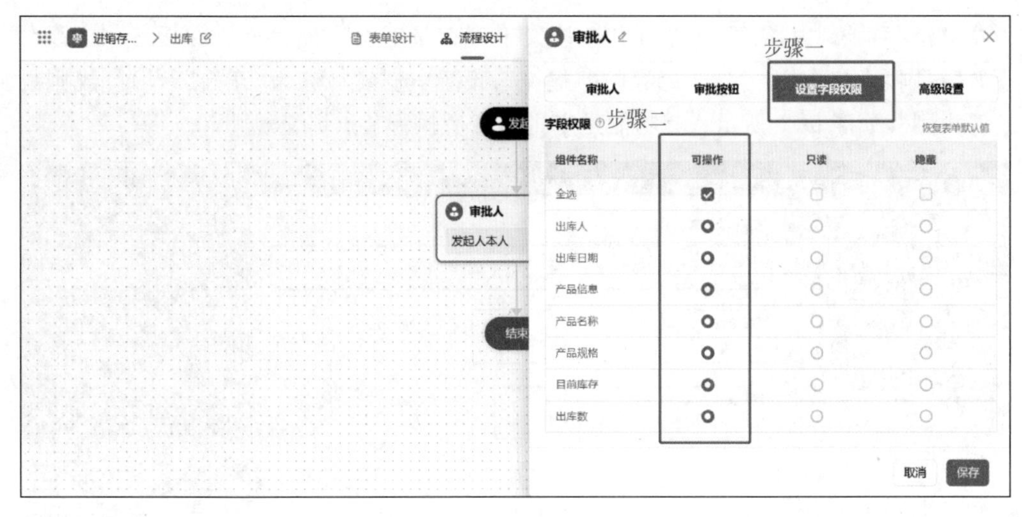

图 6-18　设置“字段权限”操作示意

6.6.3 测试流程

在图 6-18 所示界面中单击“保存”按钮后，进入“流程设计”界面，单击“发布流程”完成流程设计，单击“测试”按钮，进入“出库”测试流程新开页面，在该页面中首先填写表单信息，然后单击“启动测试”按钮，最后可以在“审批流程”栏中查看到“出库”流程表单的流程设计，如图 6-19 所示。

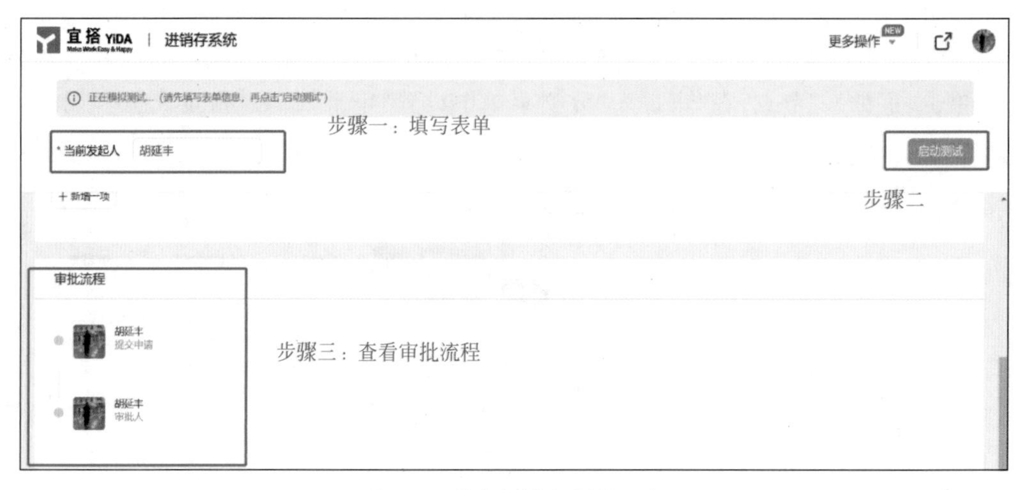

图 6-19 “测试”流程操作示意

视频讲解

实验操作

6.7 “出库”设置节点提交规则

节点提交规则的作用是在用户提交流程或者审批人处理流程时，可以通过一些公式校验判断用户是否能执行此操作，或者可以触发业务关联公式来更新其他表单的数据。本节将介绍如何在“出库”流程表单中配置开始节点的“校验公式”和结束节点的“关联操作”。

6.7.1 配置校验公式

在“进销存系统”中，需要设置当出库量大于库存量时会阻断出库。在图 5-18 所示界面中，设置“规则名称”为“出库大于库存阻断提交”，设置“选择节点”为“开始”，设置“规则设置”为“校验规则”，如图 6-20 所示。其功能是审批同意后执行节点提交规则。

图 6-20 设置开始节点提交规则操作示意

在图 6-20 所示界面中单击“校验规则”文本框，在弹出的“校验规则/关联操作”设置界面中配置校验公式，并选择“是否阻断提交”选项，设置“校验错误提示”为“大于库存数，无法领用，请重新输入数值”；在“函数列表”中选择使用逻辑函数 GE，GE 函数用于比较两个数的大小，用法为 GE(value1，value2)，value1 大于或等于 value2 时返回 true，公式中均需要使用英文标点符号；本例中在“表单字段选择”栏中选择字段，将公式设置为“GE(产品信息.目前库存，产品信息.出库数)”，如图 6-21 所示。配置完成后单击“确认”按钮。

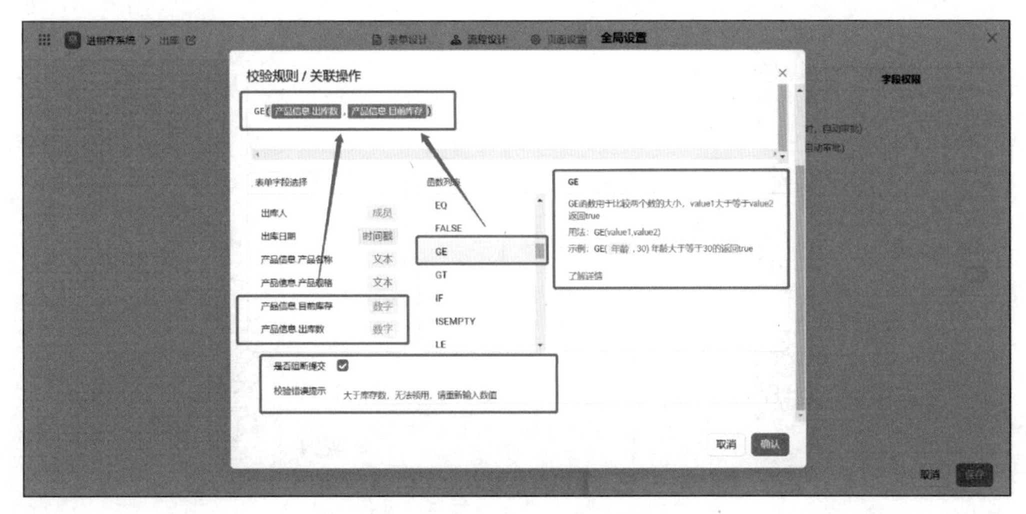

图 6-21　配置校验公式操作示意

配置公式完成后，在“出库”流程设计界面单击“发布流程”按钮，发布成功后该提交规则生效。

6.7.2　测试校验功能

访问“进销存系统”，选择“出库”，在“出库”页面中设置“产品名称”为“电视”，“产品规格”为“45 寸”，其“目前库存”为 10，设置“出库数”为 20，单击“提交”按钮，当出库量大于库存量时，该操作会被阻断并弹出提示信息，如图 6-22 所示。

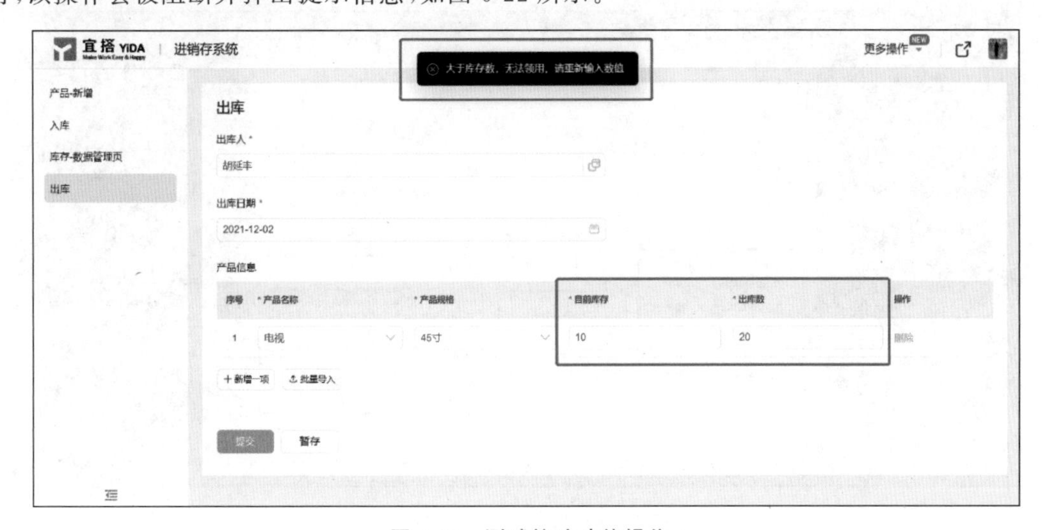

图 6-22　测试校验功能操作

6.7.3 配置出库更新库存公式

在“进销存系统”中，出库一件产品后，查询库存中是否存在该产品，并自动获取产品数量，获取库存数量后根据数量进行出库，若出库量大于库存量时会阻断出库，若出库量小于库存量，则审批通过后，在库存中减少对应数量。设置“规则名称”为“出库更新库存”，设置“选择节点”为“结束”，设置“节点动作”为“同意”，设置“规则类型”为“关联操作”，如图 6-23 所示。

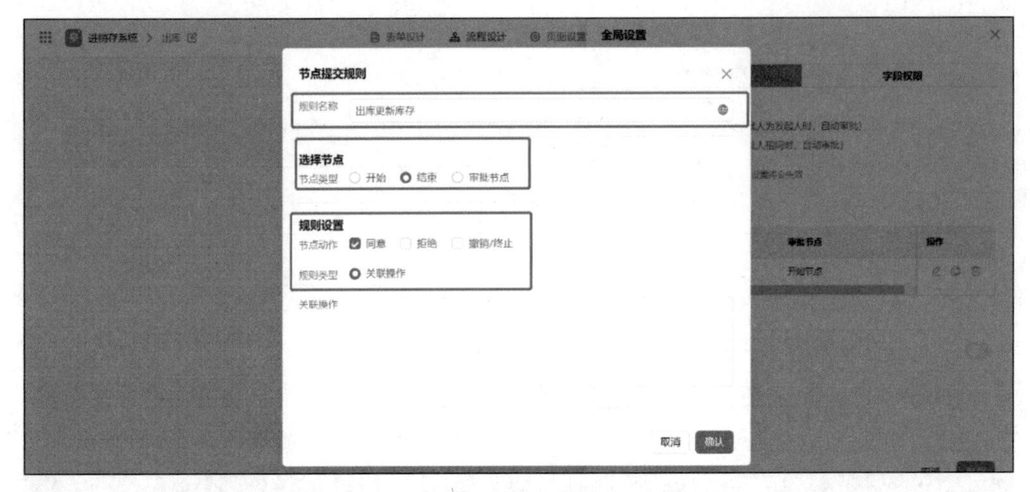

图 6-23　设置结束节点提交规则操作示意

根据需求此处需要使用 UPDATE 高级函数来实现，此处需要主要的是在公式编辑时均需要使用英文标点符号。在图 6-23 所示界面中单击“关联操作”文本框，在弹出的“校验规则/关联操作”设置界面中配置公式，在函数列表中选择 UPDATE 函数，右侧界面会显示该函数的详细用法和格式。参考 UPDATE 函数的格式和用法，设置为“UPDATE(库存页面，AND(EQ(库存.产品名称，产品信息.产品名称)，EQ(库存.产品规格，产品信息.产品规格))，”“，库存.库存数量，库存.库存数量－产品信息.出库数)”，如图 6-24 所示。配置完成后单击“确认”按钮。

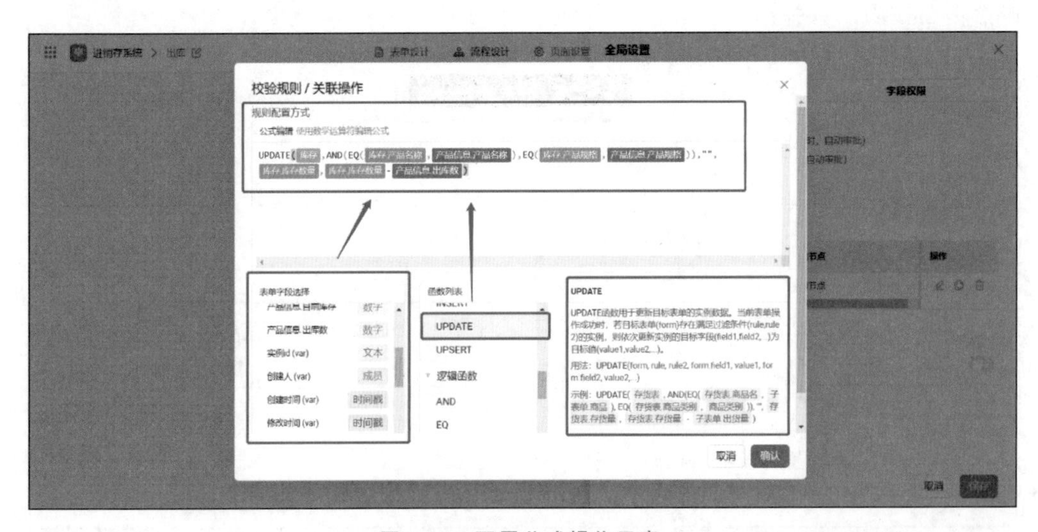

图 6-24　配置公式操作示意

在图 6-24 所示界面配置完成后，在“出库页面”流程设计界面单击“发布流程”按钮，发布成功后该提交规则生效。若未单击“发布流程”按钮则该流程无法生效。

6.7.4　测试出库功能

访问“进销存系统”，选择“出库”页面，如图 6-25 所示，其中“产品名称”为“电视”，“产品规格”为“45 寸”，其“目前库存”为 10，设置“出库数”为 3，单击“提交”按钮。

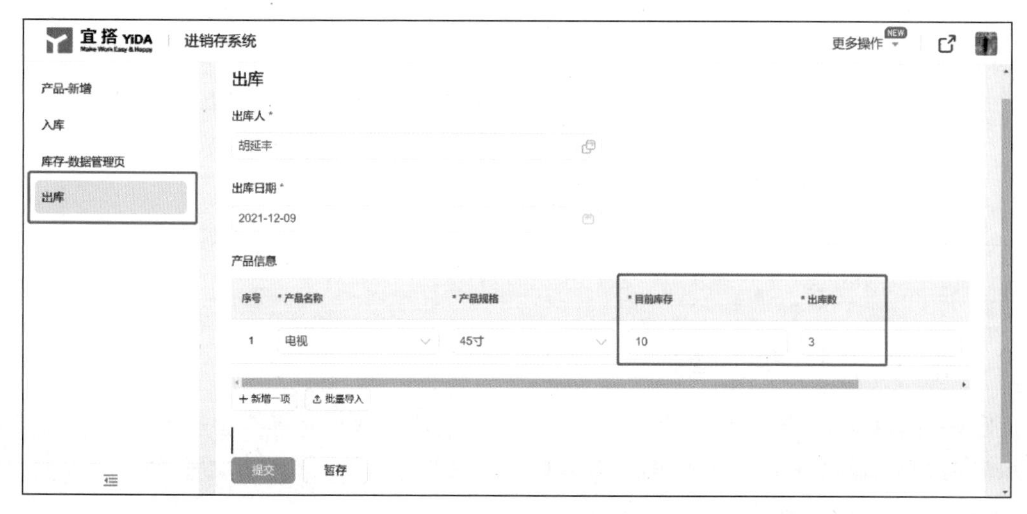

图 6-25　测试出库功能操作

在图 6-25 所示界面中单击“提交”按钮后，会进入流程审核界面，单击“同意”按钮即表示通过该流程单，如图 6-26 所示。

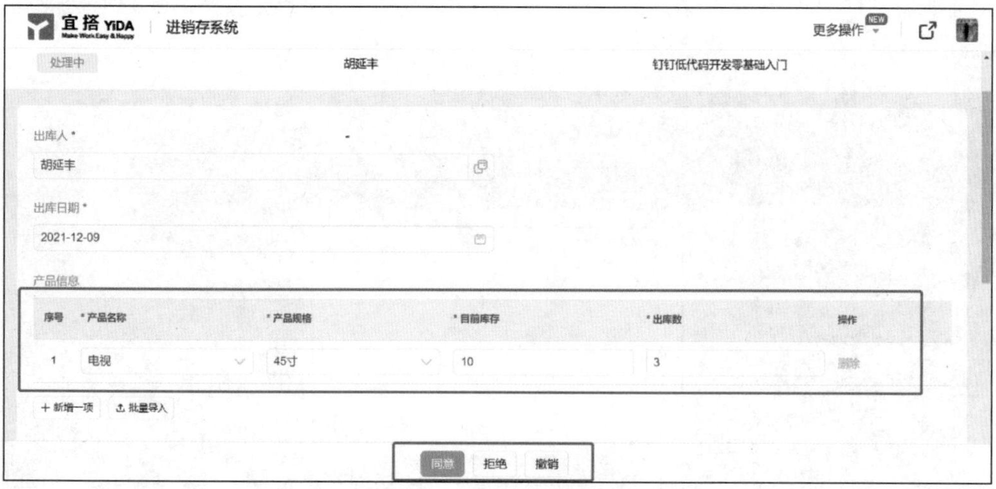

图 6-26　流程审核界面

该流程通过审核后，访问“进销存系统”菜单栏选择“库存-数据管理页”页面，查看其中“产品名称”为“电视”，“产品规格”为“45 寸”，其“库存数量”为 7，则表示出库节点提交规则配置成功，如图 6-27 所示。

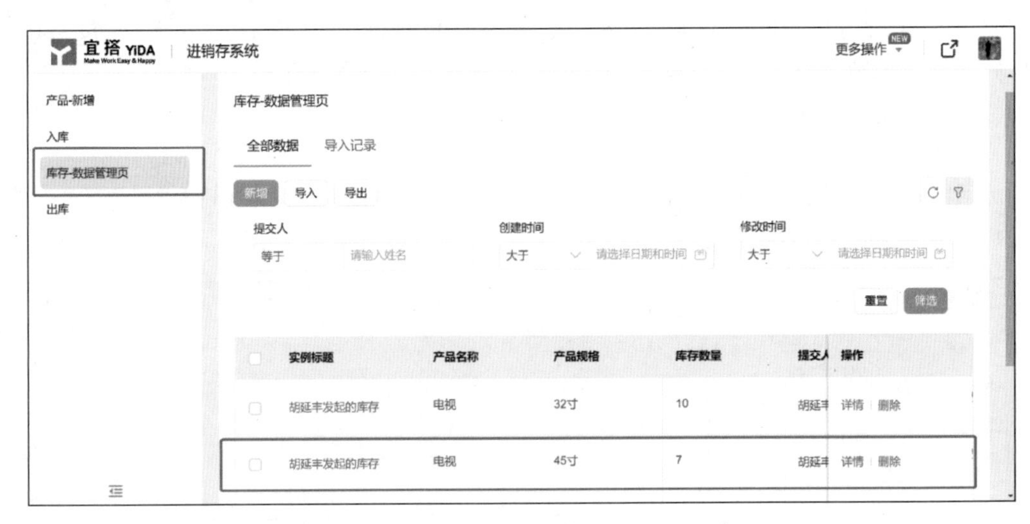

图 6-27　查看“库存-数据管理页”页面示意

视频讲解

实验操作

6.8　报表设计器介绍

报表中提供了多种样式的图表，可以通过明细表、数据透视表等查看表单、流程表单数据的明细和汇总；通过柱状图、折线图等对数据进行处理，显示出数据的发展趋势、分类对比等结果；通过饼图体现数据中每部分的比例。

6.8.1　如何创建报表

在“进销存系统”开发界面左侧表单列表中单击“新建表单”按钮，在下拉菜单中选择“新建报表”选项，在弹出的“新建报表”设置界面中单击“从空白表单新建”按钮新建普通表单，如图 6-28 所示。

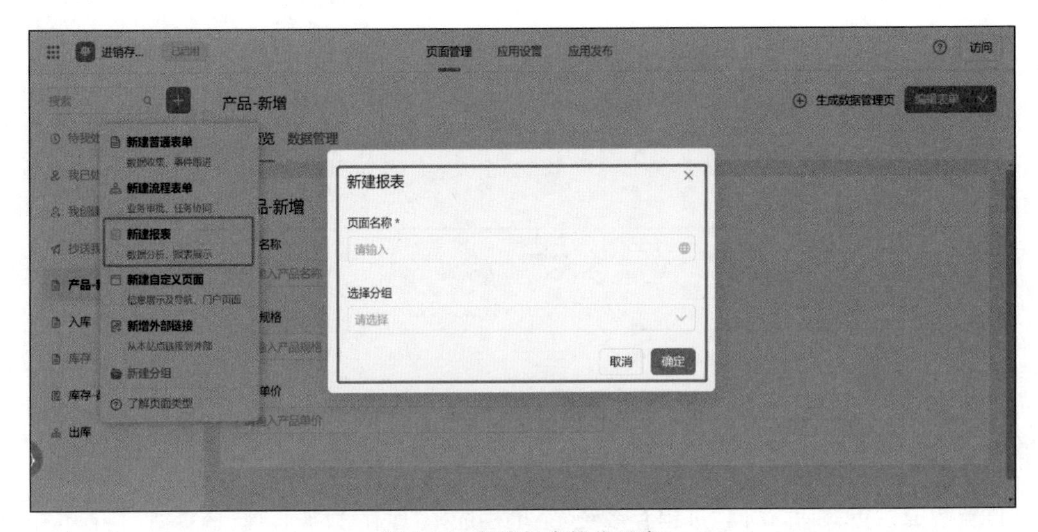

图 6-28　创建报表操作示意

在图 6-28 所示界面中设置“页面名称”为“库存报表”，单击“确定”按钮在新开页面进入报表设计器界面，报表设计器分为“顶部操作栏”“组件选择区”“右侧操作栏”“筛选区”“画布区”，如图 6-29 所示。

图 6-29　进入“库存报表”报表设计器操作示意

6.8.2　顶部操作栏

在报表设计器顶部操作栏中有工作台快捷按钮、“修改报表名称”功能区、“报表设计”菜单分栏、“页面设置”菜单分栏、“预览”“保存”“PC 端”“移动端”“帮助”“撤销”“修改历史”“页面属性”等按钮。其中，单击“移动端”按钮可以设置“画布区”和“筛选区”呈现移动端效果；单击顶部操作栏中“页面设置”按钮，即可在右侧操作栏中对报表页面进行“属性”和“样式”设置，如图 6-30 所示。其余功能介绍参考 4.2 节内容。

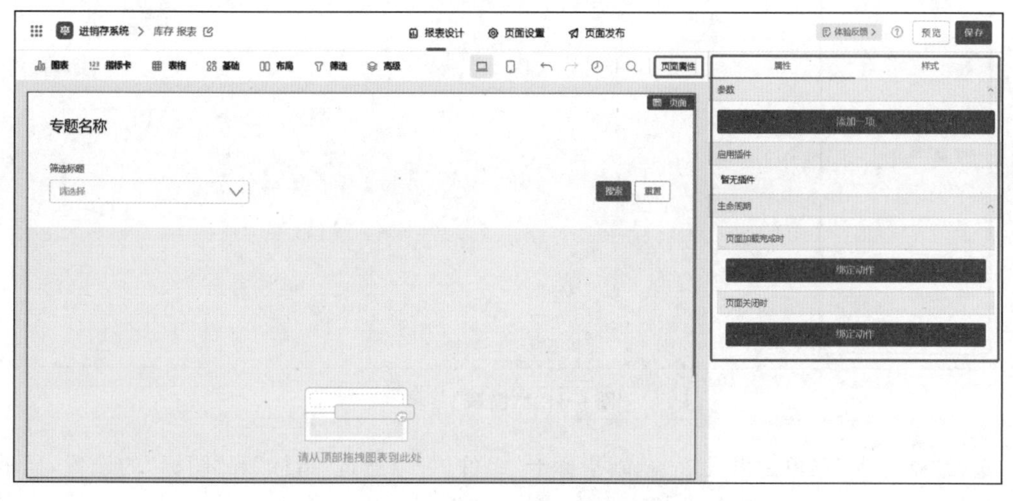

图 6-30　“设置”报表操作示意

6.8.3　组件选择区

在报表设计器“组件选择区”提供各式各样的图表组件，可根据自己的需求选取组件进行数据展示以及分析。“组件选择区”中有“图表”“指标卡”“表格”“基础”“布局”“筛选”“高级”等菜单。其中,选择“图表”菜单可以设置“柱状图”“折线图”“饼图”“仪表盘”“漏斗图”“热力图”“中国地图”和柱线混合图”等组件,“图表”菜单中的部分组件使用说明如表 6-2 所示,“图表”菜单如图 6-31 所示。

表 6-2 “图表”菜单中的部分组件使用说明

组件名称	使用说明
柱状图	一种以长方形的长度为变量的统计报告图
折线图	用于显示数据在一个连续的时间间隔或者时间跨度上的变化,它的特点是反映事物随时间或有序类别而变化的趋势
饼图	可用于查看每部分的数据占比情况
仪表盘	可以自行控制组件的大小和随意移动组件位置(靠左、居中、靠右)
漏斗图	从漏斗图可以非常直观地看到各个业务的转化程度。从某种意义来说,漏斗图是路径分析的特殊应用,主要是针对关键路径的转化分析
热力图	热力图上,用户可以设置“横轴”“纵轴”“数值”,并可以根据横轴、纵轴、数值通过条件样式设置颜色
中国地图	地图行政区划组件,支持中国地图省、市、县三级,支持中国地图省、市、县上钻下取
柱线混合图	可以同时展示柱状图和折线图

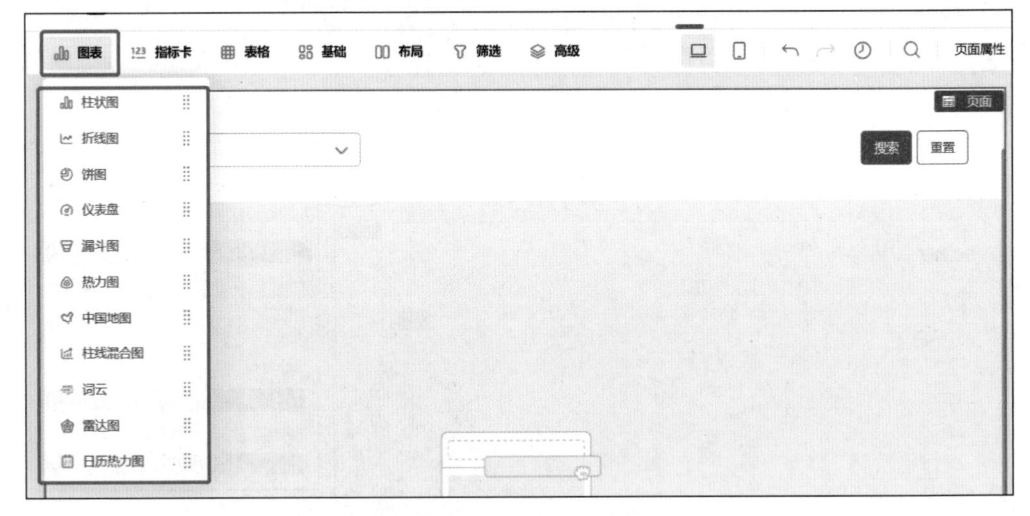

图 6-31 “图表”菜单

选择“指标卡”菜单可以设置“基础指标卡”组件,可以通过“指标”和“图标”的设置,显示关心的指标值与图标展示并支持图标下标,如图 6-32 所示。

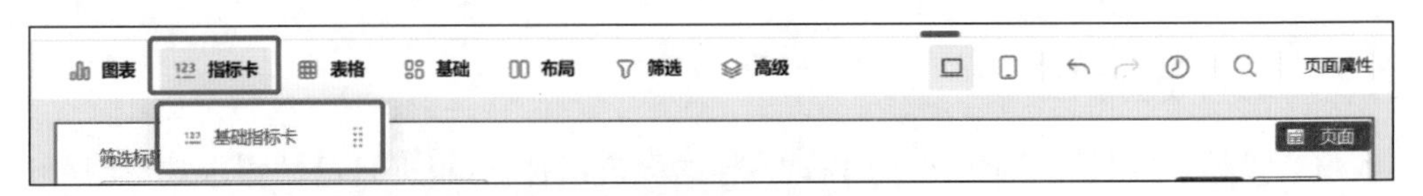

图 6-32 “指标卡”菜单栏

选择“表格”菜单可以设置“基础表格”组件，可按 Excel 表格形式展示出已提交的表单数据，如图 6-33 所示。

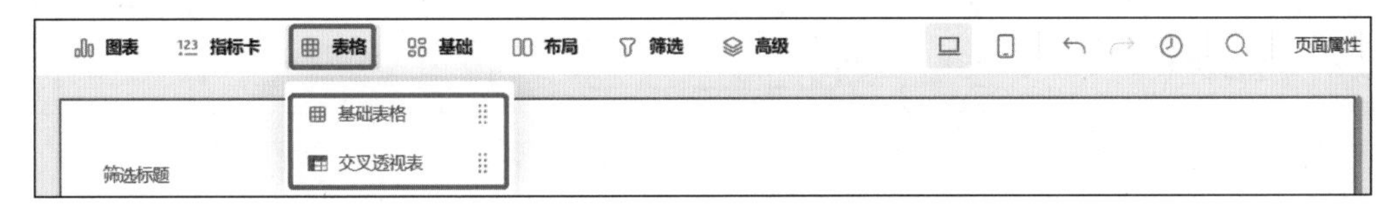

图 6-33　“表格”菜单

选择“基础”菜单可以设置“文本”“图片”“链接”组件，可按 Excel 表格形式展示出已提交的表单数据，如图 6-34 所示。“基础”菜单中组件使用说明如表 6-3 所示。

表 6-3　“基础”菜单中组件使用说明

组 件 名 称	使 用 说 明
文本	用于展示基础文本信息
图片	用于展示图片信息
链接	可用于跳转到 URL 并自由组合参数

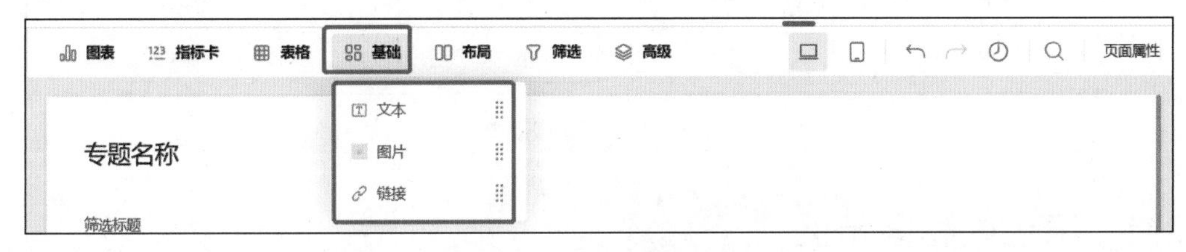

图 6-34　“基础”菜单

选择“布局”菜单可以设置“选项卡”“分栏”“容器”组件，用于对报表的图表或其他组件进行排版布局，如图 6-35 所示。“布局”菜单中的组件使用说明如表 6-4 所示。

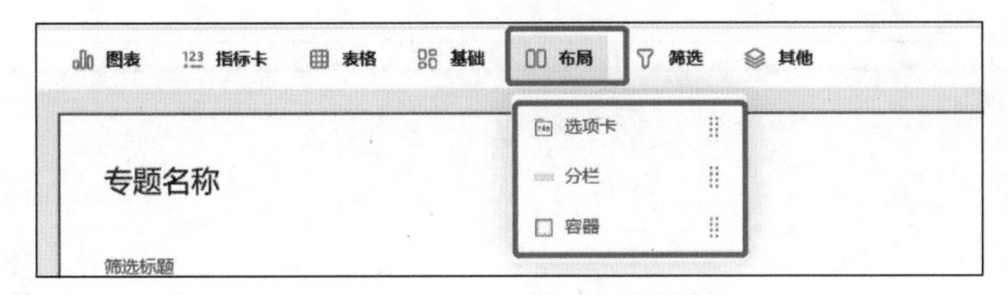

图 6-35　“布局”菜单栏示意

表 6-4　“布局”菜单中的组件使用说明

组 件 名 称	使 用 说 明
选项卡	常用的两种形态是普通型与胶囊型；主要用于布局，可以与其他组件共用
分栏	主要用于将一行分为多列，在一行展示多个图表
容器	主要用于布局，可在容器中放入图表，并配置样式

选择“筛选”菜单可以设置“下拉筛选”和“时间筛选”组件，用于配置筛选条件，在报表中筛选出某个时间、某条值的所有数据，如图 6-36 所示。“筛选”菜单中的组件使用说明如表 6-5 所示。

图 6-36 “筛选”菜单

表 6-5 “筛选”菜单中的组件使用说明

组件名称	使用说明
下拉筛选	可以实现“单选”“多选”的设置，并能在文本框中模糊搜索；也可以设置显示字段以实现用户所见字段和实际查询字段的区分(如显示部门名称，使用部门编码查询)；同时还支持“标签”模式，实现标签筛选的效果
时间筛选	可以实现“单值”(固定日期)、“区间”(时间区间)的设置且进行筛选

选择“高级”菜单可以设置 Iframe 组件，可将其他网页的内容嵌入当前的设计器页面中，如图 6-37 所示。

图 6-37 “高级”菜单

6.8.4 筛选区和画布区

在报表设计器“筛选区”提供各式各样的图表组件，在该区域内含“搜索”和“重置”按钮，“筛选区”默认有一个筛选标题的筛选组件，如图 6-38 所示。用户也可以根据自己的需求在“筛选”菜单中选择筛选组件。可在“画布区”添加组件，并对组件布局进行配置。

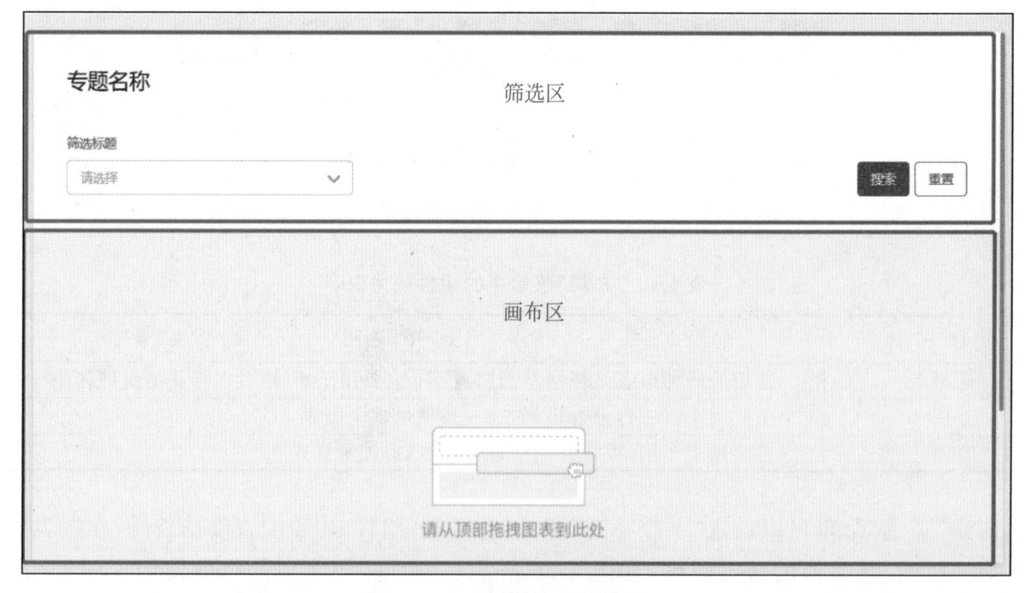

图 6-38 “筛选区”界面展示

6.8.5 右侧操作栏

在报表设计器“右侧操作栏”对选取的报表组件进行数据集和数据字段、样式等配置，如图 6-39 所示。

图 6-39 “右侧操作区”界面展示

6.9 “库存报表”设计

6.9.1 设置筛选区标题内容

创建完成“库存报表”后，进入“库存”报表设计器界面，单击“筛选区”中的空白区域，在“右侧操作栏”中设置“显示标题”开启功能，设置“标题内容”为“库存报表”，如图 6-40 所示。

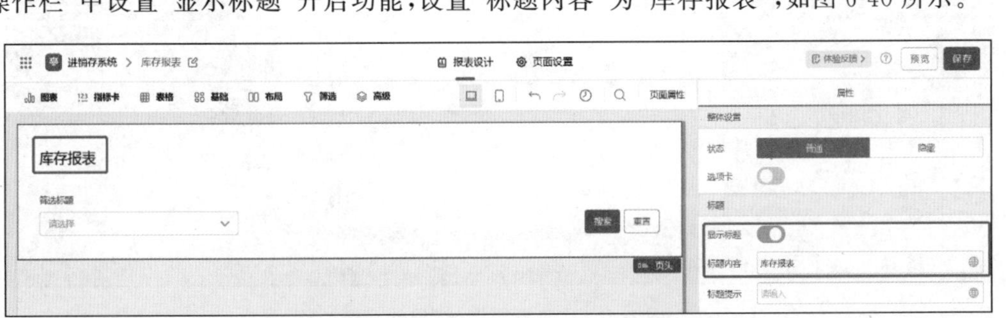

图 6-40 设置筛选区标题操作示意

6.9.2 设置“基础表格”组件

在“组件选择区”选择“表格”菜单中“基础表格”组件添加至“画布区”，在右侧操作栏“数据”设置分栏中单击“选择数据集”按钮，如图 6-41 所示。

在图 6-41 所示界面中单击“选择数据集”按钮后，在弹出的“选择数据集”设置界面选择“表单”栏中“库存”选项，单击“确定”按钮完成设置，如图 6-42 所示。

在图 6-42 所示界面中单击“确定”按钮后，在右侧操作栏“数据集”中将“产品名称”“产品规格”“库存数量”“日_创建时间”添加至“表格列”栏中，在左侧画布区会根据“表格列”栏中字段实时更新表头，如图 6-43 所示。

在图 6-43 所示界面的“表格列”栏中单击“日_创建时间”右侧的设置符号，进入弹出的“数据设置面板”设置界面，在该设置界面中选择“字段信息”，在“别名”栏中设置“入库时间”，如图 6-44 所示。这样会修改画布中基础表格表头名称。

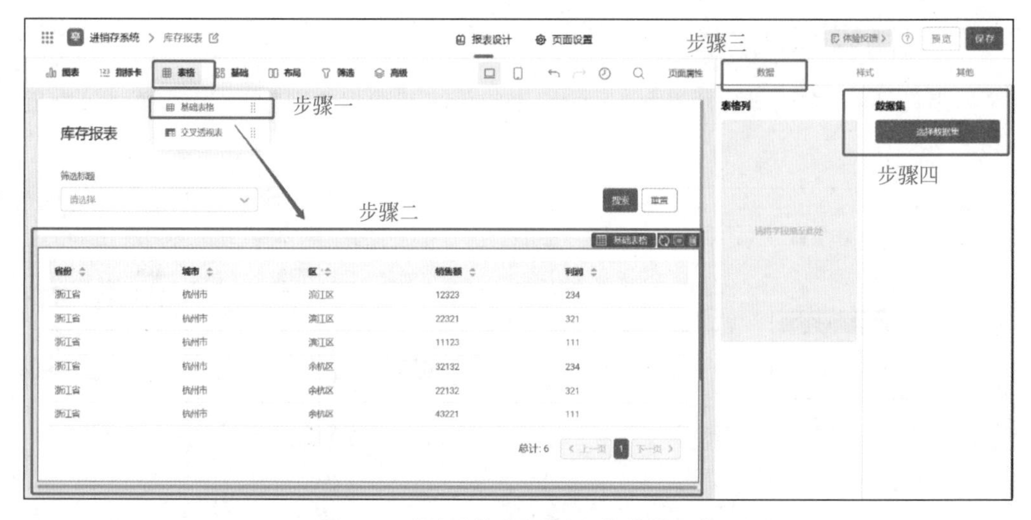

图 6-41　添加“基础表格”组件操作示意

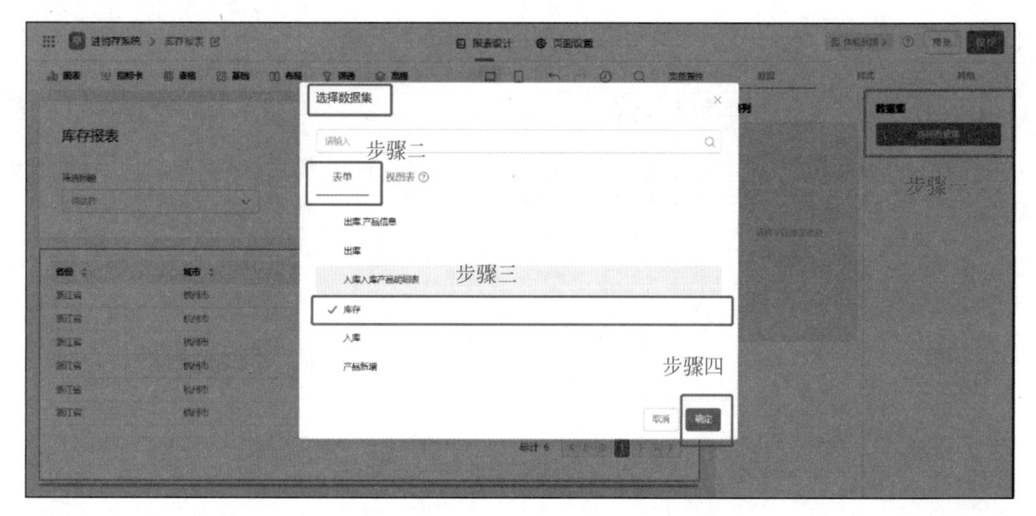

图 6-42　“选择数据集”操作示意

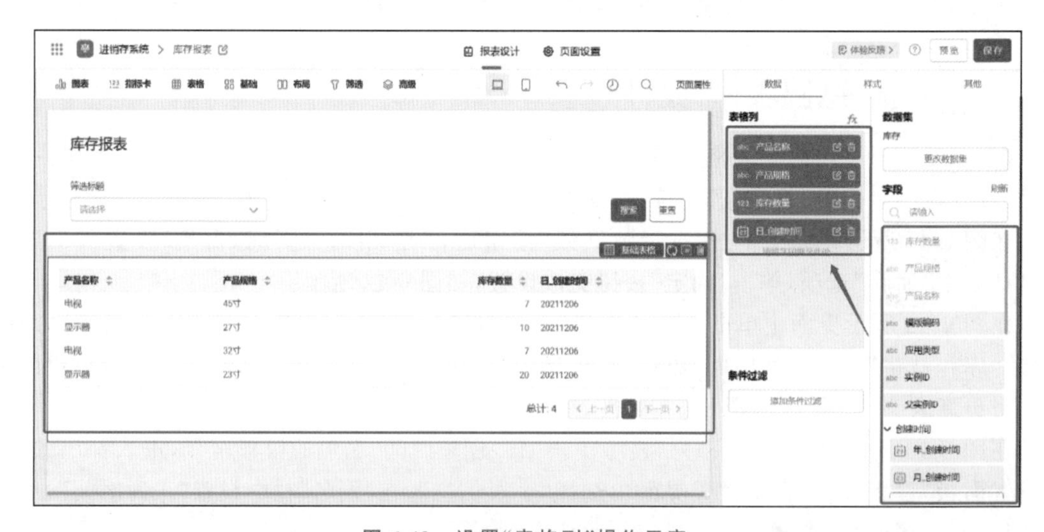

图 6-43　设置“表格列”操作示意

图 6-44　设置“数据设置面板”中“别名”属性操作示意

6.9.3　设置“下拉筛选”组件

单击“筛选区”“下拉筛选”组件，在“右侧操作栏”中“样式”分栏设置“标题”为“产品名称”，如图 6-45 所示。

图 6-45　设置“下拉筛选”中“标题”属性操作示意

在“数据集”分栏单击“选择数据集”按钮，选择“库存”选项，将“数据集”字段栏中“产品名称”添加至“查询字段”栏中，如图 6-46 所示。这样实现使用该下拉筛选组件能够筛选画布区“基础表格”组件中表单数据的功能。

图 6-46　设置“下拉筛选”中“查询字段”属性操作示意

6.9.4 预览库存报表

设置完成“库存报表”报表后单击顶部工作栏中的“预览”按钮，在弹出的“页面预览”设置界面中设置筛选条件“电视”，单击“搜索”按钮，即可在基础表格中筛选并展示内容，如图 6-47 所示。

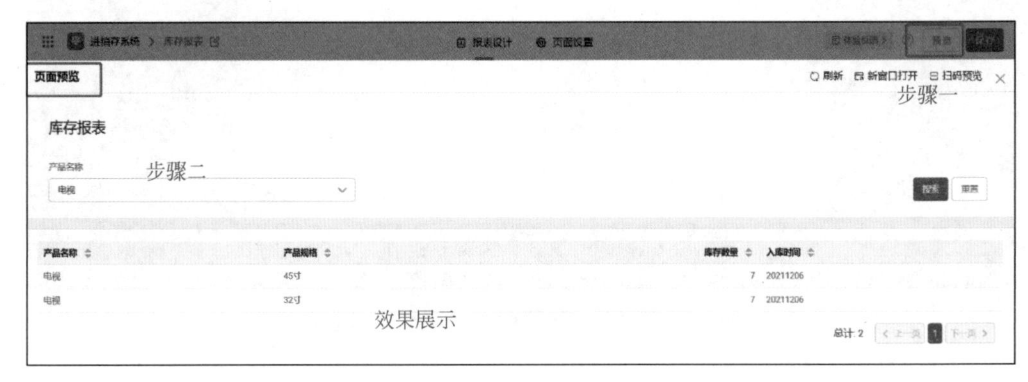

图 6-47 预览“库存报表”操作示意

视频讲解

6.10 “入库报表”设计

6.10.1 设置筛选区标题内容

实验操作

在“进销存系统”宜搭应用开发界面中创建“入库报表”报表，进入“入库”报表设计器界面，单击“筛选区”空白区域，在“右侧操作栏”中开启“显示标题”功能，设置“标题内容”为“入库报表”，如图 6-48 所示。

图 6-48 设置筛选区标题操作示意

6.10.2 设置“柱状图”组件

在“组件选择区”选择“图表”菜单中“柱状图”并添加至“画布区”，在右侧“数据”分栏中单击“选择数据集”按钮，在弹出的“选择数据集”设置界面中选择“表单”栏中“入库. 入库产品明细表”选项，单击“确定”按钮完成设置。

在右侧操作栏“数据集”中将“产品名称”添加至“横轴”栏，将“入库数量”添加至“纵轴”栏，将“产品规格”添加至“分组”栏，在左侧画布区会根据右侧操作栏中字段实时更新柱状图，如图 6-49 所示。在画布区选择“柱状图”组件，右侧操作区“样式”分栏中可以设置“样式配置”“横轴”“纵轴”“图例”“标签”“缩略轴”“提示信息”属性，可以按住中间画布区柱状图右侧符号改变图表大小。

图 6-49　设置“柱状图”数据集操作示意

6.10.3　设置“时间筛选”组件

在“筛选区”添加“时间筛选”组件，在右侧操作栏中“样式”分栏设置“标题名称”为“选择月份”，如图 6-50 所示。

图 6-50　设置“时间筛选”中“标题名称”属性操作示意

在“数据集”分栏单击“选择数据集”按钮，选择“入库.入库产品明细表”选项，将“数据集”字段栏中“月_创建时间”添加至“查询字段”栏中，如图 6-51 所示。这样实现使用该时间筛选组件能够筛选画布区“柱状图”组件中数据的功能。

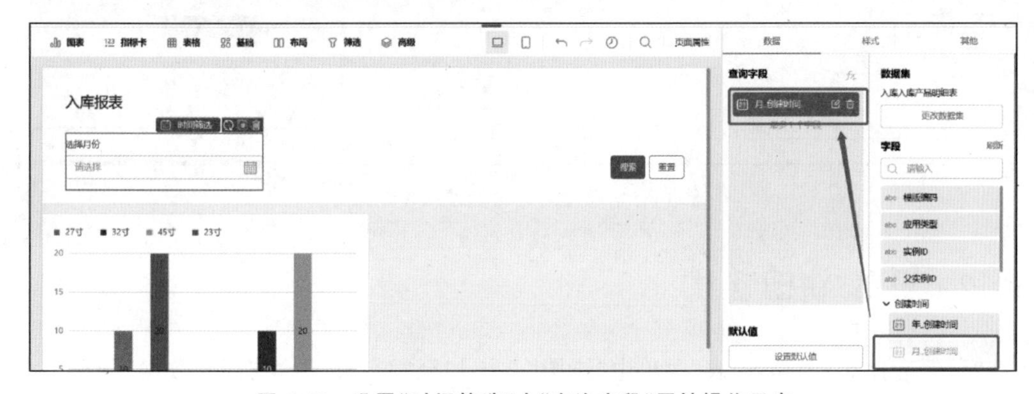

图 6-51　设置“时间筛选”中“查询字段”属性操作示意

6.10.4 预览库存报表

设置完成“入库报表”报表后单击顶部工作栏中的“预览”按钮，在弹出的“页面预览”设置界面中设置筛选条件为“2021-12”，单击“搜索”按钮，即可在基础表格中筛选并展示内容，如图 6-52 所示。

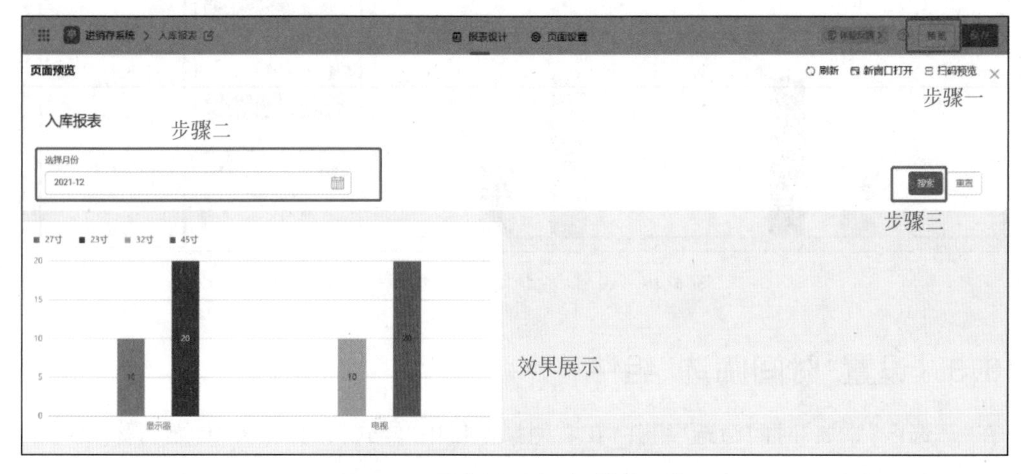

图 6-52 预览“入库报表”操作示意

视频讲解

6.11 “出库报表”设计

6.11.1 设置筛选区标题内容

实验操作

在“进销存系统”宜搭应用开发界面中创建“出库报表”报表，进入“出库报表”报表设计器界面，单击“筛选区”空白区域，在“右侧操作栏”中设置“显示标题”开启功能，设置“标题内容”为“出库报表”，如图 6-53 所示。

图 6-53 设置筛选区标题操作示意

6.11.2 设置“饼图”组件

在“组件选择区”选择“图表”菜单中“饼图”并添加至“画布区”，在右侧“数据”分栏中单击“选择数据集”按钮，进入弹出的“选择数据集”设置界面，选择“表单”栏中“出库. 产品信息”选项，单击“确定”按钮完成设置。

在右侧操作栏“数据集”中将“产品名称”添加至“分类字段”栏，将“出库数”添加至“数值字段”栏，在左侧画布区会根据右侧操作栏中字段实时更新饼图，如图 6-54 所示。

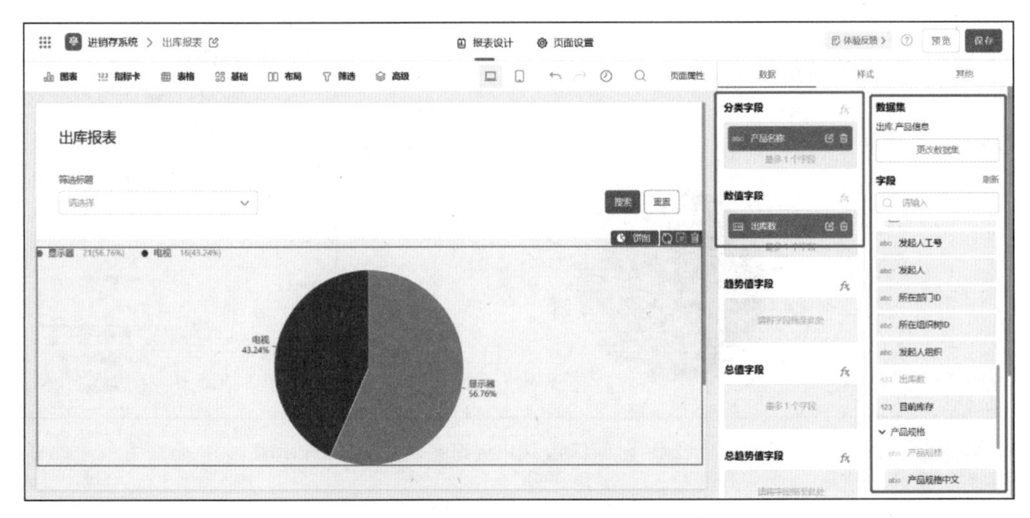

图 6-54 设置“饼图”数据集操作示意

在画布区选择“饼图”组件，单击“分类字段”栏中“产品名称”右侧的“编辑”按钮，在“数据设置面板”左侧“钻取”分栏中选择“通用下钻”，添加一层钻取为“产品规格”，如图 6-55 所示。该功能实现访问该报表时，单击饼图各个分区，进入该分类字段下一层分类字段的统计饼图。

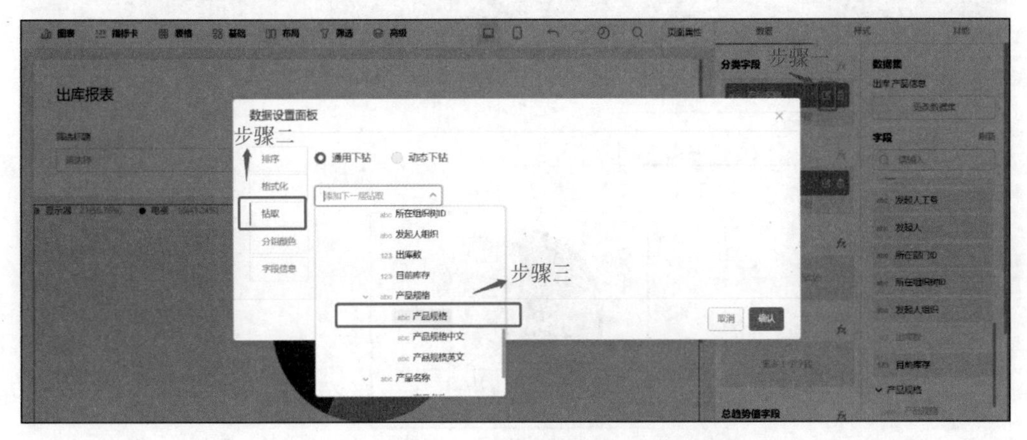

图 6-55 设置“分类字段”中“钻取”属性操作示意

6.11.3 设置“时间筛选”组件

在“筛选区”添加“时间筛选”组件，在右侧操作栏中“样式”分栏设置“标题名称”为“月份选择”，在“数据集”分栏单击“选择数据集”按钮，选择“出库.产品信息”选项，将“数据集”字段栏中“月_创建时间”添加至“查询字段”栏中，如图 6-56 所示。这样实现使用该时间筛选组件能够筛选画布区“饼图”组件中数据的功能。

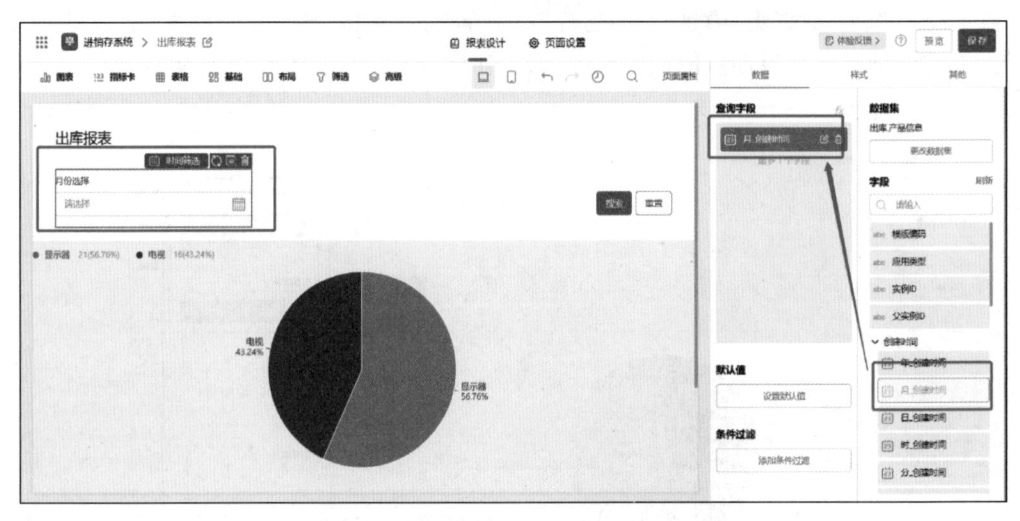

图 6-56 设置“时间筛选”中“查询字段”属性操作示意

6.11.4 预览出库报表

设置完成“出库报表”后单击顶部工作栏中的“预览”按钮，在弹出的“页面预览”设置界面中设置筛选条件为“2021-12”，单击“搜索”按钮，即可在基础表格中筛选并展示内容，并单击电视饼图区域下钻至产品规格饼图，如图 6-57 所示。

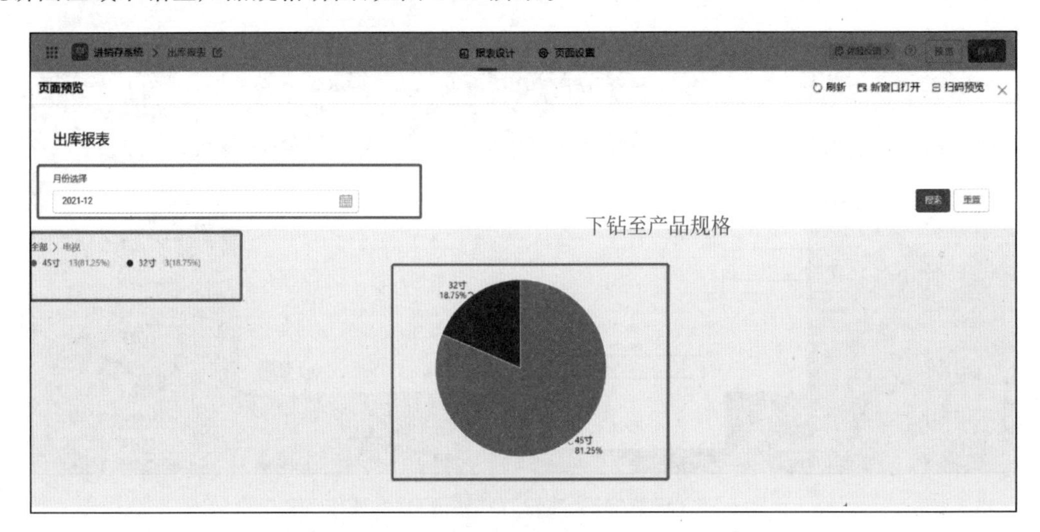

图 6-57 预览“出库报表”操作示意

第 7 章

通过自定义页面实现门户页面

第 6 章通过普通表单、流程表单、报表开发“进销存系统”，通过实战开发介绍表单设计、流程设计和报表设计。本章将学习自定义页面的开发，主要通过模板创建自定义页面，介绍自定义页面设计器，通过自定义页面实现第 6 章中“进销存系统”门户页面，将基础知识和操作融入实战开发中。自定义页面可以自定义地设置样式风格、展示应用所有表单的数据，更灵活地实现自己的场景需求，相较于普通表单设计更为复杂，也可以使用代码配置。自定义页面中可以展示这个应用的整体数据，例如查看待自己处理的、自己创建的、抄送给自己的数据，也可以设置提交表单的快速入口。

7.1　通过自定义页面创建“首页”页面

视频讲解

7.1.1　创建自定义页面

实验操作

在“进销存系统”宜搭应用开发界面中单击“新建自定义页面”按钮，即可开始创建普通表单，如图 7-1 所示。在“新建自定义页面”中设置“页面名称”为“首页”。

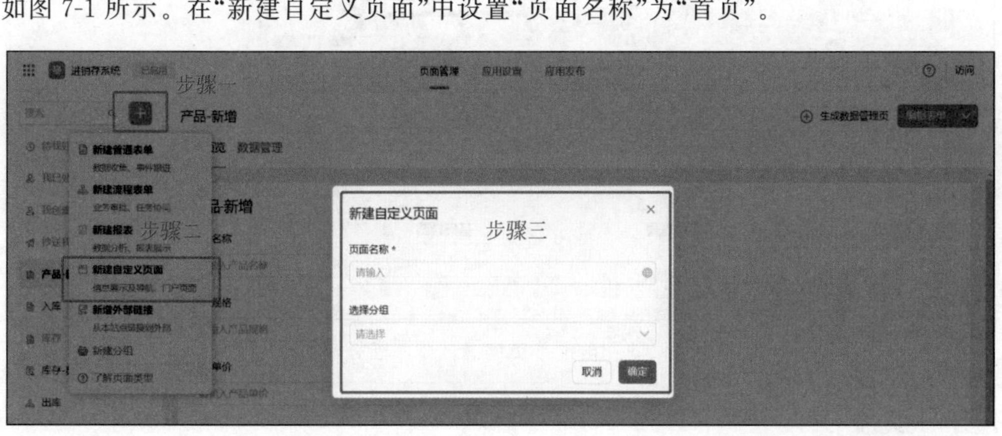

图 7-1　“新建自定义页面”操作示意

在图 7-1 所示界面中单击“确定”按钮，进入弹出的“请选择页面模板”设置界面，在该界面中可以在“模板分类栏”中选择类别，选择模板后在界面下方单击“就选它”按钮；也可以单击界面下方的“跳过”按钮从全新的自定义页面创建，如图 7-2 所示。在该界面中选择“工作台模板-01”，单击界面下方的“就选它”按钮，进入自定义页面设计界面。

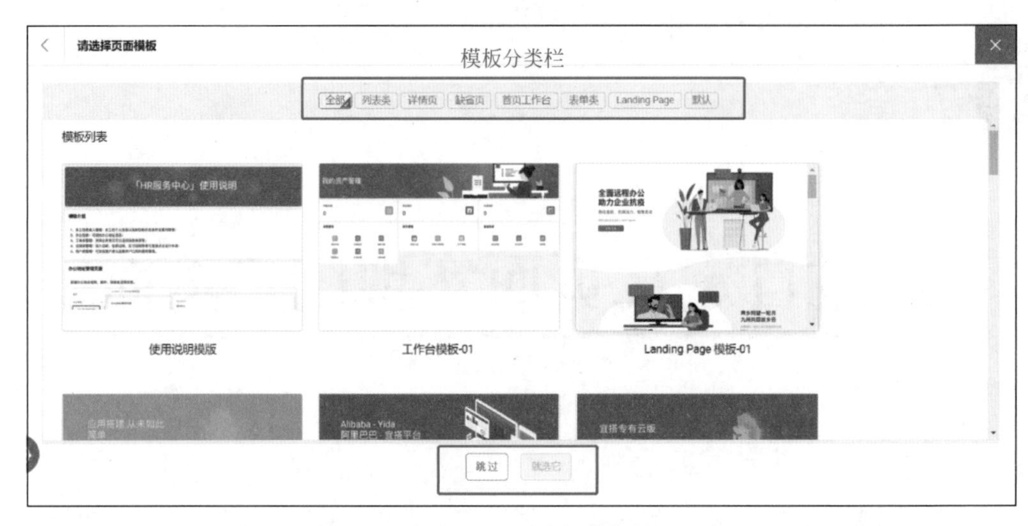

图 7-2 “自定义页面”选择模板操作示意

7.1.2 自定义页面设计器界面

创建完成“首页”自定义页面后，在“进销存系统”应用开发界面左侧表单列表中选择“首页”自定义页面，在右侧界面中单击“编辑自定义页”按钮进入“首页”自定义页面设计器界面。自定义页面设计器界面分“顶部操作栏”“左侧工具栏”“中间画布”“右侧属性配置面板”，如图 7-3 所示。

图 7-3 自定义页面设计器界面介绍

7.1.3 顶部操作栏

在自定义页面设计器界面顶部操作栏中有“移动端”“PC 端”“语言”“页面属性”“快捷键”“全局搜索”“撤销”“修改历史”“预览”“保存”“名称”“页面设计”“页面设置”等按钮。其中，单击“移动端”按钮可以设置“中间画布”呈现移动端效果，若单击“PC 端”按钮则显示如图 7-3 所示的 PC 端画布展示效果。本例中采用 PC 端画布展示界面进行设计。单击顶部操作栏中“页面设置”按钮，则在右侧属性配置面板中呈现页面属性配置面板，即可对自定义页面进行“属性”和“样式”设置。单击顶部操作栏中“快捷键”按钮，则弹出“快捷键”信息窗。在“左侧工具栏”中主要有“大纲树”“组件库”“区块模板”“数据源”“动作面板”“多语言文案管理”六个选项。左侧工具栏功能如表 7-1 所示。

表 7-1　左侧工具栏功能

功能选项	使用说明
大纲树	可以让用户更清晰地看到页面的布局，还可以让用户在大纲树上对控件进行批量拖曳、批量删除。双击大纲树可以更改别名，用来区分多个相同的控件；单击右上角的“固定”按钮，可以将大纲树面板固定在左侧；按住 CMD/Ctrl 键，可在大纲树上进行多选操作
组件库	单击“组件库中”的组件并拖曳到画布中或大纲树中的指定位置
区块模板	为了提高设计效率而存在。合理地使用区块模板能够提高日常页面设计中的效率，并遵循合理的设计范式
数据源	可以声明一个变量，用于动态展示一些数据；在控件的属性配置上可以对数据源的数据进行绑定
动作面板	可以用来编写 JavaScript 代码，实现一些定制化的需求
多语言文案管理	可以用来配置多语言文案的管理，在控件的属性配置上可以对多语言数据进行数据绑定

其中，“大纲树”“数据源”“动作面板”“多语言文案管理”参考 4.2.4 节的介绍，此处不再赘述。在“左侧工具栏”中“组件库”中包含“布局”“基础”“表单”“高级”组件库。其中“区块模块”界面中有“公共模板”和“私有模板”两个菜单，如图 7-4 所示。

图 7-4　“区块模块”界面展示

7.1.4　“中间画布”和“右侧属性配置面板”

“中间画布”用来将组件进行排版、配置，从而完成页面的搭建。在“中间画布”中可以根据光标提示来进行拖曳布局，也可以对组件进行复制、删除操作，在“中间画布”中的选择不同的组件，在“右侧属性配置面板”可以对选中的组件进行属性配置，如图 7-5 所示。

“右侧属性配置面板”中有“属性”“样式”“高级”三个菜单栏。右侧属性配置面板菜单介绍如表 7-2 所示。

图 7-5 “中间画布”和“右侧属性配置面板”界面

表 7-2 右侧属性配置面板菜单介绍

菜单名称	介 绍
属性	用来配置控件基本的样式及内容
样式	用来配置该控件的外观、布局等显示效果
高级	用来配置控件的渲染内容及效果

视频讲解

7.2 设计“首页”自定义页面

7.2.1 页面设置

实验操作

在“首页”自定义页面设计器界面“顶部操作栏”中单击“页面设置”按钮，在“属性”栏中设置开启“启用页头”功能，其余属性保持默认设置，在页头中设置开启“页面标题插槽”功能并设置“页面标题”文本组件为“进销存系统-首页”；设置关闭“副标题插槽”“页面配图插槽”“主内容插槽”“操作区插槽”“扩展内容插槽”“页签区插槽”功能，如图 7-6 所示。

图 7-6 设置“启用页头”属性操作示意

在“样式”栏中可以单击“源码编辑”按钮，当部分 CSS 样式在设置器中无法满足需求时，源码编辑支持编写 CSS 样式代码来自定义样式；源码编辑和右侧的设置器是完全同步更改的，编辑完即刻生效，两侧同步修改；也可以在“样式”栏中设置样式属性，如图 7-7 所示。

图 7-7 “页面属性”右侧设置面板示意

7.2.2 布局组件之“布局容器”

布局是对已有的可视化组件的位置摆放控制，表示了一种动作；布局容器是一种有布局能力的容器，可以放入多个组件到布局容器中进行展示。在当页面位置需要分块划分时，比如希望页面按两列进行展示时；当页面需要适配不同屏幕尺寸时；当页面的 layout 布局有嵌套、位置相对性时；当页面的样式实现需要借助 CSS 等高级布局技术能力时，需要使用“布局容器”组件。在“组件库”中“布局”栏有“布局容器”“容器”“选项”“分组”四个组件，本节将通过设置“首页”自定义页面布局讲解“布局容器”和“容器”组件。

在“进销存系统-首页”中有“产品-新增”“入库”“出库”“库存报表”“入库报表”“出库报表”六个快捷按钮，选中“文本”组件，在右侧属性配置面板中设置“内容”属性，依次设置完成所有“文本”组件，设置完成后效果如图 7-8 所示。

图 7-8 设置“首页”页面组件示意

在“大纲树”中选择“页面内容”分支下的“布局容器”，在“大纲树”中选中后，在中间画布中也会被选中，在右侧属性配置面板会显示设置属性界面，其中“属性”菜单栏中“列比例”属性设置为“4：4：4”；设置“行间距”属性为“小(12px)”；设置“列间距”属性为“小(12px)”，中间画布中会实时更新，如图 7-9 所示。

图 7-9　设置“布局容器”属性操作示意

7.2.3　基础组件之“链接块”

“组件库”中“基础”栏内的“链接块”组件能够实现用户单击后跳转至指定链接，可以将图片或者文字嵌套在“链接块”组件内，当单击图片或文字时，实现跳转功能。

以“产品-新增”配置为例，单击该区域“链接块”组件，在右侧属性配置面板中设置“链接类型”为“内部页面”；设置“选择页面”属性为“产品-新增”；设置“新开页面”功能关闭，如图 7-10 所示。设置“入库”跳转内部页面为“入库”，设置“出库”跳转内部链接为“出库”，设置“库存报表”跳转内部页面为“库存报表”，设置“入库报表”跳转内部页面为“入库报表”和设置“出库报表”跳转内部页面为“出库报表”。

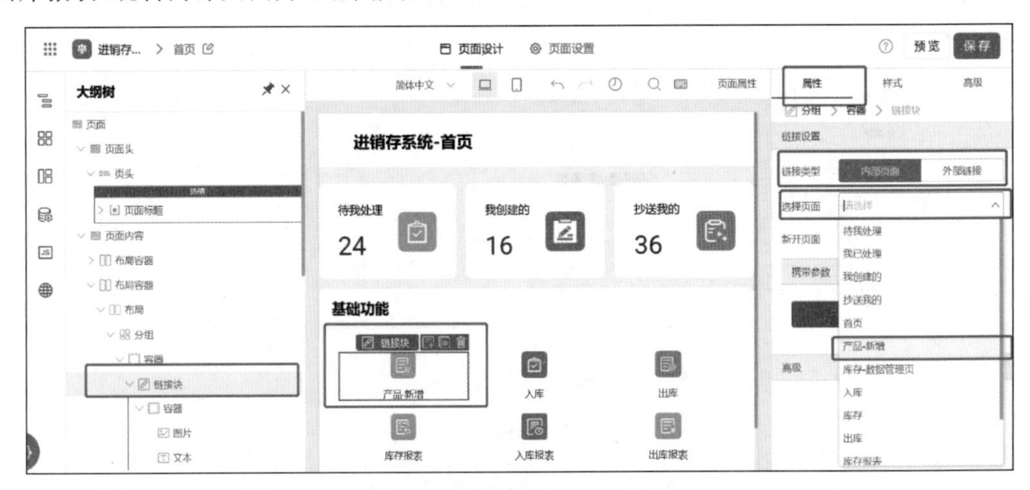

图 7-10　设置“链接块”属性操作示意

7.3　访问“首页”效果展示

视频讲解

在“进销存系统”宜搭应用开发界面中设置“首页”自定义页面和“库存-数据管理页”普通表单数据管理页 PC 端和移动端均显示，其他表单均设置 PC 端和移动端隐藏，如图 7-11 所示。

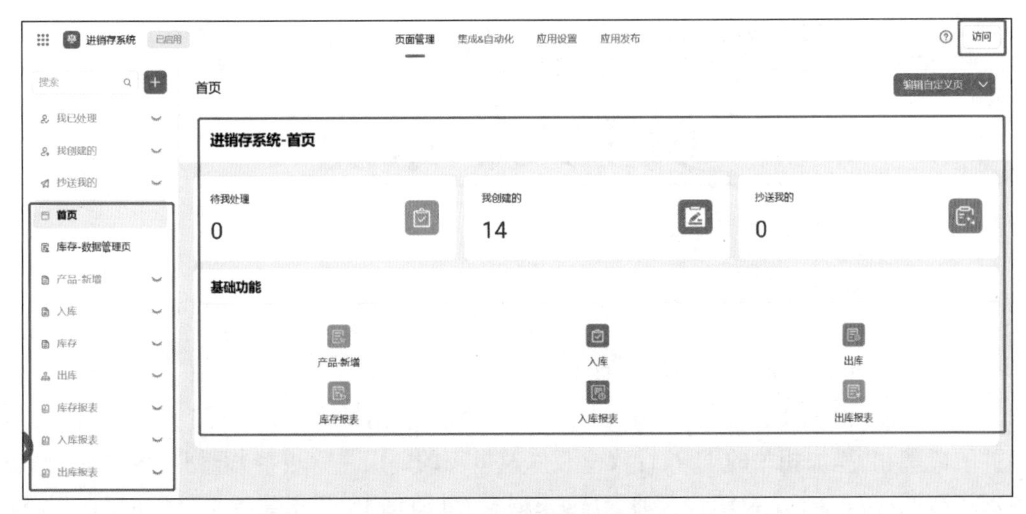

图 7-11　设置表单隐藏操作示意

单击“访问”按钮进入“进销存系统”应用界面，如图 7-12 所示。其中可以查看到左侧菜单栏中仅有“首页”和“库存-数据管理页”选项，右侧界面中为“首页”自定义页面，用户需要在“基本功能”栏中单击该系统表单对应的按钮方可进入。

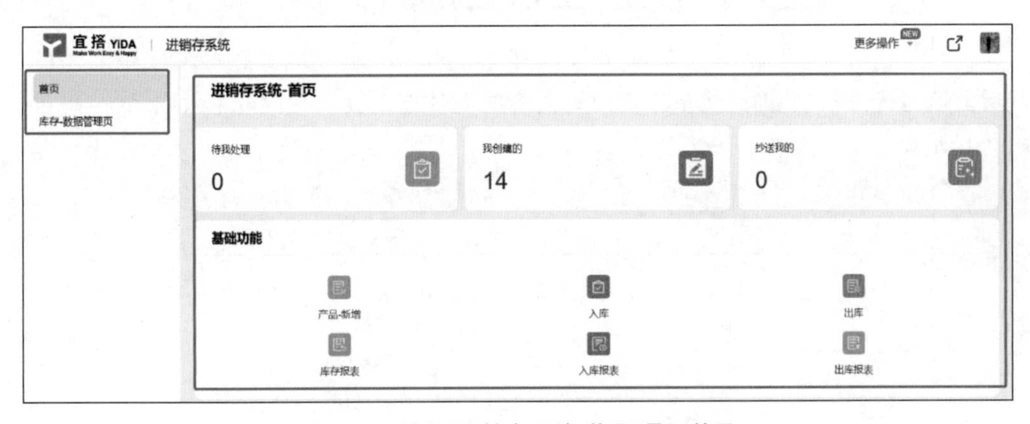

图 7-12　访问“进销存系统-首页”界面效果

第 8 章

通过集成&自动化实现“员工入职系统”

本章节主要讲解如何通过集成 & 自动化实现“员工入职系统”。当企业进行员工招聘后，候选人确认入职，由 HR 在宜搭应用内进行员工详细信息的录入，通过触发连接器，创建入职引导群的群聊，并添加相关的 HR、行政中心以及员工的部门主管进群，群创立成功后，自动在群内发送欢迎通知。本章将结合普通表单、集成 & 自动化中的“创建场景群”连接器以及“消息”连接器来实现“员工入职系统”。连接器主要接入了钉钉连接器，钉钉官方应用、钉钉生态内应用、企业自有系统可轻量化地接入宜搭，使得宜搭应用天然具有互联互通的功能。本章学习如何使用集成 & 自动化中的连接器实现“员工入职系统”。

8.1 创建“员工入职系统”空白应用

通过“创建空白应用”的方式新建“员工入职系统”应用，创建方式可参考 4.1 节。员工在入职后需填写详细信息，因此将员工需填写内容的组件拖入表单中，“员工入职系统”思维导图如图 8-1 所示。

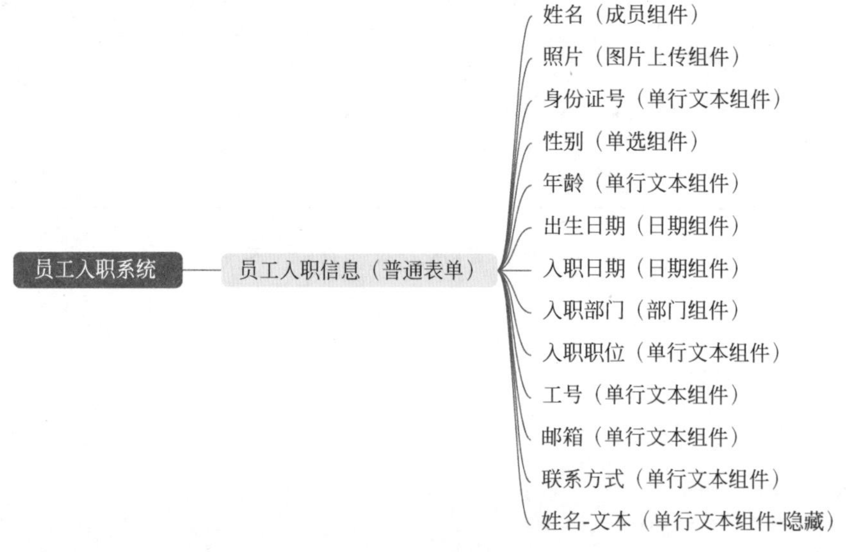

图 8-1 “员工入职系统”思维导图

8.2　通过普通表单创建“员工入职信息”页面

视频讲解

实验操作

8.2.1　“员工入职信息”普通表单设计

创建应用成功后,进入应用编辑界面,选择新建普通表单创建“员工入职信息”普通表单,如图 8-2 所示。

图 8-2　配置“员工信息录入”操作示意

8.2.2　“员工入职信息”表单内公式设计

在连接器选择成员组件时,获取内容为员工的 UserID,因此当需要使用员工的姓名时,可以使用 USERFIELD 公式查询成员信息。

USERFIELD 公式使用方法如表 8-1 所示,其中,公式中的成员指的是成员组件,可获取指定成员组件内选中成员的基本信息。

表 8-1　USERFIELD 公式使用方法

基 本 信 息	函　　数
员工唯一 ID(UserID)	USERFIELD(成员,"userId")
工号	USERFIELD(成员,"businessWorkNo")
姓名	USERFIELD(成员,"name")
部门信息	DEPTNAME(成员)

因此,可以通过 USERFIELD(成员,"name")公式在单行文本中获取成员姓名,配置步骤如下。

第一步:拖动单行文本组件到页面中,并命名为“姓名-文本”,配置默认值为“公式编辑”。

第二步:单击“编辑公式”按钮,进入“公式编辑界面”,并配置公式为 USERFIELD(姓名,"name"),其中姓名为当前表单中的成员组件,配置公式后单击“确定”按钮,如图 8-3 所示。

图 8-3　单行文本公式编辑配置示意

第三步：为了使页面更加美观,可将该组件内容进行隐藏,因此将单行文本的状态设置为“隐藏”。

第四步：组件隐藏后,数据无法进行始终提交,会导致该字段列无数据,因此需要选中“高级”设置中的“始终提交”选项,其他组件进行隐藏时,均需要将该组件“高级”属性列中的数据提交设置为“始终提交”,配置如图 8-4 所示。

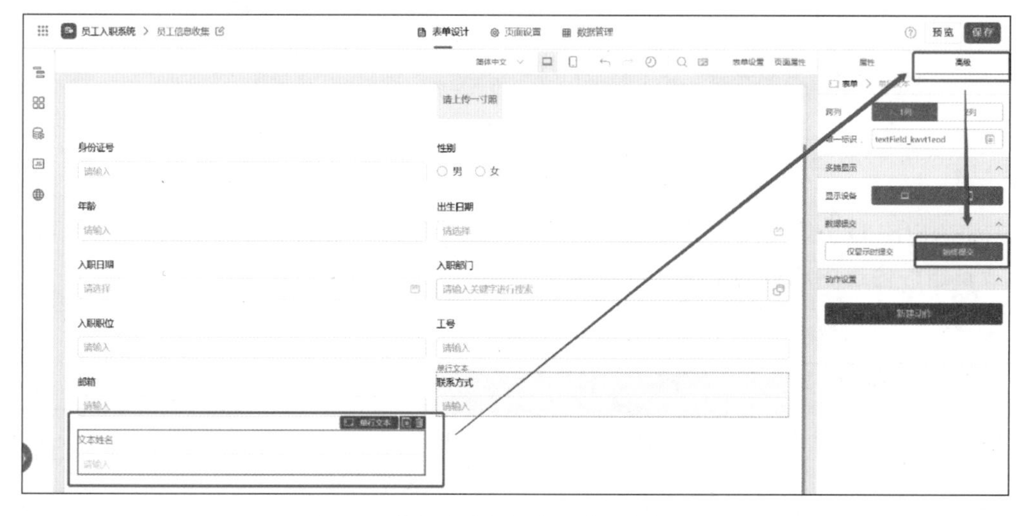

图 8-4　单行文本数据提交状态配置示意

8.2.3　预览“员工入职信息”页面

完成设置以上组件后,在顶部动作栏单击“保存”按钮保存该表单,单击“预览”按钮预览该页面,如图 8-5 所示。

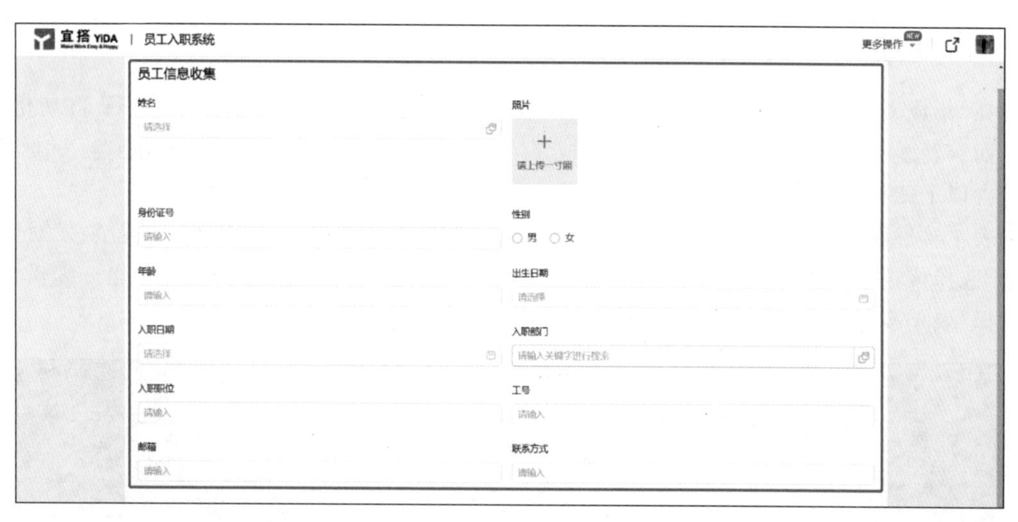

图 8-5　“员工信息录入”预览效果

8.3　集成&自动化-连接器

视频讲解

8.3.1　功能介绍

实验操作

集成 & 自动化的主要功能如下。

(1) 轻松实现宜搭表单之间的数据互联互通，通过数据操作节点的配置和编排，业务人员不再需要编写高级函数和代码。

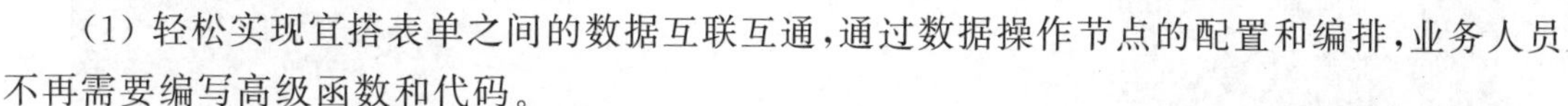

(2) 宜搭接入钉钉一方连接器，包括工作通知、群通知、待办任务、通讯录、日程、日历、考勤、智能人事、日清月结(制造业)等，实现任务处理、消息发送等复杂场景。

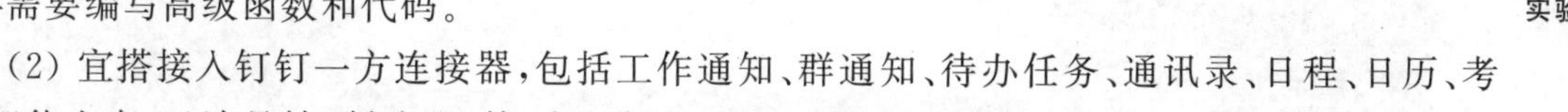

(3) 支持企业开发自定义连接器，实现钉钉宜搭与钉钉生态内应用以及其他三方应用的资源整合、数据传递、业务衔接。

8.3.2　集成&自动化入口

创建应用后，在应用主页面上方菜单栏中选中“集成 & 自动化”选项，进入“集成 & 自动化”界面，在该界面中可新建集成 & 自动化设置，并且在该界面中展示当前应用下的所有集成 & 自动化，用户可通过选择对应的表单名称展开对应表单的集成 & 自动化，如图 8-6 所示。

图 8-6　集成 & 自动化入口界面示意

8.3.3 创建集成&自动化

在“集成 & 自动化”界面中单击“新建集成 & 自动化”按钮，弹出“新建集成 & 自动化”设置界面。新建集成 & 自动化时需配置集成 & 自动化的名称，并选择触发类型。触发类型目前包含以下四种：表单事件触发、定时触发、应用事件触发和 Webhook 触发。

表单事件触发：表单或流程事件触发，如在表单创建、删除等事件成功后进行触发对应的规则，选择该选项时需对应选择触发的表单。操作步骤如下：新建集成 & 自动化→编辑名称→选择“表单事件触发”→选择指定的表单或流程事件，如图 8-7 所示。

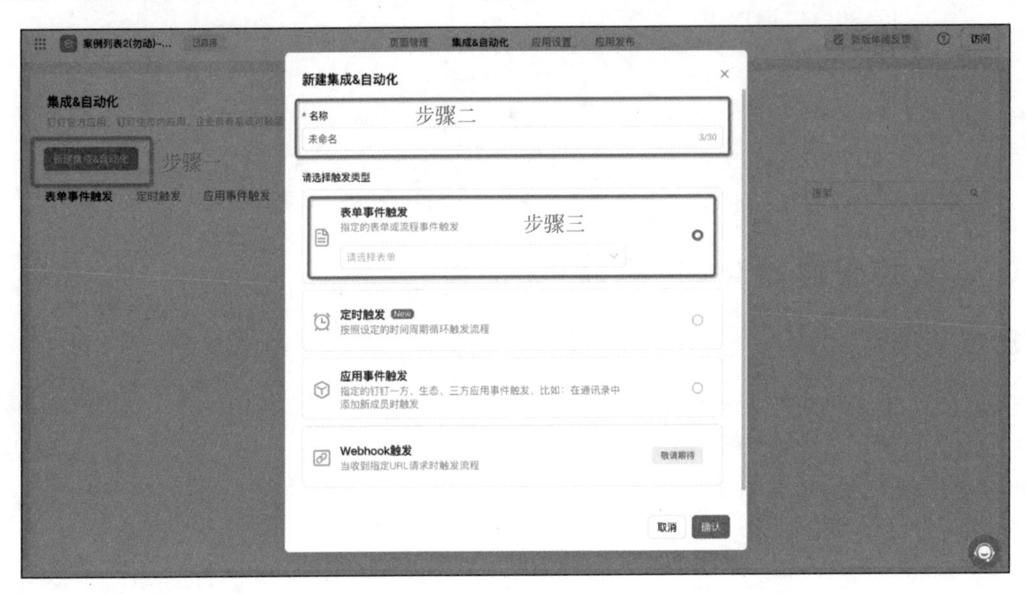

图 8-7　新建“表单事件触发”类型集成 & 自动化示意

定时触发：按照设定的时间周期循环触发流程，如图 8-8 所示。

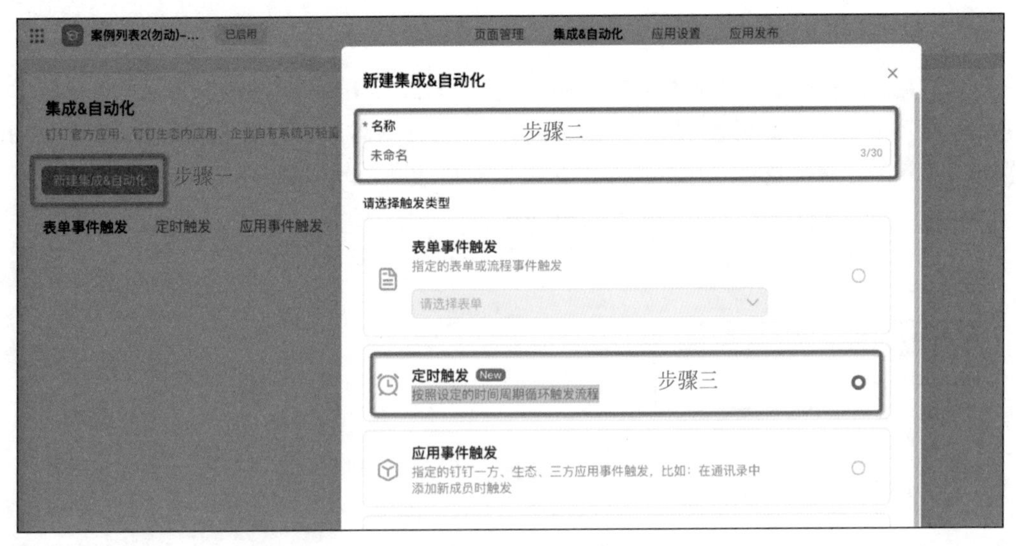

图 8-8　新建“定时触发”类型集成 & 自动化示意

应用事件触发：指定的钉钉一方、生态、三方应用事件触发，例如在通讯录中添加新成员时触发。操作步骤如下：新建集成 & 自动化→编辑名称→选择"应用事件触发"，如图 8-9 所示。

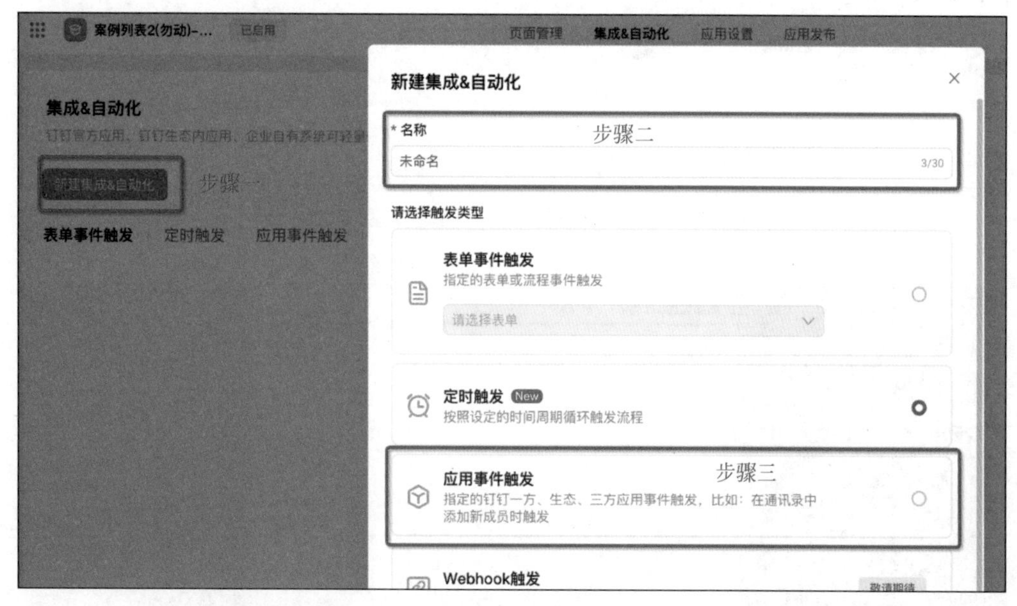

图 8-9　新建"应用事件触发"类型集成 & 自动化示意

Webhook 触发：还未开发，暂不介绍。

创建成功后，可在"集成 & 自动化"列表中对应的触发类型下查看到创建的集成 & 自动化，如图 8-10 所示。

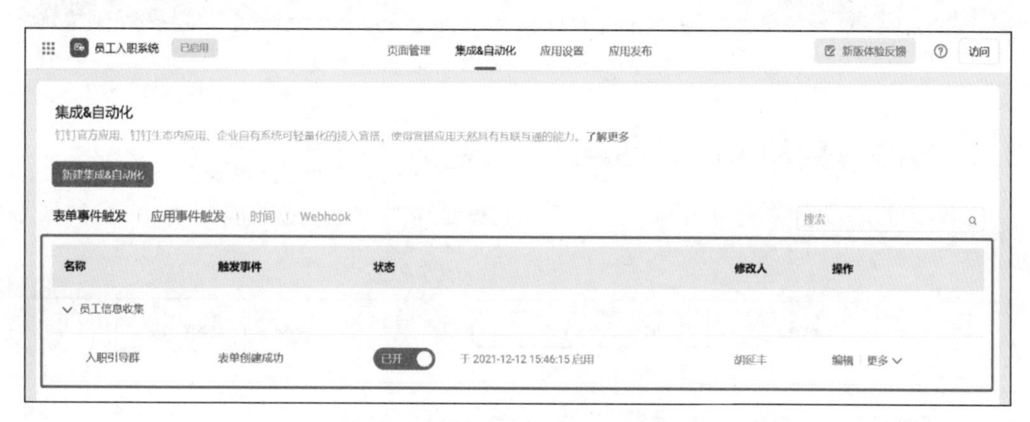

图 8-10　"集成 & 自动化"列表示意

8.3.4　集成&自动化的基础设置

创建好一个事件触发流程后，可通过"操作"栏中"更多"选项下的"基础设置"按钮进入该集成 & 自动化的"基础设置"页面，可在此处修改集成 & 自动化的名称，不可修改触发类型，如图 8-11 所示。

在图 8-11 所示界面中单击"基础设置"按钮后，可以在弹出的"新建集成 & 自动化"设置界面中设置基础配置，如图 8-12 所示。

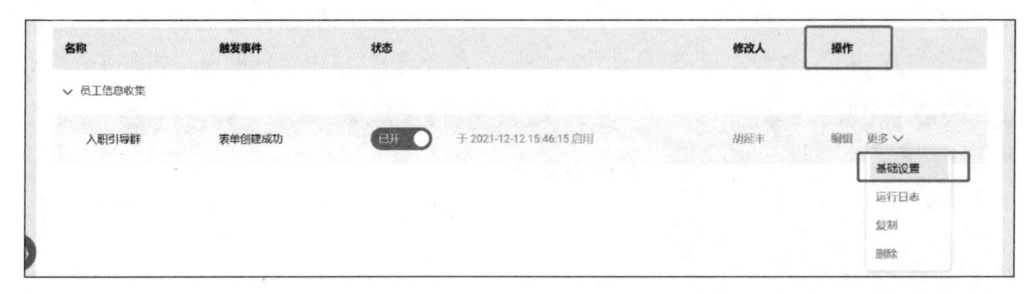

图 8-11　集成 & 自动化“基础设置”示意

图 8-12　弹出的“新建集成 & 自动化”设置界面示意

8.3.5　集成&自动化的开启与关闭

可自由地开启或者关闭事件流程，已开启流程是生效状态，已关闭则不生效，如图 8-13 所示。

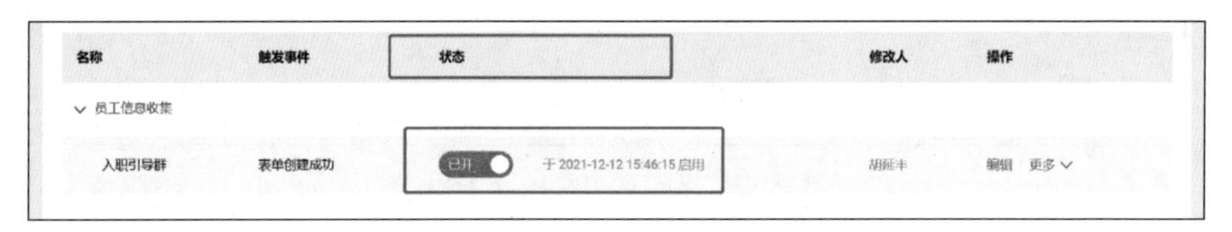

图 8-13　集成 & 自动化的开启与关闭示意

8.3.6　集成&自动化的复制

创建好一个事件触发流程后，可通过“操作”列“更多”选项下的“复制”按钮快速复制一个同样规则的事件流程，如图 8-14 所示。

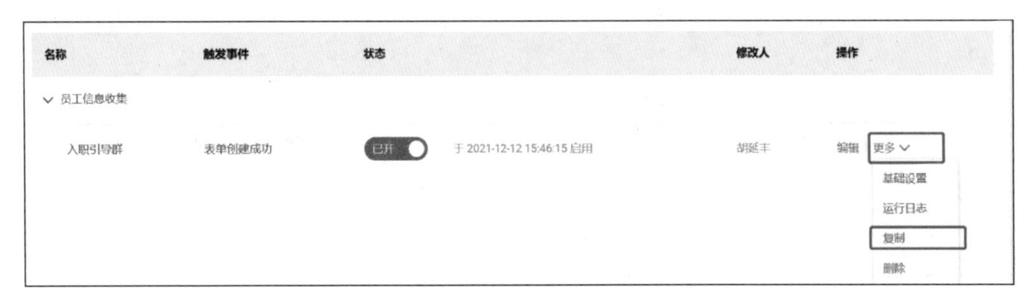

图 8-14　集成 & 自动化的复制操作示意

8.3.7　集成&自动化的运行记录

“操作”列“更多”选项下的“运行日志”按钮可以查看当前的事件流程是否成功触发，并且可以通过执行状态、日期快速筛选查看，如图 8-15 所示。

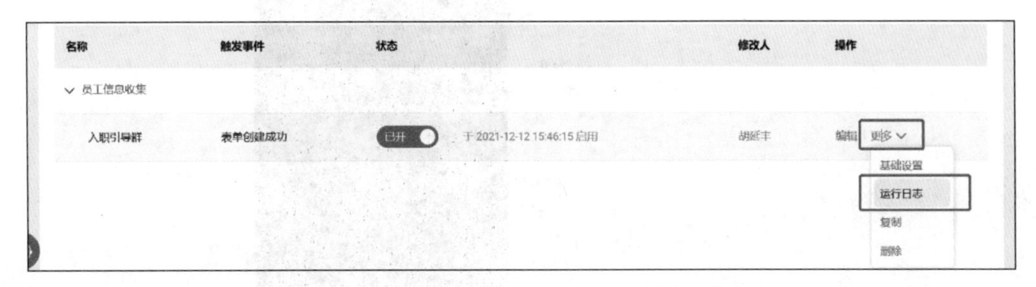

图 8-15　集成 & 自动化的运行日志入口示意

在图 8-15 所示界面中单击“运行日志”按钮后，在弹出的“运行日志”设置界面中可以查看运行日志，如图 8-16 所示。

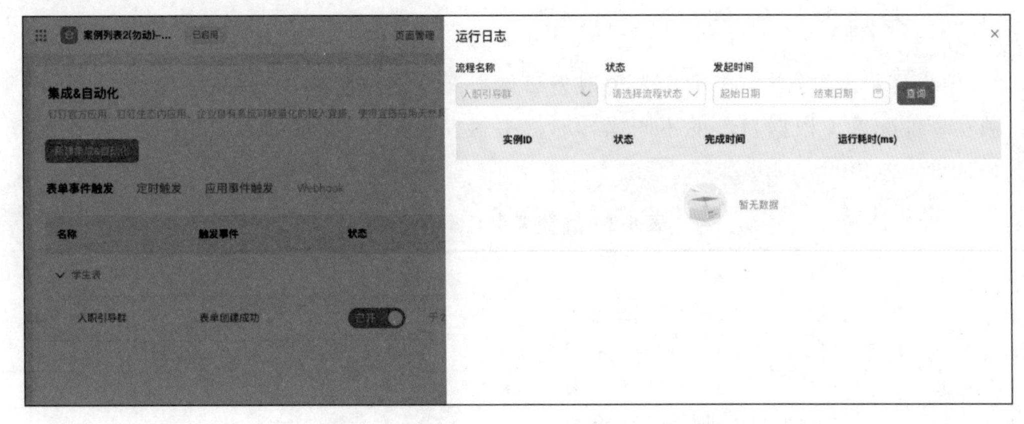

图 8-16　弹出的“运行日志”设置界面示意

8.3.8　集成&自动化编辑操作介绍

单击“编辑”按钮，进入集成 & 自动化编辑页面，即可对集成 & 自动化功能进行配置，如图 8-17 所示。

以表单事件触发为例，进入编辑页面后，页面存在表单事件触发节点和连接器节点。可以在连接线上单击“添加”按钮，添加数据节点、分支节点、连接器、人工节点、开发者，如图 8-18 所示。

图 8-17 “编辑”按钮示意

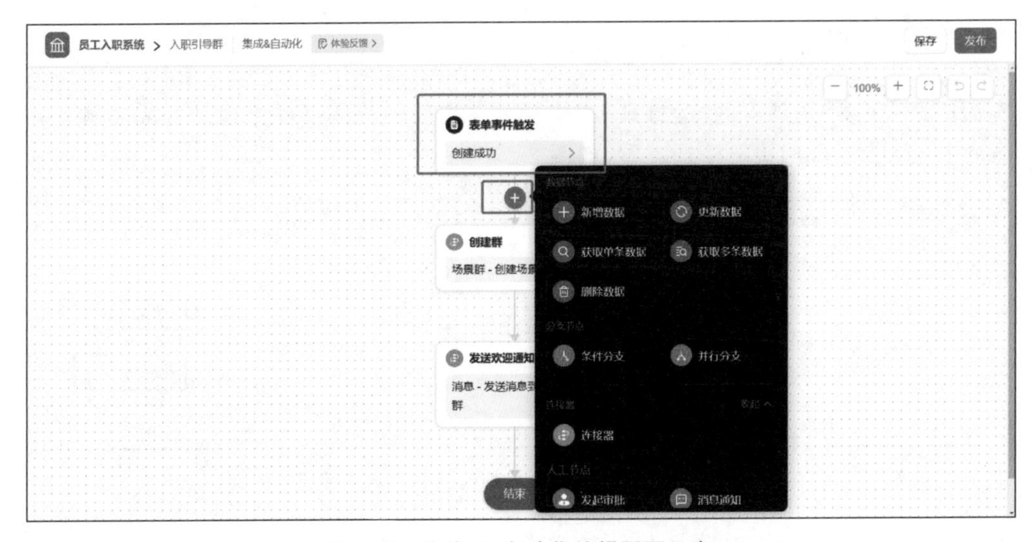

图 8-18 集成 & 自动化编辑页面示意

8.3.9 “表单事件触发”节点介绍

“表单事件触发”节点用于配置表单触发事件以及对表单数据进行筛选、过滤。

触发事件配置项根据表单的不同操作时机去触发连接器，详情如表 8-2 所示，其设置操作如图 8-19 所示。

表 8-2 触发事件配置项介绍

事件名称	含　义
创建成功	成功提交一条表单数据后触发
编辑成功	将已提交的数据进行修改后触发
删除成功	把已提交的数据进行删除后触发
评论成功	在已提交的数据进行评论后触发
流程事件	当审批的最终结果或指定审批节点的审批操作为指定操作时触发。举例：采购时当采购申请通过后，会在采购信息的中间表增加本次采购的信息。注：仅流程表单可以使用此功能

数据过滤配置项用于筛选表单内数据的展示范围，详情如表 8-3 所示，其设置操作如图 8-20 所示。

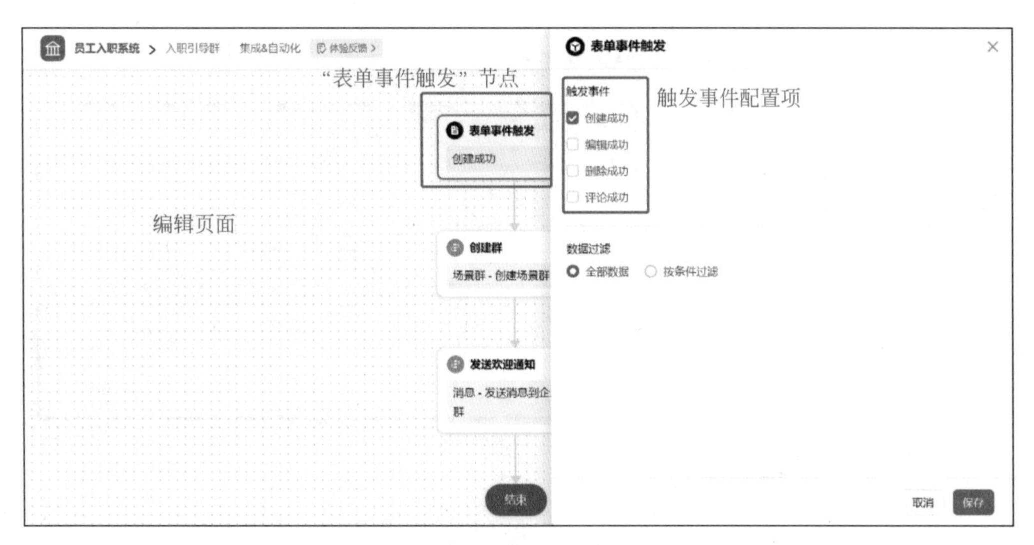

图 8-19　表单触发事件配置操作示意

表 8-3　数据过滤配置项介绍

过 滤 方 式	说　　明
全部数据(默认选中)	展示表单内全部数据
按条件过滤	展示符合条件的部分数据

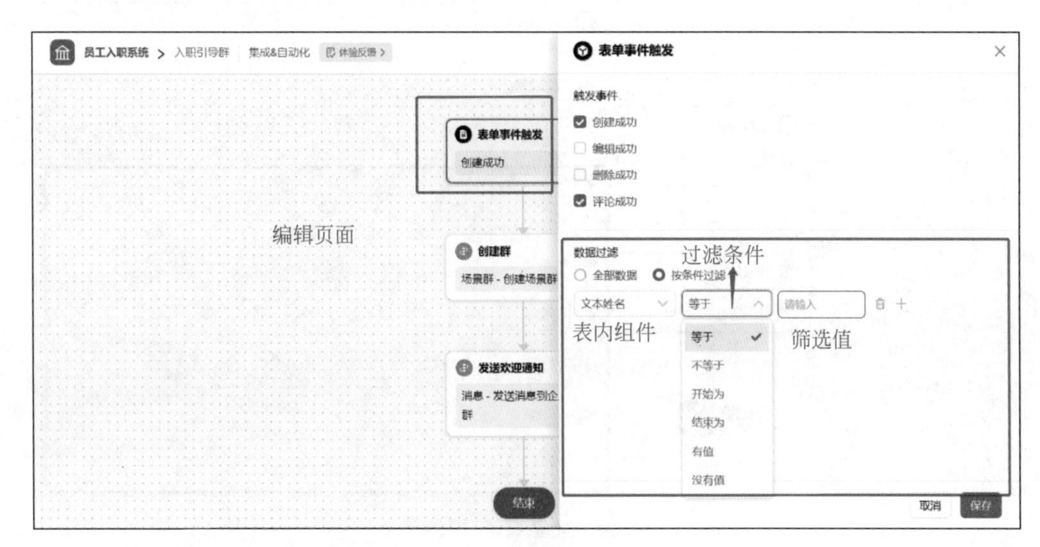

图 8-20　数据过滤配置项配置操作示意

8.3.10　“定时触发”节点介绍

定时触发指按照设定的时间周期循环触发流程。选择“定时触发”后，需选择开始触发时间、重复规则。当重复规则为定时重复方式时，需配置结束时间，如图 8-21 所示。

在重复规则的配置中，系统预设了多种类型规则，如每小时、每天、每月、每周、每个法定工作日、每月最后一天等，同时，系统还提供了自定义设置循环，可分别对年、月、日、时、分进行配

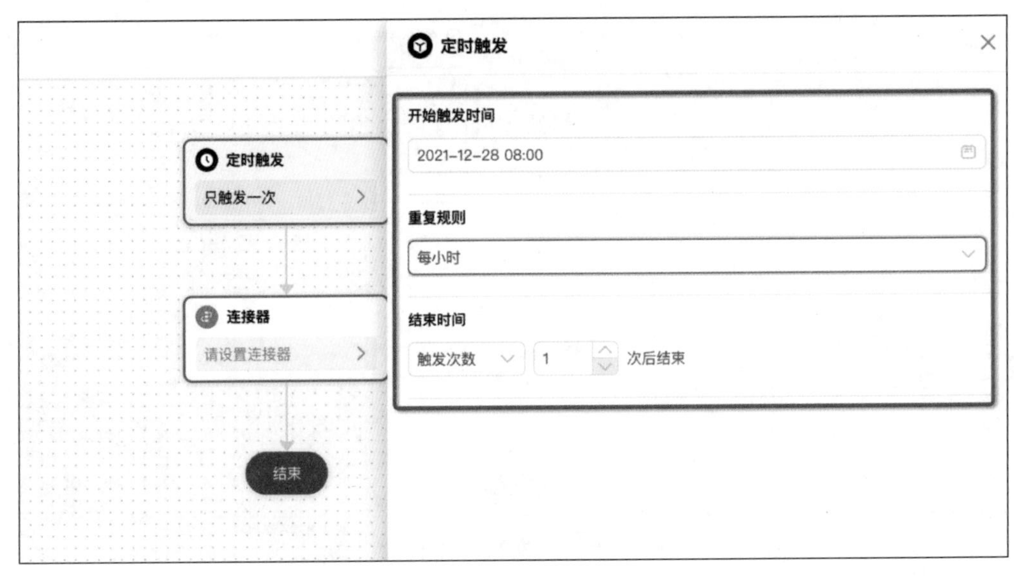

图 8-21　定时器配置操作示意

置,“年”固定选择为每年循环,“月”可选择固定某几个月份循环或者指定某月循环,“日”可选择该月某天或按每周固定某天循环,“时”和“分”可指定固定时间范围或指定时间来进行循环,如图 8-22 所示。

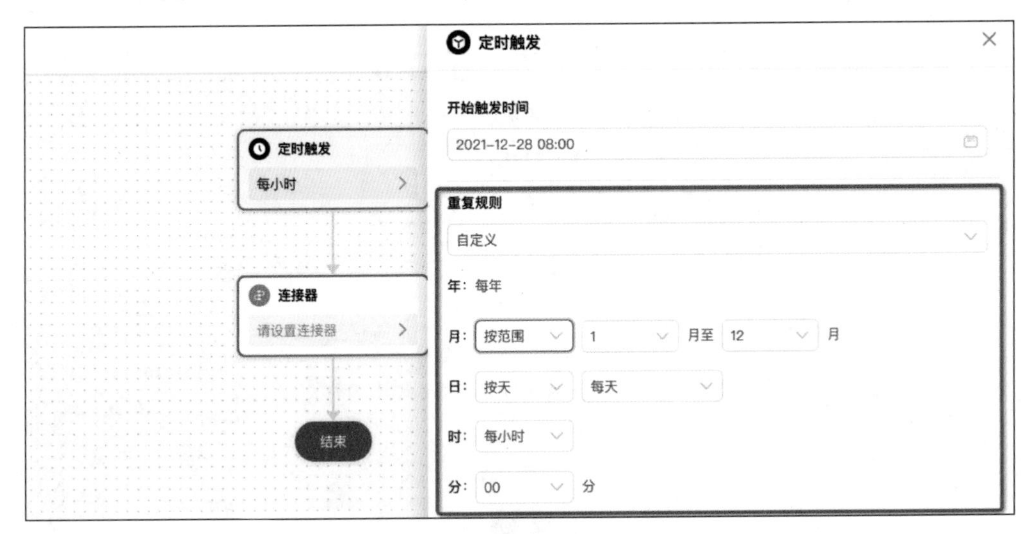

图 8-22　“重复规则”操作示意

在结束时间的配置中,系统提供了“触发次数”以及“指定时间”两种结束方式,如图 8-23 和图 8-24 所示。

图 8-23　设置触发次数示意

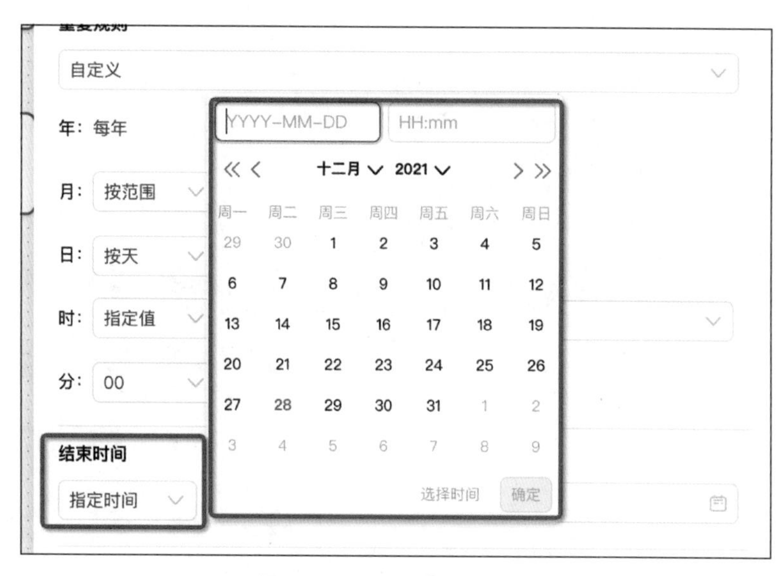

图 8-24　设置结束时间示意

配置好定时规则后，单击“预览触发时间”按钮，可查看重复规则对应的触发时间，用户可通过查看时间来判断重复规则配置是否正确，如图 8-25 所示。

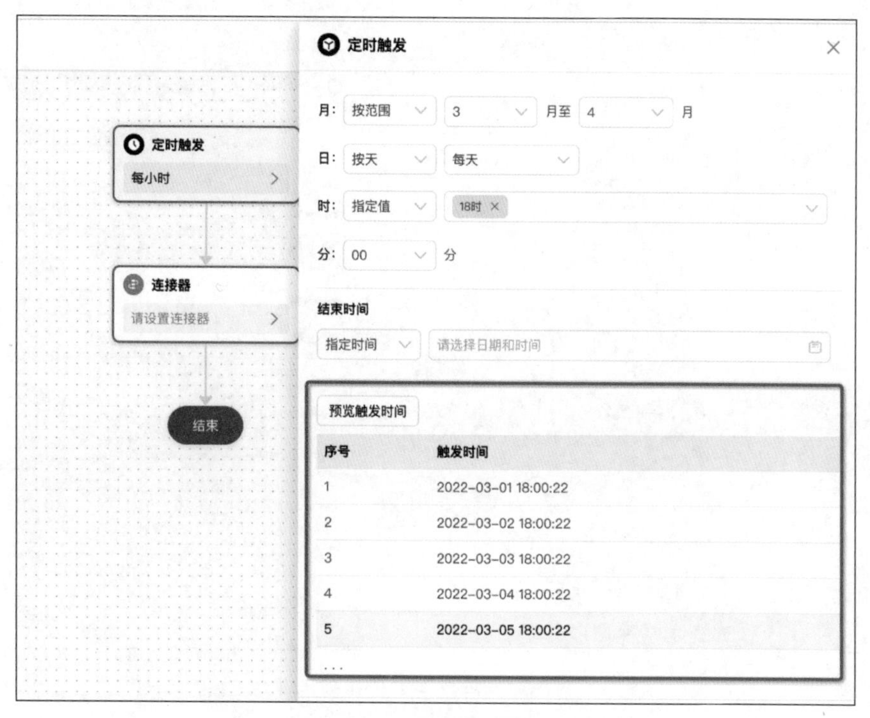

图 8-25　预览触发时间示意

8.3.11　“应用事件触发”节点介绍

“应用事件触发”节点是指在钉钉一方、生态、三方中设置的触发节点，比如在通讯录中添加新成员时触发。配置步骤：选择触发应用→选择触发动作，如图 8-26 所示。

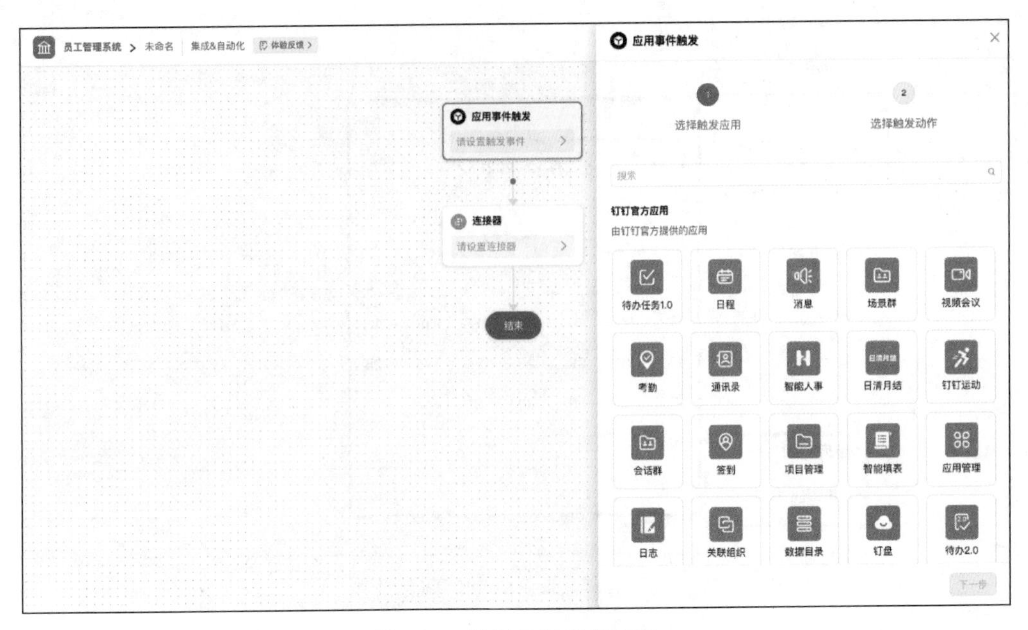

图 8-26　选择触发应用示意

以通讯录为例，当前存在企业内部用户变更、通讯录用户离职、通讯录用户增加三种触发动作，如图 8-27 所示。

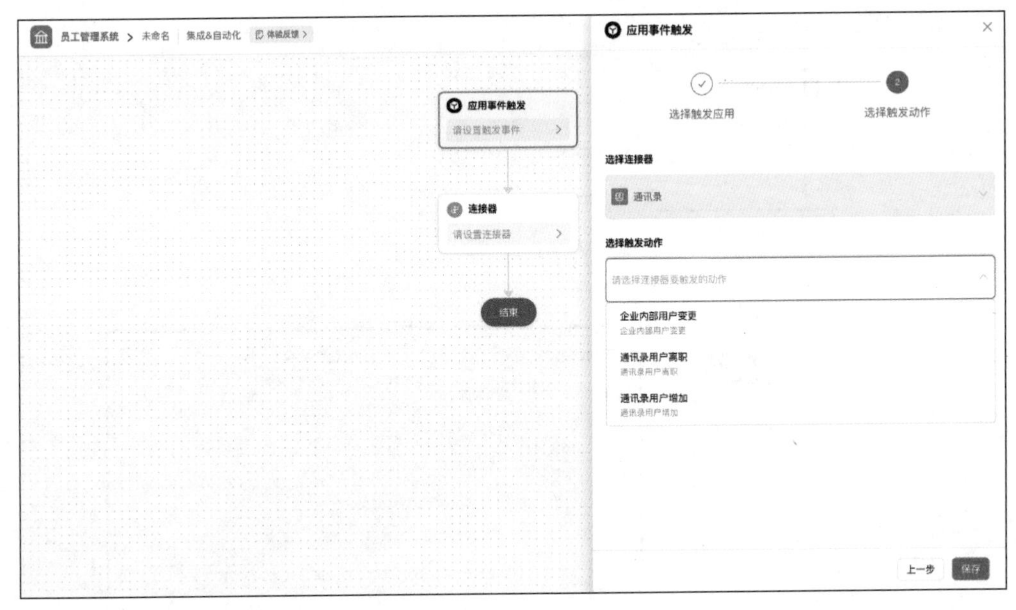

图 8-27　选择触发动作示意

8.3.12 “连接器”节点介绍

单击“编辑”按钮，进入编辑页面，可对“连接器”节点进行配置。可配置内容详情如表 8-4 所示。

表 8-4　连接器可配置项介绍

连接器节点可配置项	说　　明
设置连接器节点名称	可自定义连接器节点标题，默认为"连接器"
选择连接器应用	该节点提供了 24 个钉钉一方连接器(暂时)应用及用户自定义连接器应用两种类型供用户选择。其中，钉钉一方连接器可实现更多业务场景下宜搭用于钉钉进行数据集成；自定义连接器可实现宜搭应用与用户自建系统或第三方应用系统进行数据集成
选择连接器执行动作	执行动作指触发连接器后，连接器做出的响应。如数据的传递或被连接应用的自动操作
配置连接器动作	进行触发连接器所必需的数据(必填参数)的配置

8.3.13　其他常用节点介绍

除上述三个节点外，集成 & 自动化还内置了其他节点，可供用户配置，以满足用户的不同需求。集成 & 自动化其他内置节点介绍如表 8-5 所示。

表 8-5　集成 & 自动化其他内置节点介绍

节点类型	节 点 名 称	说　　明
数据节点	新增数据	当表单事件触发/应用事件触发后可在目标表中新增一条/多条数据。目前支持的新增方式有表单中新增及子表单中新增两种
	更新数据	当表单事件触发/应用事件触发后可在目标表中更新一条/多条数据。当未获取到数据时，可设置跳过该节点，或者新增一条数据。注意，更新数据节点需要配置获取数据节点，否则会出现无选项报错
	获取单条数据	获取目标表的单条数据，并进行数据处理(更新、删除)。获取方式包括从表单中获取、从数据节点获取及从关联表单中获取三种。
	获取多条数据	获取目标表的多条数据，然后可对数据进行处理
	删除数据	当表单事件触发/应用事件触发后，可删除某个表单数据。注意：该节点应将获取数据节点的配置作为前置条件，然后再去配置删除数据节点，方能达到预期效果
分支节点	条件分支	条件分支间有优先级，只执行优先级最高的分支
	并行分支	并行分支间没有优先级，满足条件的分支都会执行
人工节点	发起审批	当表单事件触发后可实现对目标流程表单发起一条数据。发起的流程表单字段数据值可设置为固定值、字段或公式。发起人可指定某个成员或者设置为表单中的成员组件
	消息通知	事件触发后可通过钉钉单聊消息的形式发送消息通知给对应人员，可指定成员、指定角色或表单中的成员组件，可以发送到群聊，事件触发后发送消息通知给人员或群聊
开发者节点	Groovy	通过编写 Groovy 代码，实现对数据的处理

视频讲解

8.4 创建“员工入职系统”的集成&自动化

8.4.1 新建表单事件触发

实验操作

本章中,在提交表单成功后触发连接器,因此选择创建表单事件触发的集成 & 自动化,以“员工入职系统”为例创建集成 & 自动化,配置名称为“创建入职引导群”,触发类型选择为“表单事件触发”,表单选择在 8.1 节中创建的“员工入职信息”页面,如图 8-28 所示。

图 8-28 新建表单事件触发操作示意

8.4.2 配置表单事件触发

在提交表单成功后触发连接器,因此选择触发事件为创建成功,数据过滤为全部数据,如图 8-29 所示。

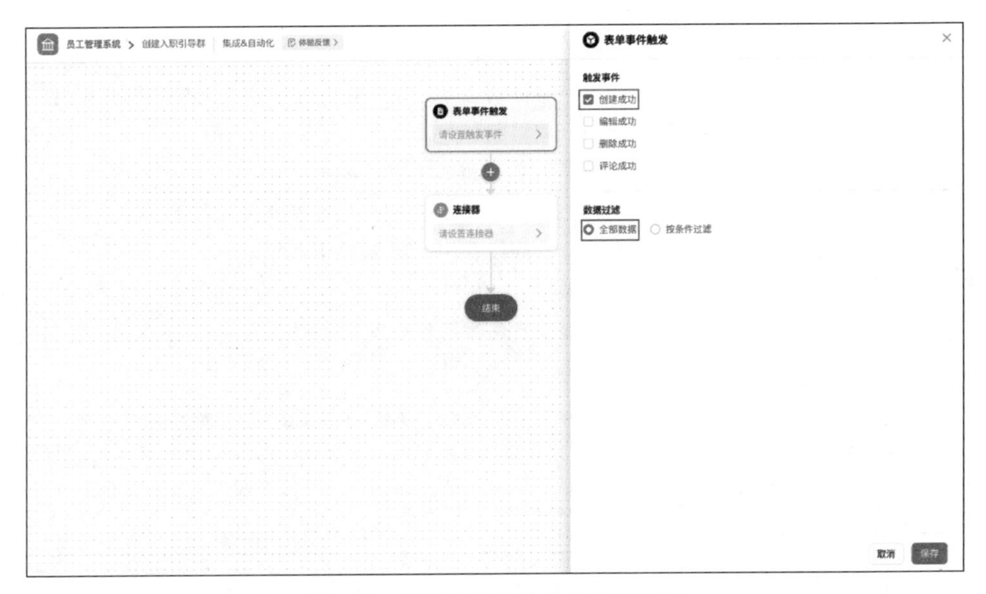

图 8-29 配置表单事件触发操作示意

8.4.3　配置创建群连接器

首先需要选择连接器、创建群且发送消息，选中“场景群”连接器应用，修改连接器名称为“创建群连接器”，单击“下一步”按钮，如图 8-30 所示。

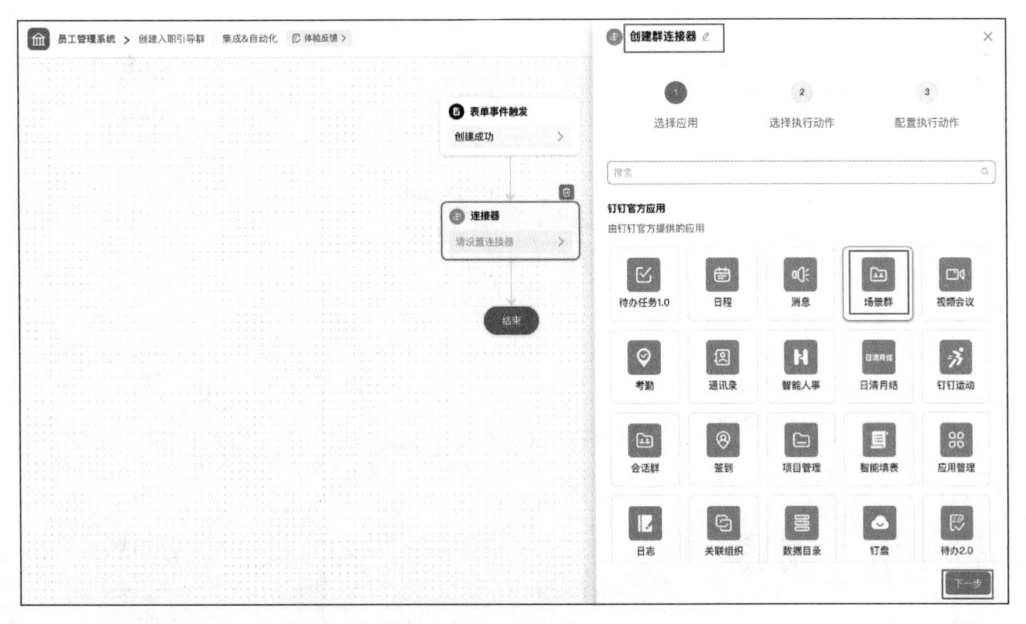

图 8-30　配置“创建群连接器”应用操作示意

选择好“场景群”连接器应用后，需进一步选择执行动作为“创建场景群”，设置完后继续单击“下一步”按钮，如图 8-31 所示。

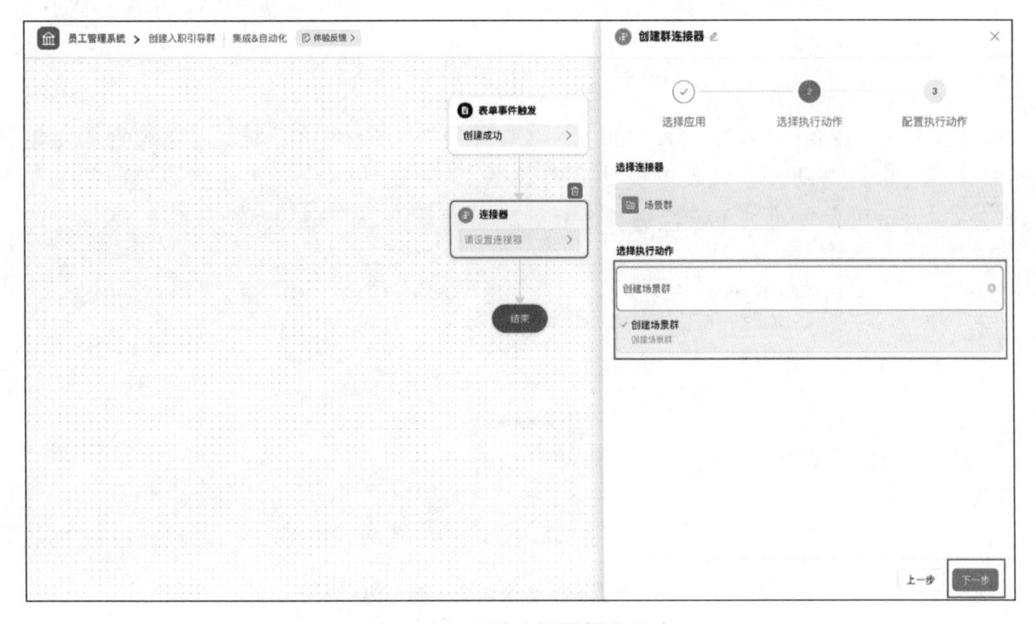

图 8-31　设置连接器操作示意

最后一步是配置执行动作，配置创建场景群连接器需要对应配置四个参数值，分别为群成员列表、群主、群名称、是否可管理，如图 8-32 所示。

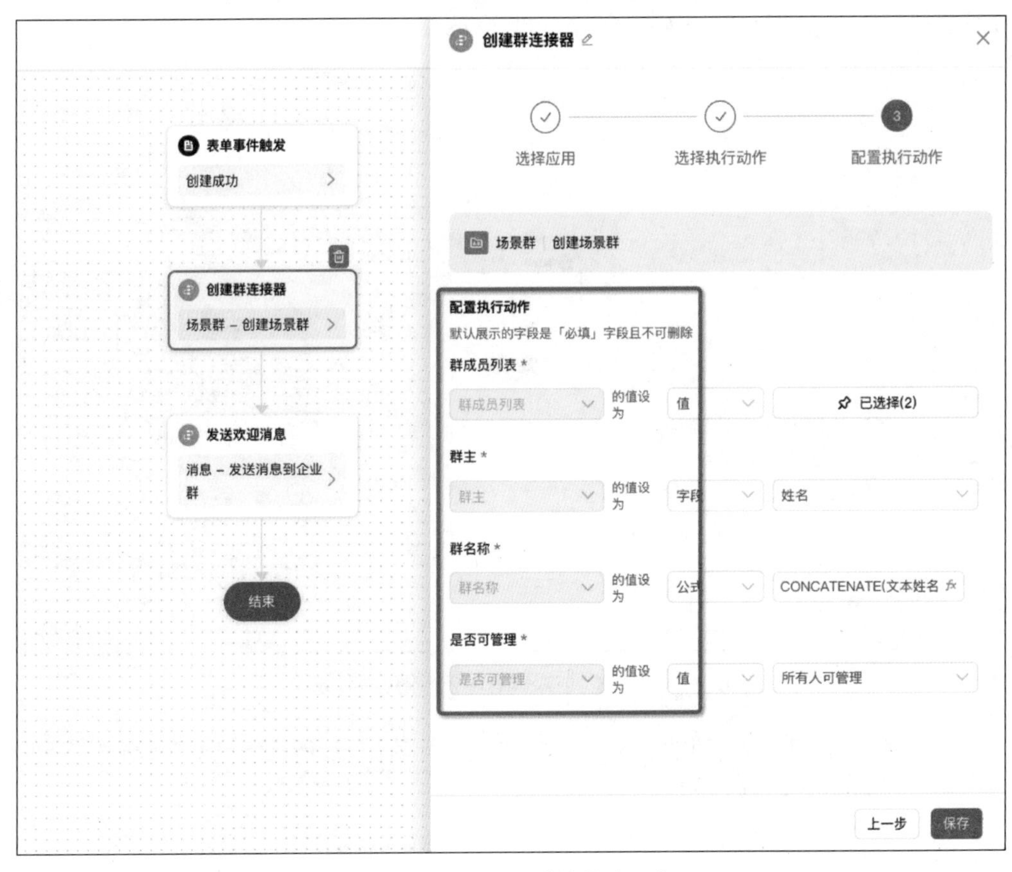

图 8-32　配置执行动作操作示意

配置参数时参数值中可以设置为值、字段或者公式。选择“值”表示可以设置固定的值；选择“字段”表示可以设置当前表单提交后的数据、系统默认字段或者连接器返回的结果集。选择“公式”表示可设置对表单字段进行公式处理后的数据，如图 8-33 所示。

图 8-33　配置参数字段类型示意

在当前案例下，可以配置接待员工入职的行政人员等作为群成员，如图 8-34 所示。

配置入职新员工即表单内的成员字段为群主，因此可以将其值设置为“字段”，设置当前表单提交后的数据为“姓名”，如图 8-35 所示。

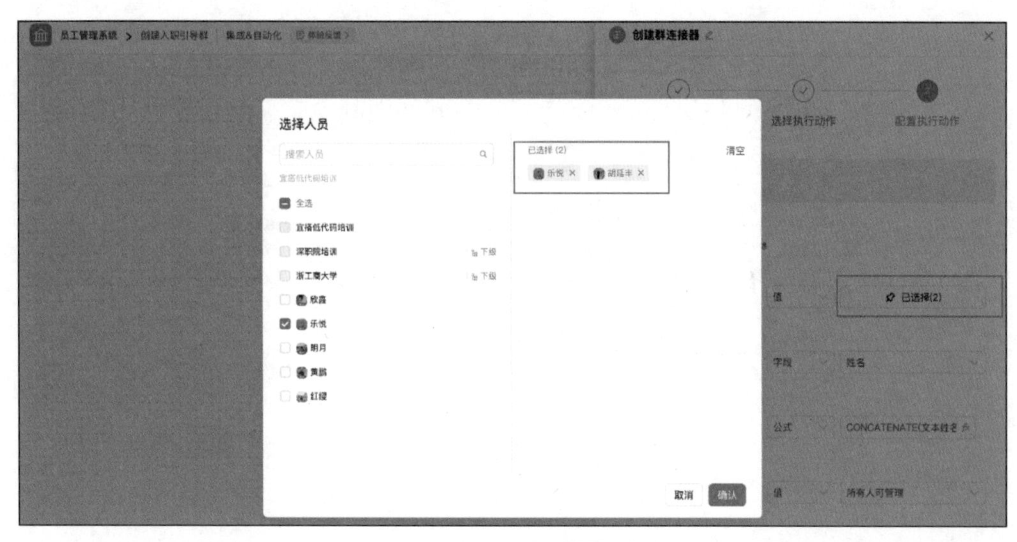

图 8-34　配置群成员示意

图 8-35　配置群主示意

在这里，群名称可以设置为“入职引导群”，其中新员工的姓名使用表单中的“文本姓名”字段，使用公式 CONCATENATE 对字符串进行拼接，实现个性化的设置。因此选择将群名称的值设置为“公式”，并编辑公式，如图 8-36 所示。

是否可管理存在“仅群主可管理”和“所有人可管理”两种情况，可直接进行选择，如图 8-37 所示。

四个参数全部配置好后，需单击“保存”按钮，如图 8-38 所示。

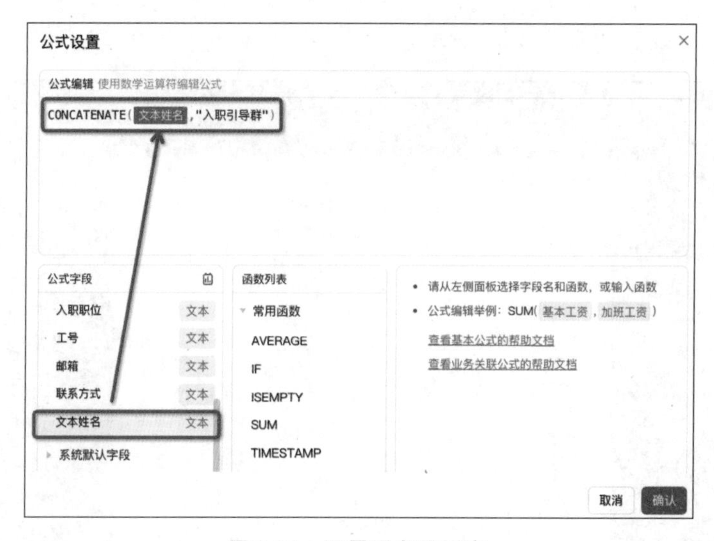

图 8-36 配置群名称示意

图 8-37 配置是否可管理示意

配置执行动作
默认展示的字段是「必填」字段且不可删除
群成员列表 *
群成员列表 的值设为 值 已选择(2)
群主 *
群主 的值设为 字段 姓名
群名称 *
群名称 的值设为 公式 CONCATENATE(文本姓名
是否可管理 *
是否可管理 的值设为 值 所有人可管理
上一步 保存

图 8-38 保存创建场景群连接器示意

8.4.4　配置发送欢迎消息连接器

配置场景群连接器后，提交数据后，可立即在钉钉创建新的群，接下来需要在该场景群中发送欢迎消息，因此需要单击连接线上的“添加”按钮，选择连接器，创建一个新的连接器节点，如图 8-39 所示。

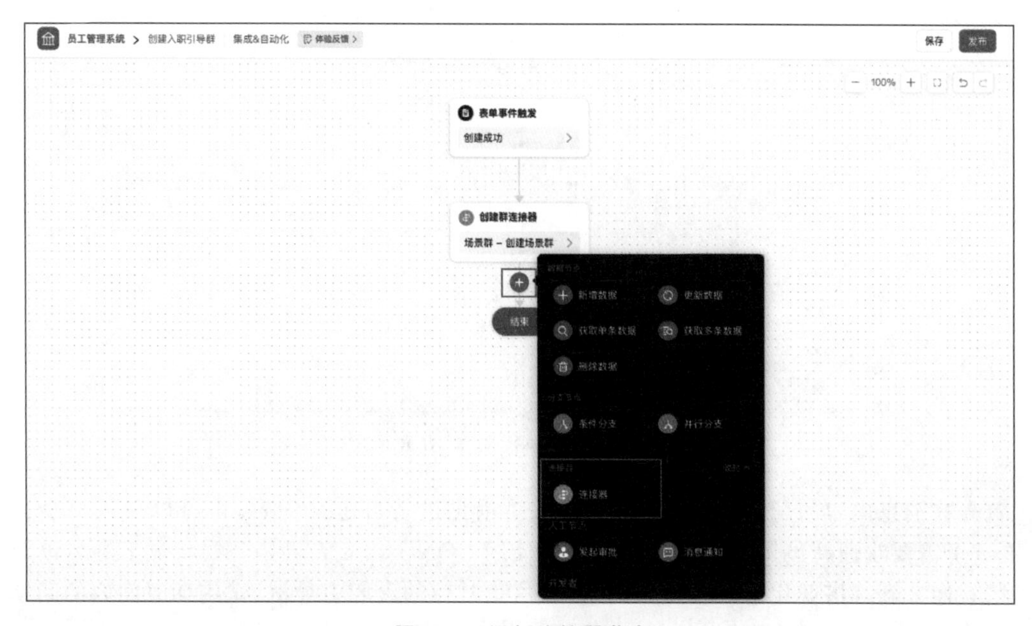

图 8-39　添加连接器节点

选中新建的连接器，修改连接器名称为发送欢迎消息，选择钉钉官方应用下的“消息”应用，单击“下一步”按钮，如图 8-40 所示。

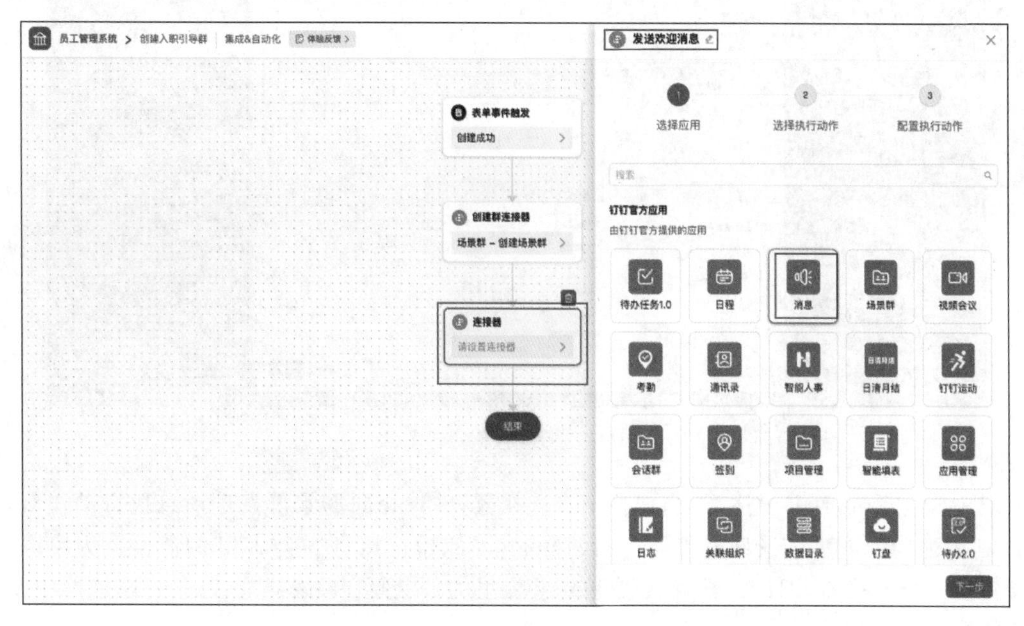

图 8-40　选择消息连接器应用示意

配置执行动作，这里需要配置消息内容、群会话 id 两个参数值，如图 8-41 所示。

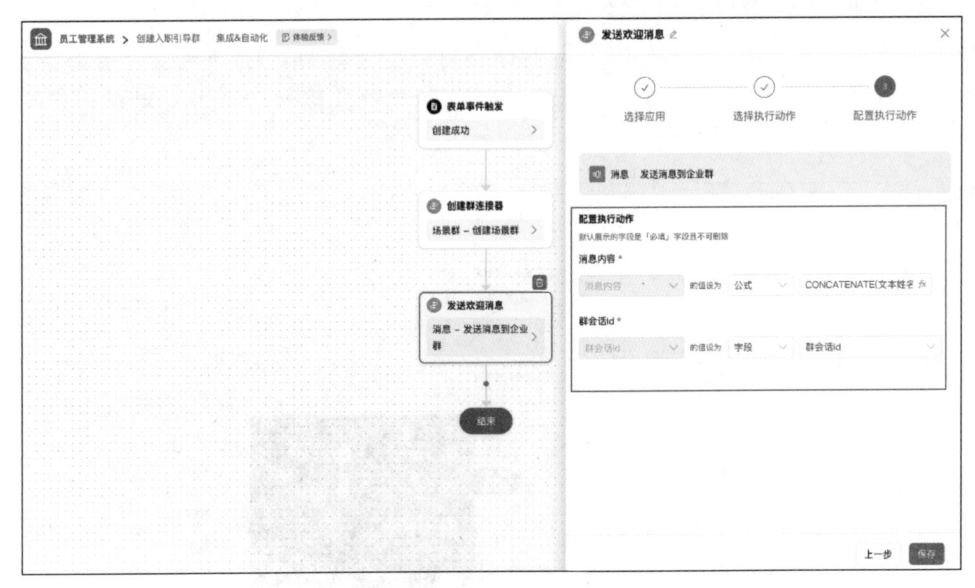

图 8-41 “配置执行动作”界面示意

首先在消息内容的配置中，可以使用公式对消息进行自定义配置，也可以输入一个固定值，在这里需要欢迎新员工，因此选择公式，并使用 CONCATENATE 公式将员工姓名以及欢迎信“，欢迎来到宜搭低代码零基础入门组织，这里是你的入职引导群，试用期时间内的问题可在该群内向 HR 或主管咨询”拼接在一起进行发送，如图 8-42 所示。

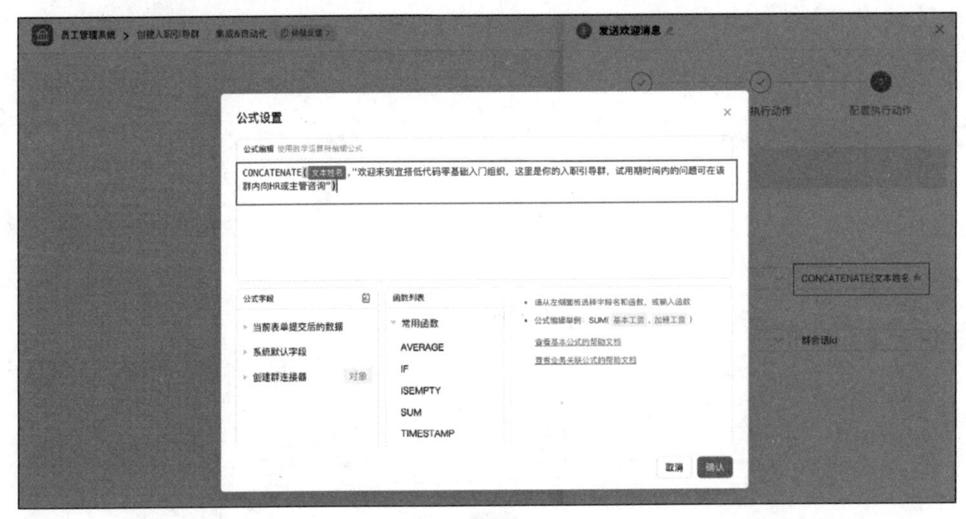

图 8-42 配置消息公式示意

配置群会话 id 时需要注意，当选择消息连接器，并选择向场景群发送消息执行动作后，群会话 id 需配置为创建场景群连接器返回的群 id，因此需选择将群会话 id 的值设置为字段，并选择到上一个连接器，即创建群连接器下结果集里的群会话 id，该群 id 为上一连接器中创建的群的群 id，如图 8-43 所示。

配置结束后，需进行保存并发布，如图 8-44 所示。

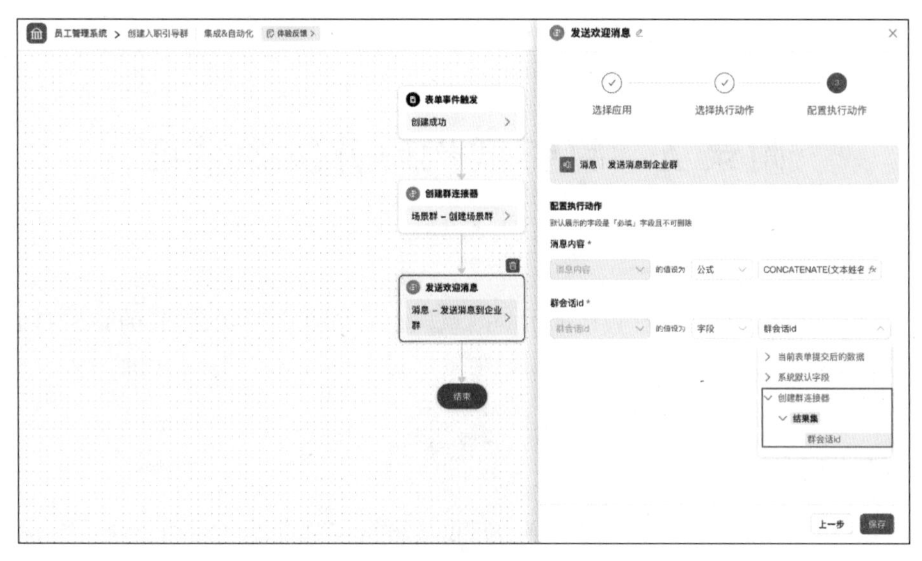

图 8-43　配置群 id 示意

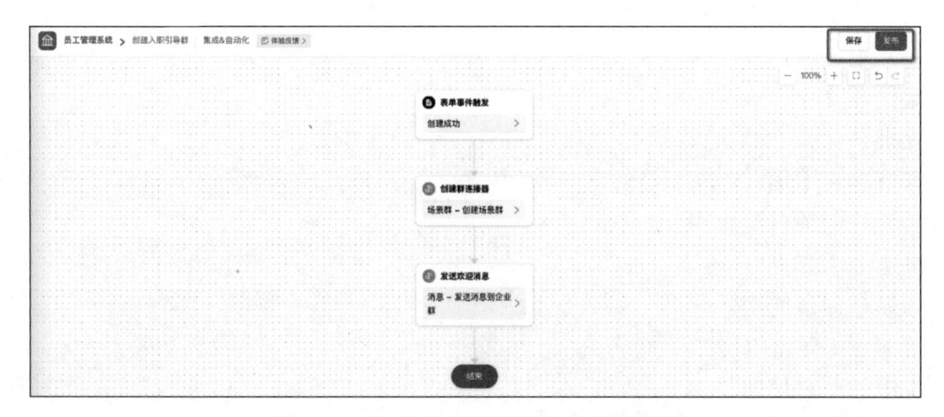

图 8-44　集成 & 自动化保存并发布示意

8.5　系统效果展示

最后看一下效果展示，在提交员工信息录入表单后，自动创建了相应的入职引导群并且向群内发送了欢迎消息，如图 8-45 所示。

视频讲解

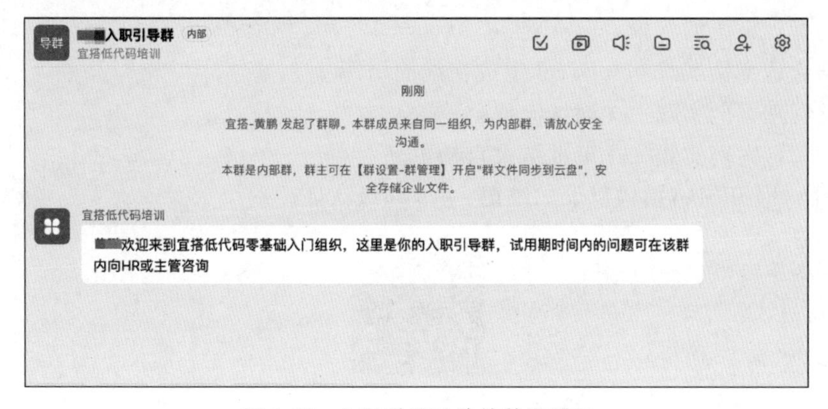

图 8-45　入职引导系统的效果展示

附录 A　钉钉低代码开发师认证

低代码开发师认证是由钉钉宜搭推出的阿里巴巴官方低代码认证，目的是培养低代码开发的人才，认证低代码开发师的能力，让学员能够通过课程的学习使用低代码开发工具搭建业务系统。

视频讲解

A.1　初级认证

低代码开发师初级认证聚焦于通过拖、拉、曳的方式实现简单应用的创建，让初学者快速掌握低代码开发技能。

课程知识点如下：

第 1 章 走进低代码

- 低代码是什么
- 宜搭是什么
- 宜搭客户案例

第 2 章 一分钟自建应用

- 快速上手宜搭
- 从模板创建应用
- 从 Excel 创建应用
- 应用的生命周期简述

第 3 章 从线下审批到在线审批

- 宜搭的在线审批基础
- 请假申请案例实践——表单使用
- 请假申请案例实践——流程使用
- 请假申请案例实践——数据使用

第 4 章 招聘管理系统综合实践

- 招聘管理系统的背景
- 招聘管理案例实践——Excel 生成在线简历库
- 招聘管理案例实践——面试流程创建
- 招聘管理案例实践——审批结果自动更新

考证路径：使用钉钉扫描以下二维码，考取初级认证。

A.2　中级认证

低代码开发师中级认证在初级的基础上通过低代码开发学习实现技能提升，完成复杂应用的创建实践，如合同管理应用，能够实现合同中项目的自动关联，根据不同合同类型设置不同的审批流程；资产管理应用，能够实现出入库数据自动关联计算，通过简单的函数实现报表数据的自动增加和删除；入职自动化应用，能够使用集成 & 自动化功能连接钉钉一方应用，实现沟通工作协同；员工管理应用，通过完整的应用搭建掌握报表和自定义页面的配置，具备一定的系统需求分析能力，最终让学员具备复杂应用和多系统关联应用的创建能力。

课程知识点如下：

第 1 章　合同管理系统实践

- 合同管理系统背景与需求分析
- 合同管理的基础表单搭建
- 合同审批流程编辑

第 2 章　资产管理系统实践

- 资产管理系统背景与需求分析
- 资产管理系统的功能实现
- 资产管理系统的实践讲解

第 3 章　入职自动化实践

- 入职自动化案例背景与需求分析
- 入职自动化基础表单搭建
- 连接器实现智能入职

第 4 章　员工管理系统综合实践

- 员工管理系统背景与需求分析
- 员工管理系统基础表单搭建
- 员工管理系统可视化报表制作
- 员工管理系统首页工作台制作

考证路径：使用钉钉扫描以下二维码，考取中级认证。

图书资源支持

感谢您一直以来对清华版图书的支持和爱护。为了配合本书的使用，本书提供配套的资源，有需求的读者请扫描下方的“书圈”微信公众号二维码，在图书专区下载，也可以拨打电话或发送电子邮件咨询。

如果您在使用本书的过程中遇到了什么问题，或者有相关图书出版计划，也请您发邮件告诉我们，以便我们更好地为您服务。

我们的联系方式：

地　　址：北京市海淀区双清路学研大厦 A 座 714

邮　　编：100084

电　　话：010-83470236　010-83470237

客服邮箱：2301891038@qq.com

QQ：2301891038（请写明您的单位和姓名）

资源下载：关注公众号“书圈”下载配套资源。

资源下载、样书申请

书圈

获取最新书目

观看课程直播